코스믹 쿼리

두 블랙홀의 충돌을 컴퓨터로 시뮬레이션한 모습.

우주와 인간 그리고 모든 탄생의 역사를 이해하기 위한 유쾌한 문답

코스믹 쿼리

닐 디그래스 타이슨, 제임스 트레필 지음 | 박병철 옮김

COSMIC QUERIES

알레

Originally published in the United States and Canada by National Geographic Partners, LLC as COSMIC QUERIES: StarTalk's Guide to Who We Are, How We Got Here, and Where We're Going by Neil deGrasse Tyson.

Copyright © 2021 by 2021 Curved Light Productions, LLC.
Cover design: Sanaa Akkach/Elisa Gibson. Reprinted by permission of National Geographic Partners, LLC.
All rights reserved.

This Korean edition was published by Haksan Publishing Co., Ltd. in 2025 by arrangement with National Geographic Partners, LLC through KCC(Korea Copyright Center Inc.), Seoul.

이 책은 (주)한국저작권센터(KCC)를 통한 저작권자와의 독점계약으로 (주)학산문화사에서 출간되었습니다.
저작권법에 의해 한국 내에서 보호를 받는 저작물이므로 무단전재와 복제를 금합니다.

우주에서 우리의 위치를 궁금해하는 사람들
그리고 그 위치를 열심히 찾고 있는 사람들에게 바친다.

미국 메인주 아카디아국립공원에서 바라본 별이 반짝이는 밤하늘과 생물 발광 해안선이 빛나는 모습을 합성한 사진.

차례

저자 노트 ... 11
들어가는 글 ... 13
추천의 글 ... 15

제1장
우주에서 우리의 위치는 어디일까?

지구는 행성인가 23 | 막대기로 하는 천문학 28 | 시차 해법 34 | 태양계는 얼마나 큰가 38 | 헨리에타 레빗과 표준촛불 40 | 은하 42 | 1000억 × 1000억 45 | 맺는 말 48

제2장
지금 알려진 사실들은 어떻게 발견되었을까?

맨눈 천문학 56 | 갈릴레오와 망원경 61 | 전자기파 스펙트럼 66 | 전파로 보는 우주 69 | 천문학에서 천체물리학으로 72 | 대기 밖에서 날아온 지식 76 | 우주의 새 창을 열다 79 | 현재의 천문대 83 | 앞으로의 전망 86

제3장
우주는 왜 지금처럼 진화했을까?

빅뱅 95 | 원자로 이루어진 우주 98 | 친근한 우주 만들기 102 | 성운가설 109 | 동결선 112 | 우주 당구장 113 | 행성의 이동 115 | 태양계의 끝 119

제4장
우주의 나이는 몇 살일까?

놀라운 사실 1. 우주마이크로파 배경복사 126 | 놀라운 사실 2. 마이크로파에 담긴 메시지 130 | 놀라운 사실 3. 인플레이션 우주 132 | 놀라운 사실 4. 우주배경복사의 온도 차이 133 | 우주 거리 사다리 136 | 놀라운 사실 5. 암흑에너지 139 | 긴장과 화해 142 | 놀라운 사실 6. 암흑물질 148 | 우주의 형성 과정 150

제5장
우주는 무엇으로 이루어져 있을까?

화학의 탄생 159 | 원소는 어디에서 왔는가 162 | 새로운 원자론 164 | 원자 쪼개기 166 | 그건 또 누가 주문한 거야 170 | 가속기의 시대 172 | 쿼크의 등장 177 | 입자물리학 용어 179 | 더 쪼갤 수 있을까 183

제6장
생명이란 무엇일까?

모든 것을 바꾼 실험 190 | 외계에서 배달된 지구 생명의 씨앗 193 | 생명의 기원, RNA 195 | 자연선택 199 | 복잡함은 필연적 결과인가 201 | 지능과 기술 203 | 모조 생명체 205 | 다른 종류의 생명체 210 | 극한 미생물 212

제7장
우리는 우주에서 유일한 생명체일까?

희한한 생각 223 | 단 하나의 사례 226 | 외계 지성을 찾아서 232 | 드레이크 방정식 235 | 기술은 불가피한 것인가 239 | SETI: 외계 지성 탐사 241 | 지속적 서식 가능 영역 244 | 페르미 역설 246 | 문명의 등급 249

제8장
우주는 어떻게 시작되었을까?

만물의 최소 단위 259 | 양자역학 101 262 | 단순화와 통일 265 | 쿼크 속박 268 | 힘의 통일 270 | 강력의 통일 272 | 반물질 문제 275 | 거대한 시나리오 277 | 지식의 끝 279

제9장
우주는 어떻게 종말할까?

지구의 최후 287 | 예측할 수 없는 재앙: 화산 290 | 예측할 수 없는 재앙: 충돌 294 | 충돌하는 은하 297 | 열린 우주, 닫힌 우주 또는 평평한 우주 299 | 우주의 성분 비율 302 | 우주 종말 시나리오 306 | 시간지도의 가장자리 309 | 우주 종말 관람하기 309

제10장
모든 것과 무(無)는 어떤 관계일까?

달라진 무의 개념 319 | 우주 전체가 양자요동 아닐까 321 | 우주 기원설 326 | 빅뱅 이전 328 | 다중우주 332 | 미세조정문제 334 | 다중우주의 종류 337 | 이게 정말 과학일까 342

감사의 글	348
역자 후기	350
함께 읽으면 좋을 이야기	354
그림 출처	358
찾아보기	362

저자 노트

'스타 토크Star Talk'는 과학과 코미디 그리고 대중문화를 아우르는 멀티 플랫폼(라디오, 팟캐스트, TV)이다. 여기에는 청취자들로부터 특정 주제에 대한 질문을 수집한 후 방송 중 답변을 제공하는 '우주적 질문'이라는 코너가 있는데, 몇 주 동안 진행을 해보니 의외로 가장 인기가 좋았다.

그러나 대부분의 사람은 당장 발등에 떨어진 문제를 해결하느라 가장 근본적이고 심오한 질문을 생각해볼 여유가 별로 없다. 예를 들면 이런 것들이다. "우리 주변에 존재하는 만물은 어디에서 온 것인가?" "이 모든 것은 무엇으로 이루어져 있는가?" "우주에는 우리만 존재하는가?" "우주는 언제 그리고 어떤 식으로 최후를 맞이할 것인가?" 바쁘게 살아가는 와중에 이런 질문의 답을 찾는 가장 좋은 방법은 책을 읽는 것이다. 특히 '스타 토크'의 기본 철학인 유쾌, 상쾌, 경쾌를 십분 살려서 유익하고 짜임새 있게 쓰인 책이라면 더욱 좋다.

나의 오랜 동료이자 훌륭한 대학 교수인 제임스 트레필James Trefil은 이 책의 중요한 뼈대를 구축했고, '스타 토크'의 수석 프로듀서이자 방송 작가인 린지 워커Lindsey Walker는 이 책의 모태인 팟캐스트의 콘텐츠가 충분히 반영되도록 최선을 다했다.

◀ 다양한 지구 생명체의 모습. 식물의 씨앗을 주사전자현미경 scanning electron microscope으로 확대하여 컬러를 입힌 사진이다.

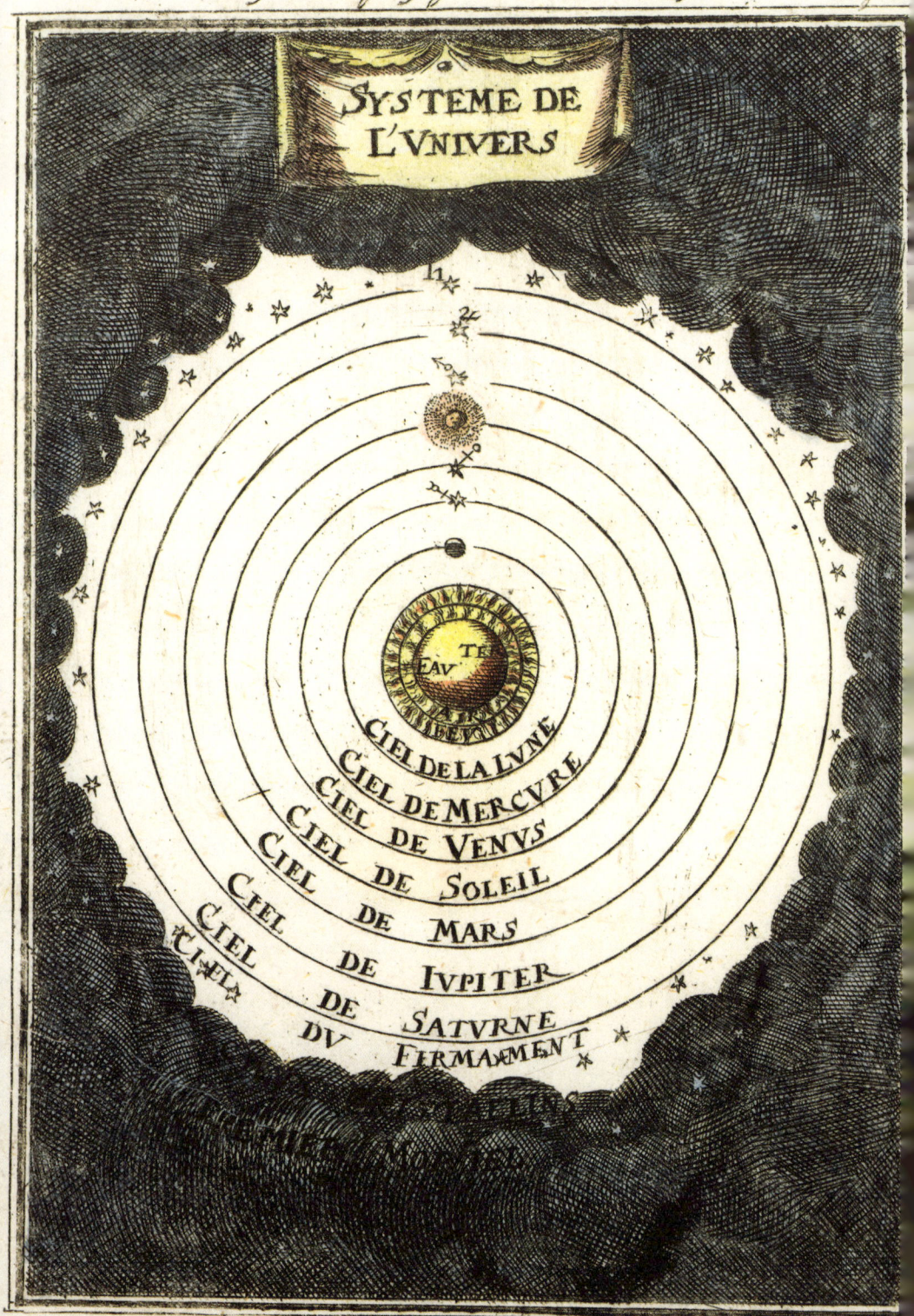

들어가는 글

세상에는 궁금한 것이 사방에 널려 있지만 우리의 궁금증을 가장 강하게 유발하는 대상은 아마도 '우주'일 것이다. 궁금한 게 많다는 것은 알려진 사실이 그만큼 적다는 뜻이기도 하다. 모르는 상대를 대할 때 두려움과 경외감이 동반되는 것은 지극히 자연스러운 현상이므로, 우리 조상들이 지난 수천 년 동안 하늘을 신들의 보금자리로 여겨온 것은 그리 놀라운 일이 아니다. 신들이 하는 일이란 나약한 인간의 관점에서 볼 때 신비로 가득 차서 통제할 수 없는 대상을 마음대로 갖고 노는 것이었다.

한없이 파고드는 궁금증의 끝과 우리가 보유한 지식의 한계 사이에는 수많은 질문이 널려 있다. 그중에는 모든 사람이 답을 알고 싶어하는 질문도 있고, 극소수만이 관심을 갖는 질문도 있다. 물론 질문이라고 해서 반드시 답이 존재한다는 보장은 없으며, 답이 존재하지 않는 이유는 질문 자체가 불완전하거나 부적절하기 때문일 수도 있다. 이런 것은 당장 해결하기 어려우니 일단 뒤로 제쳐두고 조금 만만해 보이는 질문부터 생각해보자. 이런 질문은 우리 주변을 둘러보거나 우주의 일부를 관측하여 답을 구할 수 있다. 100퍼센트 장담하긴 어렵지만, 지금까지 우리가 알아낸 사실을 놓고 볼 때 어느 정도 자신감을 가질 만하다. 그러나 아는 것이 많아질수록 모르는 것도 그 못지않게 많아지므로 우리는 항상 자연을 겸허한 눈으로 바라볼 필요가 있다.

◀ 1719년 출간된 책의 삽화. 고대의 지구중심적 우주관이 뚜렷하게 드러나 있다.

이 책의 주된 목적은 '우주에서 우리의 위치'에 대하여 독자들이 품었던 가장 심오한 질문을 파헤쳐서 가장 그럴듯한 답을 제시하는 것이다. 그러나 답을 찾아 들어가다 보면 불확실성의 경계에서 지식의 나뭇가지를 붙들고 진리의 바다에 한쪽 발만 담근 채 대롱대롱 매달린 꼴이 될 수도 있다. 왜냐고? 호기심과 경외감의 진정한 원천이 바로 아는 것과 모르는 것의 경계면에 존재하기 때문이다. 무지에서 생긴 궁금증은 오직 아는 것만이 유일한 해독제이며, 여기에 과학적 사고와 적절한 도구가 동반될 때 최상의 결과를 얻을 수 있다.

일러두기

1. 외래어는 국립국어원 외래어표기법에 따라 표기했습니다.
2. 용어, 외국어 인명, 단체명 등은 이해를 돕기 위해 필요한 경우 원어를 병기했습니다.
3. 본문 하단의 각주는 독자의 이해를 돕기 위한 옮긴이 주입니다.
4. 본문에서 언급한 단행본 중 국내에서 번역 출간된 경우 국역본의 제목을 따랐으며, 원서 제목은 병기하지 않았습니다.

추천의 글

머나먼 우주를 응시하는 행위는 결국 깊은 어둠을 들여다보는 일이다. 때로는 한 줄기 섬광조차 닿지 않는 심연으로부터 우리는 끊임없이 모든 것의 시작과 관련된 소중한 진실을 건져 올리기 위해 질문을 던진다.

《코스믹 쿼리》에서 닐 디그래스 타이슨은 우주적 대서사시를 이해가 가능한 수준까지 압축하고, 인류가 빛의 찬란한 유언을 발견하기 위해 지금까지 해온 노력을 열 가지 질문으로 모았다. 우리는 어디에서 어떻게 시작되었는지, 이걸 어떻게 알아냈는지, 왜 지금까지 존재하며 어떻게 사라질지, 무엇으로 이루어졌는지, 우리가 유일한지 등 잊힌 먼지의 궤적을 따라가며 던지는 질문은 단순한 지식의 나열을 위한 서문이 아니라 미지의 장막을 걷어내기 위한 인류 불굴의 의지와 과학자들을 향한 찬가로 다가온다.

무게감 넘치는 근원적 질문 사이로 중간중간 타이슨의 재치 넘치는 SNS 포스팅은 분위기를 산뜻하게 환기하고, 보기 좋은 사진들은 우리에게 유용한 정보를 가득 담은 채로 다가온다. 인간 지성의 무한한 가능성을 증명하는 질문을 따라가는 성찰은 우리의 시야를 넓히고 우리가 발 딛고 서 있는 이 작디작은 행성의 가치를 새롭게 조명해줄 것이다.

_**궤도**(과학 커뮤니케이터, DGIST 특임교수, 《과학이 필요한 시간》 저자)

쿼리(퀘어리)query라는 단어는 내게 굉장히 익숙하다. 컴퓨터 용어인 쿼리는 방대한 데이터베이스에서 필요한 정보를 얻기 위해 요청하는 것을 말한다. 특히, 현대 천문학은 빅데이터 사이언스가 되었다. 나와 같은 천문학자들은 매일 수백 테라, 페타바이트(PB)에 달하는 광활한 데이터의 바닷속에서 내게 딱 필요한 정보만을 건져 올리기 위해 낚시 바늘을 띄운다. 알맞은 미끼를 던져주어야 내가 딱 원했던 바로 그 '대어'를 낚을 수 있다. 바로 이 미끼를 잘 민들어내는 것을 쿼리라고 하는 것이다.

이제 이런 풍경은 꼭 과학자들의 연구실 컴퓨터에서만 볼 수 있지 않다. ChatGPT와 같은 인공지능 비서는 우리 모두의 일상이 되었다. 과거에는 검색창에 단어 몇 개밖에 입력할 수 없었다. 그리고 온갖 불필요한 정보가 뒤섞인 채로 한꺼번에 쏟아지는 정보의 바닷속을 표류해야 했다. 하지만 이제 상황은 달라졌다. 이제 우리 모두, 어떻게 해야 인공지능이 더 효율적이고 나은 답을 뱉어내도록 만들 수 있을지 고민한다. 인공지능에 입력하는 프롬프트를 조금씩 고치면서 최선의 답을 내놓을 수 있는 질문을 고민한다. 이제 우리는 단순히 '더 많이 아는 것'을 목표로 하지 않는다. 대신 '더 나은 질문을 던지는 것'이 더욱 중요한 시대를 살게 되었다. 우리는 더 이상 바다를 표류하지 않는다. 대신 더 나은 답을 향해 갈 수 있는 항로를 제시하는 1등 항해사가 되기 위해 노력한다. 바로 그 항로를 고민하는 과정이 바로 쿼리다.

닐 디그래스 타이슨의 신간 《코스믹 쿼리》는 마치 아주 잘 짜인, 하나의 긴 코드를 따라 읽어 내려가는 기분이 든다. 그래서일까, 굉장히 트렌디하다. 한 줄 한 줄, 명확하고 명료하다. 그가 제시하는 간결한 키워드는 우리가 우주를 고민할 때 길을 잃고 방황하지 않게 만든다. 타이슨은 우리에게 대어로 만든 산해진미를 대접하는 대신, 우리가 직접 우주의 바닷속에서 대어를 낚을 수 있는 방법을 알려준다. 결국 중요한 것은 좋은 답을 많이 아는 것이 아니라, 좋은 질문을 스스로 만들어낼 수 있는 사람이라는 것을 그는 알고 있다.

인공지능이 되려고 하는 책은 많다. 특히 과학 분야에서는 더욱 그렇다. 온갖 정보와 멋들어진 이야기를 장황하게 들려주며 자신이 알고 있는 지식을 쏟아내는 책은 너무나 많다. 우리는 그러한 저자들의 비범함에 매료되기도 하지만, 한편으로는 벽을 느낀다. 그들이 들려주는 방대한 이야기 중에서 우리의 머릿속에 남는 건 많지 않다. 하지만 이 책은 저자 자신이 아닌, 독자를 인공지능처럼 대한다. 우리에게 자신의 답을 들려주는 게 아닌, 명료한 질문을 던진다. 타이슨은 아주 훌륭한 프롬프트 디자이너라는 생각이 든다. 어쩌면 수년간 트위터 헤비 유저로서 단련한 노하우가 이 책에서 폭발한 게 아닐까 하는 우스꽝스러운 생각도 해본다.

덕분에 우리는 타이슨이 이끄는 질문의 항로를 따라 명확하게 나아갈 수 있게 되었다. 인공지능이라도 된 것처럼, 우주에 대한 모든 답을 들려줄 수 있을 듯한 근거 없는 자신감이 솟구치는 기분이 든다.

_우주먼지 지웅배 (과학 커뮤니케이터, 세종대학교 조교수, 유튜브 '우주먼지의 현자타임즈' 운영)

제 1 장

우주에서 우리의 위치는 어디일까?

국제우주정거장 International Space Station, ISS에서
내려다본 태평양의 일몰.

- 지구는 행성인가
- 막대기로 하는 천문학
- 시차 해법
- 태양계는 얼마나 큰가
- 헨리에타 레빗과 표준촛불
- 은하
- 1000억 × 1000억
- 맺는 말

아이작 뉴턴Isaac Newton과 아리스토텔레스Aristoteles가 선술집에서 테이블을 사이에 두고 마주 서 있다. 이들은 물체가 지구로 떨어질 때 '실제로 무슨 일이 일어나는지'를 놓고 한바탕 논쟁을 벌이는 중이다. 두 사람이 머릿속에 떠올린 장면은 거의 똑같지만 그것을 해석하는 방법은 완전 딴판이다.

아리스토텔레스 | "모든 만물은 흙, 공기, 불, 물이라는 네 가지 원소元素, element로 이루어져 있고, 이들 중 흙은 우주의 중심을 찾아가려는 경향이 있다네. 물론 여기서 말하는 우주의 중심이란 당연히 지구의 중심이지. 지구는 이미 우주의 중심에 자리 잡고 있으니 굳이 움직일 필요가 없고, 모든 천체는 지구를 중심으로 거대한 원을 그리며 공전하고 있다네. 눈이 있으면 당장 하늘을 보라고. 그러니까 모든 물체는 그 자체의 속성 때문에 지구를 향해 떨어지는 거야."

뉴턴 | "저는 구성 원소에 별 관심 없어요. 저한테 중요한 것은 오직 질량뿐입니다. 혹시 지구가 표면 근처에 있는 모든 물체에 중력을 행사한다는 거, 알고 계신가요?(알 리가 없지.) 제가 발견한 만유인력의 법칙(중력법칙)에 의하면 모든 물체가 지구를 향해 떨어지는 것은 물체의 개별적 속성 때문이 아니라 지구의 중력 때문입니다.

◀ 인류는 수천 년 동안 우주에서 자신의 위치를 파악하기 위해 노력해왔다.

또 중력은 우주 먼 곳까지 작용하기 때문에 달이 지금과 같은 궤도에 묶여 있는 겁니다. 만일 지금 당장 지구의 중력이 사라진다면, 달은 더 이상 공전하지 못하고 머나먼 우주 공간으로 날아가 버릴 거라고요."

아리스토텔레스가 레치나*retsina를 주문하자 뉴턴도 질세라 걸쭉한 벌꿀주를 주문했다. 두 사람은 술잔을 주고받으면서 서로 자신의 관점이 옳다며 계속 싸운다. 아무래도 오늘 끝장을 볼 심산인 것 같다. 적당히 취기가 오른 뉴턴이 한 가지 실험을 제안했다.

뉴턴 | "제 이론이 옳다면 공기 저항이 없을 때 지표면으로 떨어지는 물체는 질량에 상관없이 항상 똑같은 가속도로 떨어질 겁니다. 즉, 무거운 물체와 가벼운 물체를 같은 높이에서 떨어뜨리면 바닥에 '동시에' 도달할 거라고요. 내기할까요? 지는 사람이 술값 내기 어때요?"

아리스토텔레스 | "이보게, 젊은이. 큰 물체는 '흙 성분'이 더 많기 때문에 가벼운 물체보다 빨리 떨어질 수밖에 없는 거야. 이렇게 당연한 걸 꼭 실험으로 확인해야겠나?"

두 사람은 바텐더에게 1페니짜리 동전과 최고급 버번 한 병을 달라고 했다. 바텐더는 약간 짜증 섞인 표정으로 물건을 내주었고, 둘은 옥상으로 올라가 가벼운 동전과 무거운 병을 동시에 떨어뜨렸다. 결과는 어땠을까? 우리의 짐작대로 동전과 병은 땅바닥에 정확하게 동시에 도달했고, 아리스토텔레스의 두 눈이 동그래졌다. 물론 값비싼 버번 병이 깨져서 놀란 것이 아니다.

---

* 수지樹脂향을 첨가한 그리스산 포도주.

뉴턴 | (득의양양한 표정으로) "보셨죠? 막연한 생각을 밀어붙이는 것보다 실험으로 확인하는 게 최고입니다. 이게 바로 '과학적 방법'이지요. 앞으로 우리 후손들은 이런 방법으로 객관적 진실을 탐구하다가 우주에서 자신의 위치를 알게 될 것이고, 그로부터 인간이라는 존재를 더욱 깊이 이해하게 될 겁니다."

아리스토텔레스 | (깨진 버번과 둘이 마신 술값을 지불하며) "그래, 내가 졌네. 근데 자네 말이야, 연금술사라는 소문이 있던데……. 무슨 마술 같은 거 부린 건 아니겠지?"

지구는 행성인가

고대 그리스인들이 창안한 우주론은 천년이 넘는 세월 동안 인류의 세계관을 지배해왔다. '지구는 절대로 변하지 않는 우주의 중심이고, 태양과 별을 비롯한 모든 천체가 지구 주변을 돌고 있다'는 지구중심설이 십여 세기 동안 불변의 진리로 군림해온 것이다. 게다가 고대 그리스 철학자들은 여기서 한 걸음 더 나아가 "지구는 불완전하지만 이 불완전함은 하늘에 적용되지 않는다"고 믿었다. 태양과 달을 '흠집 없는 완전한 구'로 취급한 것이 그 대표적 사례다. 마치 마트료시카 인형** matryoshka dolls 처럼 완벽한 행성이 그리는 완벽한 원(공전궤도) 안에서 또 다른 완벽한 행성이 완벽한 원을 그리고, 그 안에 또 다른 행성이 원을 그리는 식으로 반복된다. 불완전한 지구와 달리 하늘은 그 자체로 완벽하기 때문에 구성 성분은 물론이고 적용되는 법칙도 확끈하게 다르다. 아이작 뉴턴이

•• 큰 인형 안에 작은 인형이 연속적으로 들어 있는 러시아의 전통 인형 세트.

하늘과 땅의 법칙을 하나로 통일하기 전까지 지구는 우주의 일부가 아니었던 것이다.

실패했기 때문에 유명해진 실험

아리스토텔레스와 아이작 뉴턴의 우주관에는 비슷한 점도 있다. 이들은 보이지 않는 신비의 물질 '에테르ether'가 우주 공간을 가득 메우고 있다고 믿었다. 이 개념은 후대 과학자들에게 충실하게 전수되다가 19세기 말 드디어 실험으로 검증될 수 있는 기회를 맞이했다. 소리의 파동인 음파가 매질medium을 통해 먼 곳으로 전달되는 것처럼 빛도 파동의 일종이므로 매질이 있어야 먼 곳으로 전달될 수 있는데, 당시 과학자들은 이 매질이 에테르라고 생각했다. 에테르의 역사는 꽤 오래전까지 거슬러 올라간다. 아리스토텔레스는 천체들이 에테르로 가득 찬 투명한 구면(공전궤도를 포함하는 구면) 위에서 공전한다고 믿었고, 아이작 뉴턴은 중력의 근원이 지구를 향해 연속적으로 흐르는 에테르라고 생각했다. 또한 프랑스의 수학자 르네 데카르트René Descartes는 우주를 가득 채운 에테르가 태양을 중심으로 소용돌이치고 있기 때문에 행성들이 태양 주변을 공전한다는 에테르 공전설을 제안했다. 물론 여기까지는 모두 가설일 뿐 확인된 사실은 아니었다.

1887년 폴란드 태생의 미국인 물리학자 앨버트 마이컬슨Albert Michelson과 미국의 화학자 에드워드 몰리Edward Morley가 과학 역사상 최초로 에테르의 존재를 직접 확인하는 실험을 실행했는데, 대략적인 원리는 다음과 같다. 만일 우주 공간이 에테르로 가득 차 있다면, '지구의 공전 방향과 같은 방향으로 발사된 빛'과 '공전 방향과 반대 방향으로 발사된 빛'은 속도가 달라야 한다. 이것은 달리는 기차 위에서 공을 던진 경우와 비슷하다. 예를 들어 내가 달리는 기차의 기관실에서 앞을 향해 공을 던졌다면, 기찻길 옆에 서 있는 당신이 볼 때 공의 속도는 기차의 속도에 (내가 던진) 공의 속도를 더한 값으로 나타날 것이다. 그리고 내가 공을 기차와 반대 방향으로 던졌다면, 당신에게 보이는 공의 속도는 (내가 던진) 공의 속도에서 기차의 속도를 뺀 값과 같다. 과연 에테르 속을 가로지르는 빛도 이런 식으로 속도가 변할 것인가?*

마이컬슨은 당시로선 최첨단 정밀기계였던 간섭계interferometer까지 만들어서 이 차이를 확인하는 실험을 수행했지만, 똑같은 실험을 아무리 반복해도 차이는 나타나지 않았다. 지구의 공전 방향으로 발사된 빛과 수직 방향으로 발사된 빛이 항상 똑같은 속도로 진행되었던 것이다.

결국 이들의 실험은 에테르의 존재를 확인하지 못한 채 실패로 끝났지만, 그로부터 18년이 지난 1905년 알베르트 아인슈타인Albert Einstein이 여기서 힌트를 얻어 그 유명한 특수상대성이론special relativity을 발표했다.

마이컬슨이 직접 설계하고 제작한 간섭계.

서기 150년, 이집트 알렉산드리아의 철학자이자 수학자였던 클라우디오스 프톨레마이오스Claudios Ptolemaeos가 그리스식 우주관의 결정판인 《알마게스트Almagest》를 발표했다. 고대 그리스의 다른 과학 분야들이 그랬던 것처럼 프톨레마이오스의 우주관도 중세 유럽의 대학교를 거쳐 바그다드에 있는 지혜의 집** Bayt-al-Hikma, House of Wisdom에서 아랍어로 번역되었으며, 그 후 십자군에 의해 스페인으로 역수입되어 학자들의 언어인 라틴어로 번역되었다. 알마게스트는 아랍어로 '가장 위대하다'는 뜻이다.

* 기차를 지구로, 공을 빛으로 바꿔서 생각하면 된다.
** 이슬람 시대 최대의 도서관.

프톨레마이오스의 지구중심모형geocentric model에는 꽤 많은 정보가 담겨 있다. 행성은 투명한 구의 내부에서 원궤도를 그리는데, 좀 더 정확하게 말하면 '중심이 원을 따라 이동하는 작은 원(이 원을 주전원周轉圓, epicycles이라 한다)'을 따라 움직인다. 프톨레마이오스는 천구°天球와 주전원의 공전 속도를 적절하게 조절하여 그리스와 바빌로니아의 천문학자들이 수백 년 동안 쌓아온 관측 데이터를 매우 정확하게 설명했을 뿐만 아니라, 일식을 비롯한 몇 가지 천체 현상을 예측하기도 했다. 그의 지구중심모형이 무려 1,500년 동안 진리로 군림할 수 있었던 것은 눈에 보이는

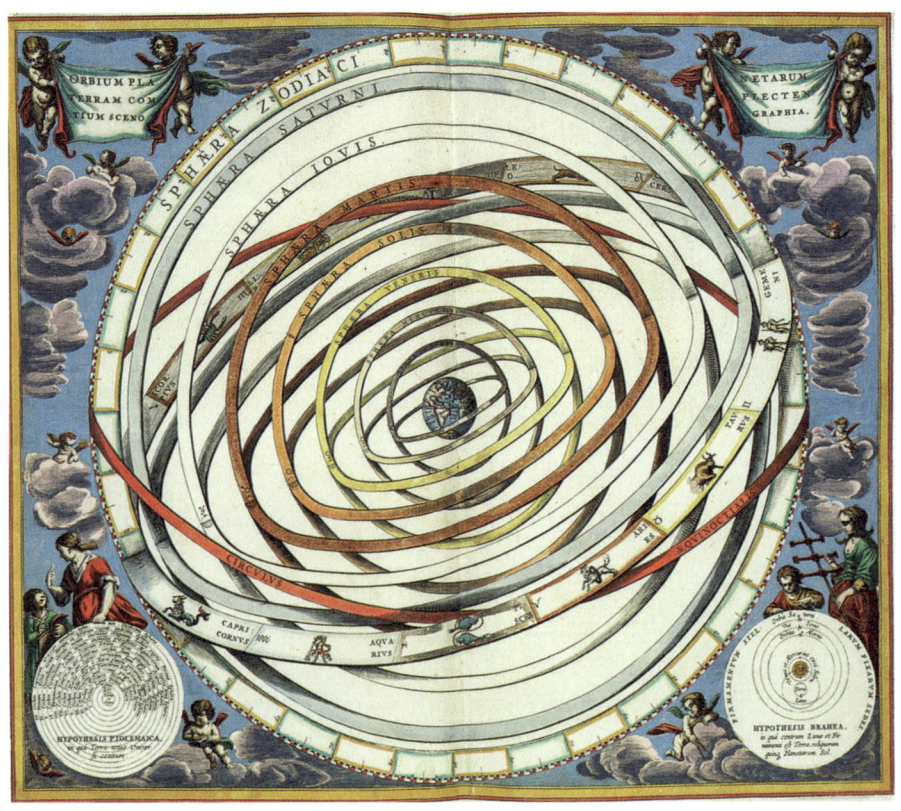

1600년대 중반 네덜란드 암스테르담의 한 출판사에서 출판된 프톨레마이오스의 천문지도. 지구를 중심으로 동심원을 그리며 공전하는 천체들이 묘사되어 있다.

> **닐 디그래스 타이슨**
> @neiltyson
>
> '과학적 방법'이란 진실을 거짓으로 오인하거나 거짓을 진실로 착각하는 것을 막아주는 모든 행위를 일컫는 말이다.
>
> ♡ 90　⇄ 1.6K　♥ 593　　　2012년 7월 18일 오후 1:50

천문 현상과 이론적 예측이 그 정도로 정확하게 일치했기 때문이다.

고대 그리스의 천문학에 의하면 하늘에는 수성과 금성, 화성, 목성, 토성 그리고 태양과 달이라는 총 일곱 개의 '방랑자'가 존재한다. 플래닛planet(행성)은 그리스어로 방랑자를 뜻하는 플라네테스planetes에서 유래된 단어다. 이 모형에서 지구는 하늘에 떠 있는 천체가 아니라 투명한 구의 중심에 확고하게 자리 잡고 있었기에 방랑자나 행성으로 분류되지 않았다.

고대 그리스인에게 지구는 모든 생명체의 고향이자 절대로 움직이지 않는 우주의 중심이었다(아리스토텔레스가 선술집에서 구입했던 고가의 버번 병은 바로 이 부동의 중심을 향해 움직이다가 도중에 땅을 만나는 바람에 박살 났다). 21세기를 사는 우리에게 외계 생명체는 그리 낯선 존재가 아니지만, 고대 그리스의 우주모형에는 이들이 들어설 자리가 전혀 없었다. 이런 모형에 오늘날 우리가 외계행성exoplanet이라고 부르는 천체가 존재하려면 투명한 구로 에워싸인 또 다른 지구, 즉 '또 하나의 우주'가 어딘가에 있어야 한다. 그런데 우주가 두 개 이상이면 '우주의 중심'을 찾아 떨어지는 물체는 여러 개의 중심 중 어떤 중심을 향해 떨어져야 할지 갈피를 잡을 수 없게 된다. 그러므로 프톨레마이오스의 지구중심모형에는 단 하나의 지구, 즉 단 하나의 우주만이 존재할 수 있다.

• 관측자가 중심에 있으면서 반지름이 무한대인 가상의 구.

1968년 12월 24일 최초의 달 탐사 우주선 아폴로 8호Apollo 8에서 촬영한 '지구돋이Earthrise' 사진. 현대에 촬영한 우주 사진은 수백 년 전에 제시된 과학이론을 한 방에 증명해준다.

막대기로 하는 천문학

독자들이 초등학교 3학년 과학 시간에 어떤 내용을 배웠는지 모르겠지만, 한 가지 짚고 넘어갈 것이 있다. 15세기에 제대로 된 교육을 받은 사람은 지구가 평평하다고 믿지 않았으며, 배를 타고 장거리 항해를 떠난 크리스토퍼 콜럼버스Christopher Columbus가 절벽 끝에서 떨어질까 봐 걱정하는 사람도 없었다.

클라우디오스 프톨레마이오스는 그의 저서 《알마게스트》에서 '지구는 구형이다'라는 명제를 증명하기 위해 책의 상당 부분을 할애했는데, 그중에서도 일식을 예로 든 부분이 가장 눈에 뜨인다. "지중해 연안에서 일식은 지역마다 조금씩 다른 시간에 일어난다. 만일 지구가 평평하다면 일식은 위치에 상관없이 일제히 같은 시간에 일어날 것이다." 또한 월식 때 달에 드리운 지구의 그림자가 둥글다는 것도 지구가 구형이라는 강력한 증거다. 우주 공간에서 햇빛의 각도와 관계없이 항상 원형 그림자를 드리우는 물체는 구球밖에 없다. 프톨레마이오스는 해안에서 멀어지는 배가 수평선 너머로 사라지는 과정을 자세히 서술한 후, "이것도 바다의 표면이 평면이 아닌 구면임을 보여주는 증거"라고 주장했다.

주전원 추가하기

수성이 역행*retrograde하면 무슨 일이 벌어질까? 점성가들은 온갖 희한한 예언을 쏟아내겠지만 사실은 아무런 일도 일어나지 않는다. 수성이 역행하는 것은 지구에서 바라본 상대적 움직임일 뿐, 실제로 뒤로 가는 것이 아니기 때문이다. 당신이 기차 좌석에 앉아 창밖을 바라보고 있는데 옆 선로에 있는 기차가 뒤로 가고 있다면, 그것은 당신이 탄 기차가 앞으로 가고 있다는 뜻이다(기차는 아주 특별한 경우에만 후진한다).

그러나 프톨레마이오스 시대의 사람들은 지구가 우주의 중심에 고정되어 있다고 하늘같이 믿었기에 수성이 역행하는 이유를 어떻게든 설명해야 했고, 온갖 편법을 모색한 끝에 '주전원'이라는 작은 원궤도를 도입하여 이 문제를 해결했다.

태양을 중심으로 한 태양중심모형sun-centered model을 수용하면 복잡한 궤도를 추가하지 않아도 수성의 역행을 비롯한 복잡한 천문 현상들이 자연스럽게 설명된다. 게다가 태양중심모형은 지구중심모형보다 훨씬 단순하고 우아하다.

• 공전궤도를 거꾸로 거슬러 이동하는 것처럼 보이는 현상.

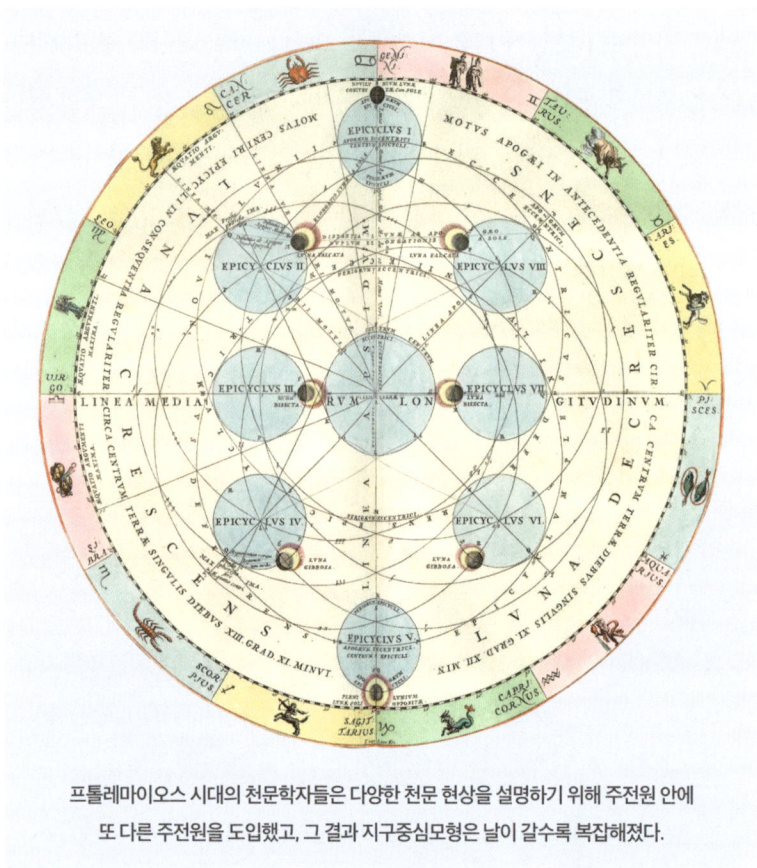

프톨레마이오스 시대의 천문학자들은 다양한 천문 현상을 설명하기 위해 주전원 안에 또 다른 주전원을 도입했고, 그 결과 지구중심모형은 날이 갈수록 복잡해졌다.

요즘은 로즈볼rose bowl을 TV로 시청하는 것만으로도 지구가 둥글다는 것을 알 수 있다. 로즈볼 구장은 캘리포니아에 있는데, 이 경기를 미국 동부 해안에서 TV 실황 중계로 시청하면 거실 창밖이 어두컴컴한데도 경기장은 대낮이다. 만일 지구가 평평하다면 태양은 모든 곳에서 동시에 질 것이고, 따라서 캘리포니아와 뉴욕은 동시에 어두워져야 한다. 고대인은 물론이고 현대의 미식축구 팬들도 지구가 둥글다는 것을 맨눈으로 확인할 수 있다.

▶ 고대인들에게 밤하늘은 반짝이는 별이 투영된 천문관의 돔형 지붕과 비슷했다. 그들에게 별은 하늘에 떠 있는 천체가 아니라 하늘 지붕에 박혀 있는 천체였다.

닐 디그래스 타이슨 ✓
@neiltyson

지금도 지구가 평평하다고 주장하는 사람들이 있다. 더욱 놀라운 것은 이들의 지지층이 꽤 두텁다는 것이다.

💬 2.5K   ↻ 12K   ♡ 92.3K   2019년 10월 30일 오후 4:27

시에네(현재 이집트의 아스완)의 천문학자 에라토스테네스Eratosthenes는 프톨레마이오스보다 몇백 년 앞서서 지구가 구형임을 알았을 뿐만 아니라 이 사실을 이용하여 지구의 둘레까지 계산했다. 망원경은커녕 천문 관측 기구라는 개념조차 없던 시대(기원전 200년경)에 이런 엄청난 일을 해냈다니 감탄이 절로 나온다. 그가 남긴 업적은 '막대기로 하는 천문학'의 대표적 사례였다.

에라토스테네스는 6월 21일(하지) 정오에 햇빛이 그의 고향 시에네에 있는 깊은 우물 속 수면까지 도달한다는 사실을 알고 있었다.* 한동안 북쪽의 알렉산드리아에 머물렀던 그는 하짓날이 되었을 때 땅에 수직으

> **왕이 내린 평가**
>
> 카스티야** 의 현왕 알폰소Alfonso the Wise는 프톨레마이오스의 지구중심모형을 접하고 이렇게 말했다. "우주는 너무 복잡하다. 만일 내가 천지창조에 관여할 수 있었다면, 지금보다 훨씬 단순하면서도 우아한 질서를 부여했을 것이다."

---

* 시에네의 위도는 북위 24도로 북회귀선의 위도인 23.5도(정확하게는 23도 26분 11.1초)와 거의 비슷하다. 그래서 하짓날 정오가 되면 태양의 고도가 90도에 가까워진다.
** 스페인 중부의 옛 왕국으로 이후 에스파냐 왕국이 되었다.

로 꽂은 막대기가 드리운 그림자의 길이를 측정했다.

에라토스테네스는 알렉산드리아와 시에네 사이의 거리를 지구의 반지름으로 나눈 값이 태양광선과 막대 사이의 각도와 관련되어 있음을 간파했다. 즉, '알렉산드리아와 시에네 사이의 거리'와 '막대와 태양광선 사이의 각도'를 알면 지구의 반지름(또는 둘레)을 알 수 있다는 뜻이다. 당시에는 거의 최고 난이도에 해당하는 수학 계산이었지만, 요즘 시각에서 보면 중학교 기하학 교과서에 나올 정도로 간단한 문제다. (재미있는 사실 하나, 기하학geometry이라는 단어는 '지구를 측정하다'는 뜻의 그리스어에서 유래되었다.)

에라토스테네스는 이 모든 결과를 종합하여 "지구의 둘레는 알렉산드리아와 시에네 사이 거리의 50배인 250,000스타디아stadia(경기장을 뜻하는 스타디움stadium은 이 단어에서 유래되었다)다"라고 결론지었다. 스타디아는

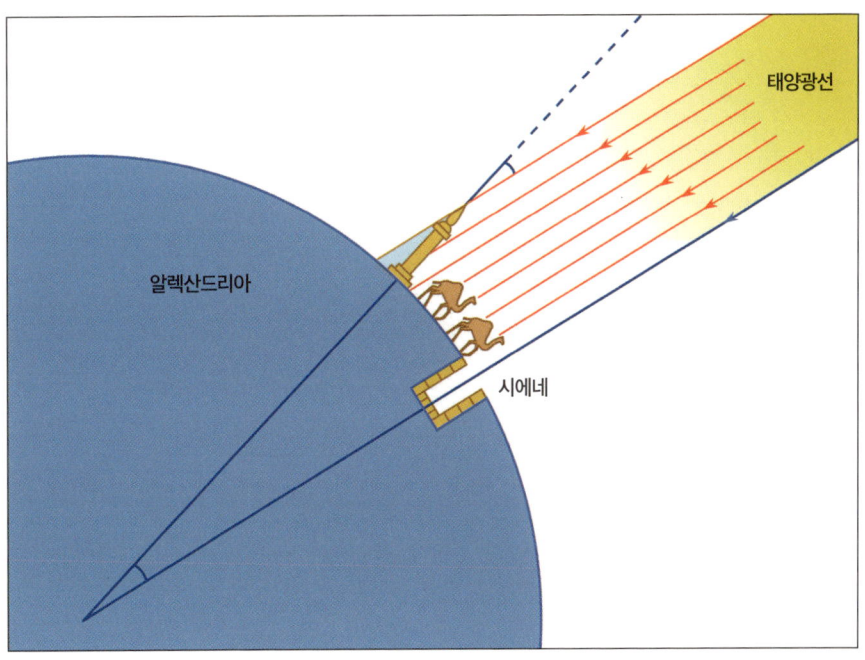

그리스의 철학자이자 천문학자였던 에라토스테네스는 하짓날 우물에 비친 태양 빛과 그로부터 멀리 떨어진 곳에 드리운 그림자의 각도를 이용하여 지구의 둘레를 계산해냈다.

당시 통용되던 길이의 단위로서 지역마다 값이 조금씩 달랐는데(무려 여섯 가지나 되었다), 가장 적절한 값을 선택했을 때 에라토스테네스가 얻은 값과 실제 지구 둘레 사이의 오차는 10퍼센트에 불과했다. 달랑 막대기 하나로 얻은 값치고는 꽤 성공적이다.

시차 해법

우주에서 우리의 위치를 가늠하려면 일단 우주가 얼마나 큰지 알아야 하고, 그 규모를 직관적으로 이해하려면 '지구와 우주의 상대적 크기 비율'을 알아야 한다. 언뜻 보기에는 별로 어려운 문제가 아닌 것 같다. 지구에서 두 지점 또는 두 물체 사이의 거리는 쉽게 알아낼 수 있다. 그러나 우주에서 거리를 알아내려면 현대 천문학의 가장 복잡한 문제 중 하나인 '우주 거리 사다리cosmic distance ladder'를 순차적으로 올라야 하니 미리 마음의 준비를 해두기 바란다.

간단한 사실에서 시작해보자. 밤하늘을 올려다보면 거대한 검은 스크린에 별이 박혀 있는 것처럼 보인다. 즉, 눈에 보이는 하늘은 2차원적이다. 그러나 우리는 이 별들이 각기 다른 거리에 있다는 것을 잘 알고 있다. 다시 말해서, 하늘은 2차원 스크린이 아니라 3차원 입체 공간이다. 문제는 각 별들까지의 거리를 알아내기가 쉽지 않다는 것이다.

어찌어찌해서 가까운 천체까지의 거리 측정법을 알아냈다면, 우주 거리 사다리의 첫 번째 가로대에 올라선 셈이다. 그러나 멀리 있는 천체에는 똑같은 방법을 적용할 수 없기 때문에 사다리를 한 칸 더 올라가야 하고, 이보다 더 먼 천체까지의 거리를 알려면 또 한 칸을 올라가야 하고……, 이런 식으로 일이 계속된다. 그리고 위로 올라갈수록 거리의 불확실성은 기하급수적으로 커진다.

가까운 천체까지의 거리는 사다리의 첫 번째 가로대에서 '시차視差, parallex'를 이용하여 알아낼 수 있다. 첫 번째 단계인 만큼 원리도 아주 간단하다. 팔을 앞으로 길게 뻗고 엄지손가락을 위로 치켜올린 채 양쪽 눈을 번갈아 가며 떴다 감았다를 반복하면 손가락과 배경(책꽂이, 벽에 걸린 액자 등)의 상대적 위치가 좌우로 오락가락한다. 당신도 어린 시절에 이런 장난을 많이 해봤을 것이다. 엄지손가락이 오락가락하는 이유는 보는 눈이 바뀔 때마다 눈과 손가락을 연결한 직선의 방향, 즉 시선 각도angle of sight가 달라지기 때문이다. 이때 '두 개의 시선 각도'와 '두 눈 사이의 거리'를 알면 간단한 기하학을 이용하여 눈과 엄지손가락 사이의 거리(팔의 대략적인 길이)를 구할 수 있다.

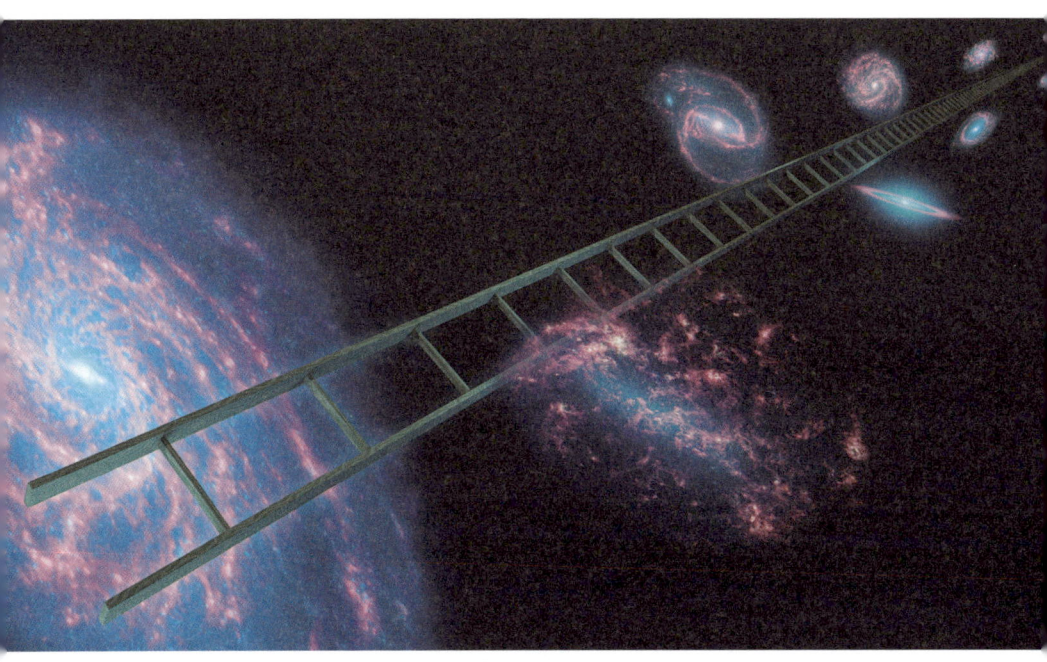

우주를 탐험하는 것은 사다리를 오르는 것과 비슷하다. 첫 번째 가로대에 서면 가까운 천체까지의 거리를 알 수 있고, 더 멀리 있는 천체까지의 거리를 알려면 더 높은 가로대로 올라가야 한다.

파섹이란?

다들 알다시피 각도의 단위는 '도(°)degree'이며, 한 바퀴는 360도, 1도는 60분('), 1분은 60초(")다. 비교적 가까운 거리에 있는 별을 6개월 간격으로 관측하면 그 사이에 지구가 공전궤도를 반 바퀴 돌아서 반대편에 위치하게 되므로 별의 시차가 발생한다. 이 시차각이 정확하게 1초(")인 별이 있을 때, 약간의 기하학을 적용하면 그 별과 지구 사이의 거리가 약 3.26광년임을 알 수 있다. 천문학에서는 이 거리를 '파섹parsec'이라 한다. 즉, 1파섹은 3.26광년이다. 〈스타트렉〉과 〈스타워즈〉 등 우주를 배경으로 한 공상과학 영화에서 이 단위가 워낙 자주 언급되어 지금은 거의 일상 용어로 쓰이고 있다.

이제 당신의 두 눈을 지구상에서 멀리 떨어진 두 지점으로 바꾸고 엄지손가락을 행성으로, 방 안의 배경을 별과 은하galaxy로 바꿔보자. 이 경우에도 '각 지점과 행성을 잇는 직선의 방향'과 '두 지점 사이의 거리'를 알면 지구와 행성 사이의 거리를 구할 수 있다.

고대 그리스의 천문학자 히파르코스Hipparchos는 이 방법으로 달까지의 거리를 계산하여 '지구 반지름의 약 60배'라는 값을 얻었다. 이것은 오늘날 알려진 값보다 두 배쯤 크지만, 그가 사용한 관측 도구의 정밀도를 고려할 때 감탄이 나올 정도로 정확한 값이다.* 히파르코스는 지구와 태양 사이의 거리도 계산했는데, 수성과 태양 사이의 거리보다 가까운 값이 얻어진 것을 보면 측정이 그다지 정밀하지 않았던 것 같다.

---

* 지구의 반지름에 현재 알려진 6,370킬로미터를 대입하면 그가 얻은 값은 실제와 거의 정확하게 일치한다.

닐 디그래스 타이슨
@neiltyson

우리는 우주를 상상할 때 자신이 무엇을 모르는지 모두 알지 못한다. 그래서 나는 아는 것이 없어서 질문조차 할 수 없는 것에 대한 질문을 떠올리기 위해 노력하고 있다.

💬 911　↻ 5.5K　♡ 42.3K　　2020년 7월 5일 오후 5:04

별처럼 멀리 떨어진 천체까지의 거리도 시차를 이용해서 알아낼 수 있을까? 결론부터 말하면 턱도 없다. 눈에서 10센티미터 떨어진 곳에 엄지손가락을 세우고 좌우 눈을 깜박이면 엄지손가락과 배경의 상대적 위치가 크게 바뀌지만, 팔을 길게 뻗으면 바뀌는 정도가 눈에 띄게 줄어든다. 엄지손가락이 배경(거실 벽에 걸린 액자)에 거의 닿을 정도로 팔을 고무줄처럼 길게 늘이면, 보는 눈을 바꿔도 손가락과 배경의 상대적 위치는 거의 달라지지 않을 것이다. 두 눈 사이의 간격이 엄지손가락까지의 거리보다 훨씬 짧아서 시차가 거의 0에 가까워지기 때문이다.

이런 경우에는 두 가지 해결책이 있다. 첫째, 작은 각도를 정밀하게 측정하는 도구(예를 들면 망원경)를 발명하거나 둘째, 두 눈 사이의 거리를 늘이면 된다.

17세기 초, 드디어 망원경이 발명되면서 시차를 정밀하게 측정할 수 있게 되었고, 두 눈 사이의 거리도 지구 공전궤도의 지름만큼 커졌다. 얼굴을 그 정도로 잡아 늘인 게 아니라, 6개월의 시간차를 두고 관측한다는 뜻이다(6개월이 지나면 지구는 공전궤도의 반대쪽으로 이동한다). 아주 멀리 있는 별들을 배경 삼아서 가까운 별 A를 관측한다고 상상해보자. 임의의 한순간에 A와 배경의 상대적 위치를 확인하고, 6개월이 지난 후에 똑같은 관측을 시도하여 시차를 알아내면 A까지의 거리를 알 수 있다. 양쪽 눈을 번갈아 뜨는 행위가 공전궤도상의 대척점에서 실행하는 관측으로 바뀐 것이다. 잠깐, 두 눈 사이의 거리에 해당하는 '지구 공전궤도의 지름'은 얼마나 되지? 그렇다. 관측의 규모를 키웠더니 새로운 미지수가 등장했다. 이건 또 어떻게 알아내야 할까?

태양계는 얼마나 큰가

중세 농민들에게 우주는 작고 안락한 곳이었다. 하늘은 바로 머리 위에 있고, 당장 눈에 보이는 별과 행성은 이웃 나라보다 가깝게 느껴졌다. 니콜라스 코페르니쿠스Nicolaus Copernicus의 태양중심모형이 자리를 잡은 후에도 우주는 여전히 아늑한 보금자리로 남아 있었다.

그러나 이런 우주관은 17세기 초에 혁명적 변화를 겪게 된다. 그 출발점은 아마도 갈릴레오 갈릴레이Galileo Galilei가 역사상 최초로 망원경을 위로 치켜들었던 1610년일 것이다. 그 후로 우주의 개념은 과거와 비교가 안 될 정도로 빠르게 확장되었고, 다양한 천문 현상을 설명하는 자연의 법칙이 연이어 발견되었다. 많은 사람은 망원경을 멀리 있는 물체를 확대해서 보여주는 도구라고 생각하지만, 사실 망원경의 가장 큰 역할은 '정확한 각도 측정'이었다. 시차각의 정확도가 높아지면서 먼 거리를 측정하는 능력이 향상되고, 먼 천체가 새로 발견될 때마다 우주의 규모도 그만큼 확장되기 때문이다.

1672년 프랑스과학아카데미Académy des sciences는 프랑스령 기아나주의 주도인 카옌에 화성의 위치를 측정하는 관측팀을 파견하고, 파리에서도 동일한 관측을 수행했다. 이들의 목표는 화성과 지구가 가장 가까워졌을 때 망원경으로 관측한 시차와 두 망원경 사이의 거리로부터 두 천체 사이의 거리를 알아내는 것이었다. 화성과 지구 사이의 거리가 왜 중요했을까? 이유는 간단하다. 요하네스 케플러Johannes Kepler가 발견한 행성운동법칙에 이 값을 적용하면 지구와 태양 사이의 거리를 알 수 있기 때문이다. 프랑스과학아카데미는 이 프로젝트를 통해 역사상 최초로 지구와 태양 사이의 거리를 알아냈고(약 10퍼센트의 오차가 있었다), 이때 얻은 값을 '1천문단위(AU)Astronomical Unit'로 정했다.

그 덕분에 우주는 이전보다 20배 이상 커졌고, 지구는 상대적으로 더

칠레에 위치한 유럽남방천문대European Southern Observatory. 이곳에서는 레이저로 인공 유도별guide star을 만들어서 난기류 때문에 흐려진 세계 최대의 광학망원경인 VLT Very Large Telescope의 영상을 보정하고 있다.

욱 작아졌다.

헨리에타 레빗과 표준촛불

현재 운용 중인 최첨단 우주망원경은 시차를 이용하여 가장 가까운 축에 속하는 별 10억 개의 거리를 알아낼 수 있다. 이 정도면 꽤 많은 것 같지만 10억 개라고 해봐야 지구 근방의 극히 일부에 불과하며, 은하수milky way(우리은하)에 속한 별의 1퍼센트도 안 된다. 이보다 멀리 있는 별까지의 거리는 어떻게 측정해야 할까? 그리고 다른 은하까지의 거리는 어떻게 알 수 있을까? 이제 우주 거리 사다리에서 한 단계 올라갈 때가 되었다.

이 단계로 가면 천문학사에 커다란 업적을 남긴 헨리에타 레빗Henrietta Leavitt이 등장한다. 1868년 매사추세츠주에서 목사의 딸로 태어난 그녀는 여성대학교육협회Society for the Collegiate Instruction of Women라는 곳에서 교육을 받았는데, 이 협회는 훗날 매사추세츠주 케임브리지의 하버드대학교 소속 단과대학인 래드클리프컬리지(지금의 하버드래드클리프연구소 Harvard Radcliffe Institute)가 되었다. 레빗은 학교를 졸업한 후 하버드대학교 천문대Harvard College Observatory, HCO에서 경력의 첫발을 내딛게 된다.

천문대라고 하면 당연히 괴물 같은 천체망원경이 떠오르겠지만, 당시 천문대의 주된 업무 중 하나는 복잡하기 그지없는 관측 데이터를 오직 연필과 종이만으로 분석하는 것이었다. 그런데 일의 특성상 똑같은 작업

30센트 헨리에타 레빗이 하버드대학교에서 받은 급여는 시간당 30센트(지금 시세로 9달러)였다.

하버드의 컴퓨터

1885년 헨리에타 레빗은 별의 스펙트럼을 분석하는 따분한 연구팀에 합류했는데, 이들을 고용한 하버드대학교천문대 소장 에드워드 피커링Edward Pickering은 "생각하지 말고 시킨 일만 하라"는 지령을 내렸다고 한다. 천문대 안에서 컴퓨터로 불렸던 이들은 고학력자임에도 불구하고 망원경을 만질 수 없었으며, 산더미 같은 업무를 처리하면서 단순 노동자와 비슷한 수준의 임금을 받았다. 레빗이 변광성을 발견했을 때 피커링은 그 결과를 자신의 논문으로 발표하면서 그녀의 이름을 전혀 언급하지 않았다. 훗날 천문학자들은 레빗의 공로를 뒤늦게 깨닫고 마땅한 대접을 해주려고 했으나, 안타깝게도 그녀는 이미 암으로 세상을 떠난 후였다.

헨리에타 레빗의 모습.

을 지루하게 반복할 수밖에 없었기에 데이터 분석 작업은 '컴퓨터computer(계산원)'로 불리던 전문 분석관들이 전담했고, 남성들의 천국인 천문대에서 이 일을 맡은 사람은 대부분 여성이었다. 레빗은 하버드대학교천문대의 컴퓨터로 일하면서 다양한 별을 분석했는데, 케페우스자리Cepheus에서 처음으로 발견된 세페이드 변광성Cepheid variable도 그중 하나였다. 평소 치밀하고 꼼꼼한 성격으로 유명했던 그녀는 이 별의 밝기가 몇 주 또는 몇 달에 걸쳐 규칙적으로 변하는 현상을 발견했고, 변화의 주기가 길수록 많은 에너지를 방출한다는 사실도 알아냈다. 즉, 주기가 길수록 밝게 빛난다는 뜻이다.

별에서 방출되는 에너지의 시간에 따른 변화(밝기의 변화)를 알고 있으면 간단한 공식을 사용하여 눈에 보이는 밝기(겉보기 밝기)로부터 별까지의 거리를 계산할 수 있다. 단, 이를 위해서는 시차만으로 거리 측정이 가능할 정도로 가까운 거리에 있는 세페이드 변광성이 필요하다. 이 조건이 갖춰지면 우리는 우주 거리 사다리에서 한 칸 더 올라갈 수 있다. 레빗이 알아낸 거리 측정법은 오늘날 '표준촛불기법standard candle technique'으로 알려져 있는데, 이 책의 뒷부분에서 암흑에너지dark energy와 우주팽창을 다룰 때 다시 언급될 것이다.

은하

20세기 초, 천문학자들은 우리은하에서 지구의 위치를 매우 정확하게 알고 있었다. 미국의 천문학자 할로 섀플리Harlow Shapley는 헨리에타 레빗이 개발한 표준촛불기법을 이용하여 은하수의 크기를 계산하고는 입이 딱 벌어졌다. 섀플리뿐만 아니라 천문학자를 비롯한 전 인류가 커다란 충격에 빠졌다. 은하수의 폭이 무려 10만 광년(약 10만×10조 킬로미터)이나 되었기 때문이다. 그러나 이 정도는 시작에 불과했다. 그 후로 새로운 거리 측정이 이루어질 때마다 우주는 대책 없이 커졌고, 그럴수록 우주에서 지구의 입지는 한없이 쪼그라들었다.

또한 섀플리는 지구를 포함한 태양계가 은하의 중심이 아니라 중심으로부터 3분의 2쯤 떨어진 곳에 위치한다는 사실도 알아냈다. 코페르니쿠스가 우주의 중심을 지구에서 태양으로 바꾼 것도 적지 않은 충격이었는데 그 태양마저 은하의 변두리로 밀려난 것이다.

미국의 천문학자 에드윈 허블Edwin Hubble은 캘리포니아의 윌슨산천문대Mount Wilson Observatory, MWO에서 당시 세계 최대였던 직경 100인치(2.5미터)짜리 망원경으로 우주를 뒤지다가 우리은하의 바깥에 또 다른 은하가 존재한다는 놀라운 사실을 발견했다. 사진은 1917년 인부들이 4.5톤짜리 초대형 렌즈를 트럭에 싣고 윌슨산천문대로 운반하는 모습이다.

지구의 수모가 이것으로 끝났을까? 천만의 말씀이다.

천문학자들은 1920년대의 구식 망원경으로 하늘을 뒤지다가 흐릿한 덩어리처럼 보이는 천체 여러 개를 발견했다. 여기에는 성운星雲, nebula('구름'을 뜻하는 라틴어)이라는 이름이 붙여졌는데, 이들 모두는 하늘을 가로지르는 은하수 띠를 따라 가지런히 배열되어 있었고 개중에는 정해진 형태 없이 또렷한 빛을 발하는 기체 구름도 있었다.

그 외에 은하수 바깥의 모든 방향에서 바람개비 날개 모양을 한 나선성운spiral nebula이 무더기로 발견되었다. 이들은 방향도 제각각이어서 어떤 것은 정면으로 서 있고 또 어떤 것은 비스듬하게 누워 있었는데, 당시의 망원경으로는 그 안에 포함된 별을 식별할 수 없었다.

50만 달러

윌슨산천문대에 설치된 직경이 100인치(2.5미터)인 망원경의 가격은 약 50만 달러로, 현재 가치로는 620만 달러(한화 88억 원)쯤 된다.

나선성운은 처음 발견되었을 때부터 논란의 대상이었다. 발견자인 섀플리는 그것이 은하수 안에 있는 별들처럼 단순한 천체라고 주장했으나 반대 의견도 만만치 않았다. 그 많은 나선성운이 은하수의 구성원이라면 은하수는 우주의 전부가 된다. 과연 그럴까? 혹시 나선성운들은 은하수와 멀리 떨어진 곳에서 표류하는 '우주의 섬' 같은 존재가 아닐까? 이 질문을 요약하면 다음과 같다. "우주는 수많은 별로 이루어진 단일집합체(은하수)인가, 아니면 수많은 은하로 이루어진 복합체인가?" 만일 후자가 답이라면 우리은하는 수많은 은하 중 하나가 되고, 지구는 우주의 변방으로 또 한 차례 밀려나게 된다. 만물의 영장을 자처해온 인간이 우주에서 그토록 작고 하찮은 존재였단 말인가?

이 문제는 한동안 길을 잃고 표류하다가 1920년대에 해결의 실마리가 보이기 시작했다. 당시 미국 최고 부자이자 통 큰 자선가인 앤드루 카네기Andrew Carnegie가 거금을 쾌척하여 윌슨산에 세계 최대의 망원경이 들어선 것이다. 이곳에서 망원경을 책임진 사람은 천문학의 영원한 슈퍼스타, 에드윈 허블이었다. (그렇다. NASA가 우주 공간에 띄운 허블우주망원경Hubble Space Telescope은 그의 이름에서 따온 것이다.) 막강한 관측 도구를 손에 쥔 그는 얼마 지나지 않아 안드로메다성운Andromeda Nebula에서 밝은 빛을 발하는 세페이드 변광성을 찾아냈다. 그런데 헨리에타 레빗의 표준촛불기법을 사용하여 변광성까지의 거리를 계산해보니 무려 200만 광년이라는 엄청난 값이 나왔다. 은하수의 폭이 10만 광년인데 200만 광년이라니, 그렇다면 안드로메다은하Andromeda galaxy는 우리은하의 식솔이 아니었단 말인가? 그렇다. 허블의 발견은 우주의 개념을 송두리째 바꿔놓았다. 안드로메다는 말할 것도 없고, 우리은하도 우주에 산재한 수많은 은하 중 하나에 불과했다. 한때 우주의 중심이었던 지구가 알고 보니 '모래알보다 많은 은하 중 하나의 변두리에 자리 잡은 태양의 식솔'이었던 것이다.

1000억 × 1000억

태양계에서 지구의 위치를 알았고 은하수에서 태양계의 위치를 알았으니, 이제 우주에서 은하수의 위치를 파악할 차례다. 잘하면 우주에서 지구의 위치를 파악하려는 우리의 노력이 결실을 맺을지도 모른다.

허블은 외계은하의 존재를 확인한 후 망원경에 포착된 은하들을 형태에 따라 분류했다. 언뜻 보기에는 다들 비슷하게 생겼지만, 자세히 들여다보면 기체가 없어서 별이 더 이상 생성되지 않는 타원형 은하에서 우리은하처럼 기체가 풍부하여 별이 수시로 태어나고 죽는 나선은하에 이르기까지 종류도 매우 다양하다. 특히 나선은하에 속한 별이 수명을 다하면 내부에서 만들어진 무거운 원소를 은하 곳곳에 흩뿌리는데, 이런 별은 생전에 행성을 거느렸을 가능성이 매우 높다. 여기에 주인 없이 표류하는 떠돌이행성rogue planet까지 고려하면 우리은하에 존재하는 행성은 수천억 개에 달하고, 그중 일부에는 생명체가 살고 있을지도 모른다.

오케이, 그 정도면 됐다. 우리 자존심은 이미 충분히 상했다. 우주에는 엄청나게 많은 은하가 산재해 있고, 우리가 속한 은하수는 그들 중 별로 특별할 것 없는 평범한 은하에 불과하다. 그러나 이 모든 것을 사실로 받아들인다 해도 우주에는 은하가 과연 몇 개나 있는지 그리고 그 많은 은하가 우리와 얼마나 멀리 떨어져 있는지는 여전히 의문으로 남는다. 가

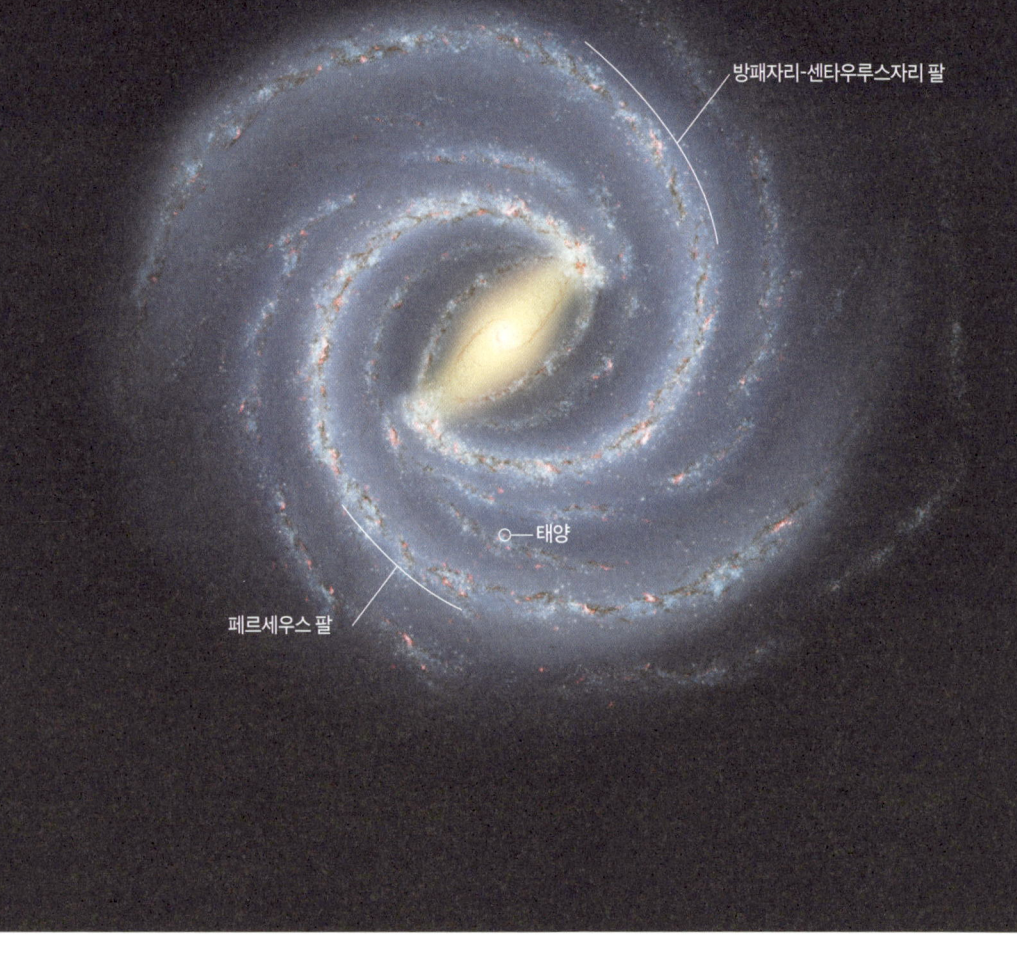

NASA의 스피처우주망원경 Spitzer Space Telescope이 수집한 관측 데이터에 기초하여 컴퓨터로 재현한 은하수의 모습. 방패자리-센타우루스자리 팔 Scutum-Centaurus Arm과 페르세우스 팔 Perseus Arm이라는 두 개의 나선형 팔이 주요 구조를 이루고, 여기서 갈라져 나온 몇 개의 작은 팔들이 빈 공간을 채우고 있다. 우리의 태양계는 두 팔 사이에 낀 작은 돌출부에 자리 잡고 있다.

장 먼 은하는 그 안에 속한 별을 개별적으로 관측할 수 없기 때문에 헨리에타 레빗의 표준촛불기법을 적용할 수 없다. 우주 거리 사다리에서 한 칸 더 올라갈 때가 된 것이다.

> **닐 디그래스 타이슨** ✓
> @neiltyson
>
> 천체물리학자는 어둠을 무서워하지 않는다. 하늘이 아무리 깜깜해도 눈에 보이지 않는 불길에 휩싸여 있다는 것을 잘 알고 있기 때문이다.
>
> 💬 700   🔁 5.5K   ♡ 38.7K   2019년 5월 28일 오전 10:37

에드윈 허블은 나선성운이 우주의 섬(은하)이라는 사실을 알아낸 후 얼마 지나지 않아 또 하나의 충격적인 발견을 이루어냈다. 모든 은하들이 마치 약속이라도 한 듯 지구로부터 일제히 멀어지고 있었던 것이다! 게다가 멀리 있는 은하일수록 더욱 빠른 속도로 도망가고 있었다. 과거에 은하들 사이의 거리가 지금보다 가까웠다면, 아득한 과거에는 이 모든 것이 한 덩어리로 뭉쳐 있었을지도 모른다. 그렇다면 혹시……? 상상의 나래를 펴는 것도 좋지만 지금 당장은 은하까지의 거리를 알아내는 게 급선무이므로 멀어지는 은하에 집중해보자. 이런 곳에서 방출된 빛이 지구에 도달하면 빛의 파장이 길게 늘어나서 붉은색 쪽으로 치우치게 되는데, 이 현상을 '적색편이redshift'라 한다.

따라서 은하의 적색편이를 측정하면 우리은하와의 거리를 알 수 있다. 이것은 비교적 쉬운 작업에 속한다. 그렇다면 사다리의 다음 칸으로 올라가도 될까? 아니다. 가까운 은하까지의 거리를 알려면 그 은하 안에서 세페이드 변광성부터 찾아야 한다.

20세기 말, 강력한 망원경으로 무장한 천체물리학자들은 광범위한 영역에서 적색편이를 관측하여 우주 전역에 산재한 은하의 3차원 지도를 완성했다. 이 프로젝트의 핵심이 바로 은하 수백만 개의 위치를 일일이 추적한 슬론 디지털 스카이 서베이Sloan Digital Sky Survey, SDSS다.

최신 관측 데이터에 의하면 관측 가능한 우주에는 약 1000억 개에서

13,772,000,000년

우주의 나이는 13,772,000,000년이며, 오차는 ±59,000,000년이다.

최대 3000억 개의 은하가 존재한다. 그런데 은하 한 개에 포함된 별의 개수가 이와 비슷하므로, 결국 (관측 가능한) 우주에는 1,000,000,000,000, 000,000,000개(10^{21}개, 영어로는 1섹틸리온 sextillion이라 읽는다) 이상의 별이 존재하는 셈이다.

맺는 말

아이작 뉴턴과 아리스토텔레스가 술집에서 논쟁을 벌인 후로 우리는 꽤 먼 길을 걸어왔고, 그 사이에 지구와 인간 그리고 미래에 대한 관점은 가히 혁명적 변화를 겪었다. 가장 눈에 띄는 것은 우주 지식이 쌓이면서 인간의 입지가 형편없이 쪼그라들었다는 점이다. 지구의 입장에서 볼 때 천문학의 역사는 한마디로 '굴욕의 역사'였다.

인류가 우주의 중심에서 쫓겨나는 과정을 서술할 때 가장 자주 언급되는 사람이 찰스 다윈 Charles Darwin이다. 그의 진화론에 의하면 인간은 지구의 다른 생명체들과 별반 다른 점이 없다. 또한 오스트리아의 심리학자 지그문트 프로이트 Sigmund Freud는 인간이 겪는 정신적 과정이 전혀 합리적이지 않다고 주장했다.

인간이라는 존재를 과학적으로 분석하다 보면 대체로 자존심 상하는 결론에 도달하게 된다. 그러나 여기에는 긍정적인 면도 있다. 지구가 특별한 행성이 아니고 인간이 자연의 일부일 뿐이라면, 우리가 지구에서 발견한 법칙에도 특별한 구석이 없을 것이다. 이는 곧 우주 반대편에 있

허블우주망원경의 초점을 우주의 한 지점에 맞춰놓고 2003년 말에서 2004년 초에 걸쳐 11일 동안 렌즈를 노출시켜서 찍은 사진. 울트라 딥 필드Ultra Deep Field라는 이름으로 공개된 이 사진에는 1만 개에 달하는 은하가 포착되었으며, 이들 중에는 130억 년 전 은하도 포함되었다.

는 외계 행성과 (그곳에 있을지도 모를) 외계 생명체 역시 우리와 크게 다르지 않다는 뜻이기도 하다. 그렇다면 시간과 공간을 초월하여 우주의 모든 곳 그리고 우주의 모든 과거와 미래를 이해하려는 우리의 열망은 결코 공염불로 끝나지 않을 것이다. 여기에는 이견의 여지가 없다. 자존심에 상처를 입을수록 과학은 발전한다.

제 2 장

지금 알려진 사실들은 어떻게 발견되었을까?

칠레의 라실라천문대 La Silla Observatory에서
장시간 노출로 촬영한 빛과 별의 사진.

- 맨눈 천문학
- 갈릴레오와 망원경
- 전자기파 스펙트럼
- 전파로 보는 우주
- 천문학에서 천체물리학으로
- 대기 밖에서 날아온 지식
- 우주의 새 창을 열다
- 현재의 천문대
- 앞으로의 전망

조명이라고는 찾아볼 수 없는 외딴곳에서 맑은 밤하늘을 올려다본 적이 있는가? 금방이라도 쏟아져 내릴 것 같은 찬란한 별들을 바라보며 경외감을 느껴본 적이 있는가? 안타깝게도 도시에 사는 사람들은 이런 멋진 장관을 볼 기회가 별로 없다. 요즘은 조명이 없는 곳을 찾기도 어렵거니와, 어쩌다 그런 곳을 방문했다 해도 날이 저물 때까지 머물 일이 거의 없기 때문이다.

옛날 사람들은 이런 광경을 매일 보면서 살았다. 사람으로 북적이는 도시에서도 밤만 되면 하늘에서 초호화 일루미네이션이 펼쳐졌고, 별과 행성의 장엄한 행렬은 자연스럽게 삶의 일부로 녹아들었다. 천문학자가 인류 역사에서 두 번째로 오래된 직업이라고 우길 생각은 없지만, 과학에서 최초로 탄생한 분야는 아마도 천문학일 것이다.

그러나 19세기에 가로등이 등장하면서 밤하늘의 풍경이 달라지기 시작했다. 가스등 시대에는 희미한 별들이 자취를 감췄고, 전구와 네온등이 밤길을 밝힌 후로는 달과 행성 그리고 가장 밝은 별 몇 개를 제외하고 거의 모든 천체가 시야에서 사라졌다.

◀ 별의 목록을 최초로 편찬한 사람은 기원전 2세기 그리스의 천문학자 히파르코스였다.

문헌에 기록된 천문 자료에 기초하여 과거의 천문 현상을 연구하는 분야를 고천문학古天文學, archaeoastronomy이라 한다. 이 분야는 수십 년 전에 시작된 신생 과학이지만, 문화적 유물(특히 구조물)로부터 고대 천문학의 수준을 가늠함으로써 천문 현상과 문명의 상호 관계를 새롭게 조명하고 있다. 고천문학의 가장 유명한 연구 대상은 영국의 솔즈베리평원에 있는 거대한 돌기둥, 스톤헨지Stonehenge다.

우선 분명하게 짚고 넘어갈 것이 있다. 스톤헨지를 세운 사람은 드루이드 교도*Druids나 율리우스 카이사르Julius Caesar가 아니고, 아일랜드에서 바위를 순간 이동시켰다는 마법사 멀린Merlin도 아니며, 비행접시를 타고 날아온 외계인도 아니다. 고고학적 분석에 의하면 이 거석 유적은 기

스톤헨지와 같은 환상열석環狀列石(원을 따라 늘어선 돌기둥) 구조물은 태양의 이동과 계절 변화를 추적하는 관측 도구였을 가능성이 높다. 이는 곧 선사 시대 인류의 삶과 천문 현상의 밀접한 관계를 보여주는 증거이기도 하다.

> **닐 디그래스 타이슨** @neiltyson
>
> 고고학자들은 피라미드와 스톤헨지가 어떤 공법으로 지어졌는지 아직 알아내지 못했다. 그러나 외계인의 도움을 받았다는 증거도 발견된 적이 없다.
>
> 💬 1.4K　🔁 12.9K　♡ 17.4K　　2014년 12월 5일 오후 9:27

원전 3000년에 처음 세워진 후 1,200년 동안 조금씩 개선되어 지금과 같은 형태로 정착되었다. 문자도 바퀴도 없던 시대에 집채만 한 바위를 옮기고 쪼개서 만든 돌기둥이 5,000년이 넘도록 굳건하게 서 있는 것이다.

스톤헨지에 우주적 의미가 담겨 있음을 최초로 간파한 사람은 영국계 미국인 고천문학자 제럴드 호킨스Gerald Hawkins였다. 그는 스톤헨지 주변에 울타리가 쳐지기 전부터 그 동네에서 태어나 어린 시절을 보냈는데, 어느 날 친구들과 유적지에서 뛰어놀다가 돌기둥이 특정 방향을 가리키고 있다는 사실을 문득 깨달았다. 그의 표현을 빌면 마치 고대의 건축가들이 방문객들을 위해 '이쪽을 바라보세요'라고 안내 표시를 해놓은 것 같았다고 한다. 호킨스는 MIT(매사추세츠공과대학교)의 교수로 재직하던 1970년대에 디지털컴퓨터를 이용하여 스톤헨지의 전체 구조가 중요한 천문 현상과 관련되어 있음을 증명했는데, 가장 눈에 띄는 특징은 이 거대한 돌기둥의 방향이 하지에 해가 뜨는 지점에 맞춰져 있다는 점이었다. 다시 말해서, 계절 변화를 정확하게 예측하는 것이 스톤헨지의 주요 기능 중 하나였다. 농경 사회에서 파종일과 수확일을 잘못 판단하면 곡물 생산량에 엄청난 차질이 초래될 수 있으므로, 호킨스의 주장이 맞다면 스톤헨지는 고대

• 고대 브리튼의 켈트족 신앙을 믿었던 교인들로, 이들이 한동안 스톤헨지에서 종교 집회를 개최하여 유적을 훼손하는 바람에 고고학의 빌런으로 낙인찍혔다.

> **바위로 만든 달력**
>
> 북아메리카대륙에는 수족 Sioux, 샤이엔족 Cheyenne, 크로족 Crow, 블랙풋족 Blackfoot, 아라파호족 Arapaho, 크리족 Cree, 쇼숀족 Shoshone, 코만치족 Comanche, 포니족 Pawnee 등 원주민들이 만든 수백 개의 메디신 휠 Medicine wheel이 지금까지 남아 있다. 이들 중 가장 유명한 것은 미국 와이오밍주에 있는 '빅 혼 메디신 휠 Big Horn Medicine Wheel'인데, 버스 크기만 한 반지름에 28개의 바큇살이 중앙에 있는 돌무더기에 연결되어 있다. 이와 비슷한 다른 메디신 휠도 태양과 별의 계절에 따른 위치 변화를 예측하는 데 사용되었을 것으로 추정된다.

인의 삶을 좌우하는 '중앙 통제 센터'였던 셈이다.

호킨스의 연구 결과가 발표된 후, 다른 대륙의 고대 구조물에서도 이와 비슷한 증거가 연달아 발견되었다. 예를 들어 북아메리카대륙 서부에서 발견된 메디신 휠은 농부가 아닌 유목민이 만든 것으로, 우리 선조들이 어디에서 어떻게 살았건 삶에 필요한 지혜를 하늘에서 얻었음을 보여주고 있다.

▶ 1572년에 튀코 브라헤가 맨눈으로 관측했던 초신성 supernova의 잔해를 NASA의 광역 자외선 탐사 위성 Wide-field Infrared Survey Explorer, WISE이 촬영한 사진.

맨눈 천문학

천문학은 망원경의 도움 없이 스스로 발전한 과학이다. 당연한 말이지만 여기에는 매우 깊은 의미가 담겨 있다. 고대의 천문학자들은 망원경 없이도 지구가 둥글다는 것을 이미 알고 있었다. 기원전 100년경 니케아(현재

튀르키예의 이즈니크)의 히파르코스는 달까지의 거리를 지금 봐도 놀라울 정도로 정확하게 측정했고, 지구 자전축의 미세한 진동 때문에 춘분점과 추분점이 세차운동歲差運動, precession을 한다는 사실까지 알아냈다. 또한 그리스의 섬 사모스의 천문학자 아리스타르코스Aristarchus는 태양중심모형을 망원경 없이 구축했으며, 서기 150년경 클라우디오스 프톨레마이오스가 제안한 태양계모형은 향후 1,400년 동안 절대적 진리로 여겨졌다.

맨눈으로 별이나 행성을 관측할 때는 '관측 튜브sighting tube'만 있으면 된다. 이 도구를 이용하면 특정한 별의 위치를 '지평선으로부터 측정한 고도'와 '정북正北에서 벗어난 각도'라는 두 개의 숫자로 나타낼 수 있다. 총열의 길이가 길수록 명중률이 높아지듯이, 관측 튜브의 길이가 길수록

튀코의 코

덴마크의 천문학자 튀코 브라헤Tycho Brahe는 젊은 시절에 학교 친구와 수학 문제 해법을 놓고 논쟁을 벌이다가 감정이 격해져서 칼을 들고 결투를 벌인 적이 있다(예나 지금이나 젊은이의 혈기는 말리기 어렵다). 이 결투에서 튀코는 코끝이 잘려 나가는 부상을 입었는데, 구전되는 설에 의하면 그는 남은 여생 동안 금과 은을 섞어서 만든 보철물을 착용한 채 살았다고 한다.

코에 보철물을 착용한 튀코 브라헤의 초상화.

2010년 일단의 과학자들이 그의 미스터리한 죽음의 원인을 밝히기 위해 시신을 발굴했다가 그의 코뼈에서 구리와 아연의 흔적을 발견했다. 즉, 그가 착용했던 보철물은 금이나 은이 아닌 황동(놋쇠)이었던 것이다.

별의 위치가 정확하게 결정된다.

맨눈 천문학의 챔피언은 튀코 브라헤였다. 1546년 덴마크의 명문가에서 태어난 그는 스물여섯 살이라는 젊은 나이에 신성*新星, nova을 발견하여 유럽 천문학의 스타로 떠올랐다. 당시 천문학자들은 "하늘의 별은 한자리에 고정되어 영원히 변하지 않는다"는 성경의 가르침을 굳게 믿고 있었기에, 아무것도 없던 하늘에 새로운 별이 등장하는 것은 매우 이례적 사건이었다(신성을 가리키는 단어 노바nova는 라틴어로 '새로운 것'이라는 뜻이다). 튀코는 관측 자료를 면밀히 분석한 끝에 (오늘날 초신성으로 알려진) 신성이 관측된 것은 대기의 떨림에 의한 착시가 아니라, 달보다 멀리 떨어진 곳에서 실제로 일어난 현상이라고 결론지었다.

덴마크의 왕은 국위를 선양한 튀코에게 거액의 상금과 함께 벤섬island of Hven을 통째로 하사했고, 튀코는 그곳에 우라니보르그Uraniborg라는 자신만의 천문대를 지어서 본격적으로 천문 관측에 돌입했다(우라니보르그는 과학사를 통틀어 정부 지원금으로 운영되는 최초의 연구 기관이었다). 이곳에서 튀코는 최첨단 관측 도구와 보조 장비를 개발하여 행성의 운동과 관련된 방대한 양의 데이터를 수집하게 된다.

튀코와 셰익스피어

튀코가 발견한 신성은 1600년경 완성된 윌리엄 셰익스피어William Shakespeare의 희곡 〈햄릿〉 제1막에서 엘시노어 성의 경비원 베르나르도의 대사에 등장한다.

"저기 북극성 서쪽에 뜬 별이 자기 길을 따라와 지금 반짝이는 저곳을 밝혔을 때……."

• 갑자기 나타난 별 또는 오랜 세월 동안 희미한 채로 떠 있다가 어느 날 갑자기 밝아진 별.

당시 〈햄릿〉을 관람한 관객들은 대사에 나오는 별이 30년 전 튀코 브라헤가 발견했던 새로운 별임을 쉽게 눈치챘을 것이다.

셰익스피어는 카시오페이아Cassiopeia 자리에서 관측된 초신성에서 영감을 얻어 〈햄릿〉의 대사를 써 내려갔다.

갈릴레오와 망원경

흔히 있는 일은 아니지만 하나의 단순한 사건이 너무도 중요한 결과를 초래하면 그 인과 관계가 쉽게 눈에 띄지 않을 수도 있다. 나는 1610년 이탈리아의 천문학자 갈릴레오가 망원경을 위로 치켜든 사건이 그 대표적 사례라고 생각한다. 그의 이 단순한 행동은 인간이 우주를 바라보는 방식을 완전히 바꿔놓았다.

다들 알다시피 갈릴레오는 망원경을 발명한 사람이 아니다. 망원경의

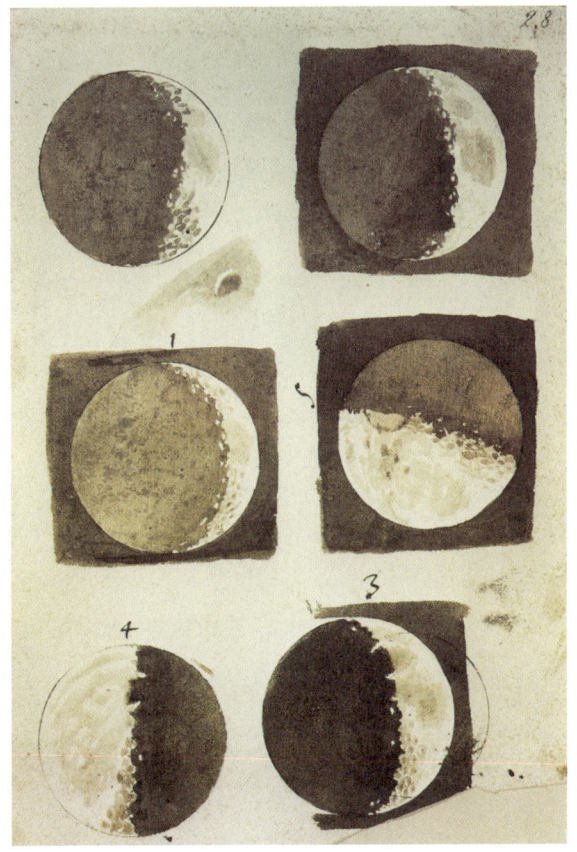

갈릴레오가 직접 그린 달의 위상변화. 이 그림은 그의 저서 《별에서 온 소식 Sidereus Nuncius》에 수록되었다.

갈릴레오는 망원경으로 달의 표면을 자세히 관측했지만, 동시대의 천문학자들은 그의 관측 결과를 신뢰하지 않았다.

최초 발명자는 네덜란드의 '안경 제작자' 한스 리퍼세이Hans Lippershey로 알려져 있는데, 이 소문이 17세기 초 유럽 전역으로 빠르게 퍼지면서 갈릴레오의 귀에 들어갔고, 그는 군사용으로 사용되던 망원경을 천체 관측용으로 개조했다. 그러니까 갈릴레오는 망원경 발명자가 아니라 '역사상 최초로 망원경을 위로 치켜든 사람'이다. 당시 갈릴레오가 만든 망원경의 배율은 요즘 마트에서 판매하는 쌍안경과 비슷한 수준이었다.

갈릴레오는 망원경 관측을 시작하고 얼마 지나지 않아 놀라운 사실을

1835년

카톨릭 교회는 1633년 갈릴레오의 책을 금서로 지정했다가, 그가 사망하고 193년이 지난 1835년에 금서 목록에서 해제했다.

깨달았다. 아리스토텔레스와 프톨레마이오스가 구축한 지구중심모형으로는 자신이 얻은 관측 데이터를 설명할 길이 없었던 것이다. 당시에는 천문학뿐만 아니라 종교계조차 '우주의 중심은 지구이며, 하늘은 영원히 변치 않는다'는 지동설을 절대 불변의 진리로 받아들이고 있었다. 전통적 믿음에 반론을 제기하면 빠르게 유명해질 수는 있지만, 17세기 초에는 이런 행동만으로 종교 재판에 회부될 수 있었다. 그리고 갈릴레오는 이 두 가지 사항에 모두 해당되었다.

갈릴레오가 다음의 사실을 발견했을 때 얼마나 놀랐을지 상상해보라.

- **달의 표면** | 달은 하늘에 떠 있는 다른 천체들처럼 완벽하게 매끈한 구형으로 여겨졌으나, 망원경에 잡힌 달은 귤껍질처럼 울퉁불퉁했다.

- **태양의 흑점** | 태양 역시 아무런 흠집도 없는 완벽한 구형이어야 했지만, 갈릴레오는 태양의 표면에서 여러 개의 흑점을 발견했다.

- **금성의 위상변화** | 모든 천체는 지구 주변을 공전한다고 믿었으나, 금성의 위상이 변하는 것은 금성과 지구가 태양을 중심으로 공전하는 경우에만 나타날 수 있는 현상이었다.

- **목성의 위성** | 갈릴레오는 목성 근처에서 작은 위성을 네 개나 발견했는데, 이들은 '무엄하게도' 지구 주변을 돌지 않고 목성의 주변을 돌고 있었다.

> **위성의 이름**
>
> 갈릴레오는 그의 저서 《별에서 온 소식》에서 목성의 위성 중 가장 밝은 네 개를 '메디치 위성 Medecean moons'으로 명명했다. 갈릴레오가 피렌체에 머물 때 그의 연구를 후원했던 사람이 메디치 가문의 코시모 공작 Duke Cosimo de' Medici이었기 때문이다. 이 작전이 주효했는지 책이 출판된 후 갈릴레오는 코시모 공작으로부터 거액의 포상금을 추가로 받았다. 그러나 이 네 개의 위성(이오 Io, 유로파 Europa, 가니메데 Ganymede, 칼리스토 Callisto)은 오늘날 특정 가문의 이름을 떨쳐내고 '갈릴레오 위성'으로 불리고 있다.

갈릴레오는 자신이 얻은 데이터를 분석한 끝에 '지구중심설은 명백한 오류이며, 65년 전에 발표된 코페르니쿠스의 태양중심설이 옳다'는 결론에 도달했고, 1610년 이 모든 내용을 정리하여 《별에서 온 소식》이라는 책으로 출간했다. 그는 이 책을 라틴어가 아닌 이탈리아어로 집필했는데, 주된 이유는 아마도 전문 학자들뿐만 아니라 일반 대중에게도 이 사실을 알리고 싶었기 때문일 것이다. 그러나 이 책은 기독교 사제들의 심기를 건드려서 훗날 그를 종교 재판에 회부하는 빌미를 제공하게 된다. 두 달 동안 진행된 이 재판에서 갈릴레오는 자신의 진술을 철회하고서야 간신히 목숨을 부지할 수 있었다.

1992년 1992년 교황 요한 바오로 2세 Johannes Paulus는 교황청과학원 Pontifical Academy of Sciences을 대표하여 갈릴레오가 옳았음을 인정하고 그의 명예를 공식적으로 회복시켜주었다. 종교 재판에서 그를 파문한 지 359년 만의 일이다.

17세기 초 갈릴레오는 망원경으로 목성의 위성을 발견했다. 지금은 NASA의 목성 탐사 프로젝트인 갈릴레오 계획Galileo mission 덕분에 위성을 더욱 자세히 볼 수 있게 되었다. 이 그림은 여러 장의 사진과 관측 데이터를 종합해서 가장 사실에 가깝게 합성한 것이다.

> ### 갈릴레오의 재판
>
> 갈릴레오와 교황청 사이의 갈등은 꽤 오랫동안 계속되었다. 1616년 교황청은 코페르니쿠스의 책 《천구의 회전에 관하여》를 금서로 지정하면서 갈릴레오에게 '지동설을 옹호하지 말라'는 경고를 내렸다. 그러나 갈릴레오는 1632년에 출간한 《두 가지 우주 체계에 관한 대화 Dialogue Concerning the Two Chief World Systems》에서 천동설을 주장하는 인물인 심플리치오 Simplicio('바보'라는 뜻도 있다)의 대사에 은근슬쩍 교황의 말투를 섞어 넣었고, 이 책 때문에 그는 지동설을 옹호한 혐의로 종교 재판에 회부되었다. 결국 이 재판은 '지동설을 믿지도 퍼뜨리지도 않겠다'는 서약서에 서명하고 가택연금 당하는 것으로 마무리되었는데, 전하는 소문에 의하면 그는 서명을 한 직후에 "그래도 지구는 돈다 Eppur si muove"고 중얼거렸다고 한다.

전자기파 스펙트럼

지금까지 우리는 가시광선 visible light을 통해 알게 된 지식만을 다루었다. 천문학자들이 지난 수백 년 동안 오직 가시광선에만 의존해온 데는 그럴만한 이유가 있다.

가장 큰 이유는 인간의 감각 기관 중 가장 많은 정보를 수집하는 기관이 바로 '눈'이기 때문이다. 영어에서 '본다(I see)'는 말이 '이해한다(I understand)'는 의미로 통하는 것도 이 사실과 무관하지 않다. 별은 너무나 멀리 있어서 냄새를 맡을 수 없고 소리를 들을 수도 없으니 눈으로 보는 것이 최선이었을 것이다.

사람은 전자기파 중에서 가시광선밖에 볼 수 없지만, 곤충 중에는 자외선이나 적외선을 볼 수 있는 종도 있다. 이들에게 꽃은 위와 같은 모습으로 보일 것이다.

두 번째 이유로는 '투명한 대기'를 들 수 있다. 대부분의 가시광선은 대기에 흡수되지 않고 그대로 통과한다. 밤에 비행기를 타고 수 킬로미터 상공을 날아갈 때 도시의 야경이 내려다보이는 것은 이런 이유 때문이다. 비행기보다 높은 고도에서는 어떨까? 물론 대기의 상층부도 투명하긴 마찬가지다. 그렇지 않다면 태양과 달 그리고 별이 우리 눈에 보일 리가 없다. 당연한 사실 같지만 마당에 서서 밤하늘의 달과 별을 눈으로 확인하는 행위는 대기가 가시광선에 대해 투명하다는 것을 보여주는 의미심장한 실험이다.

또한 우리의 주요 광원光源인 태양은 표면 온도가 약 5,000도 정도여서 방출되는 전자기파(빛) 중 가시광선 영역의 에너지가 가장 크다. 그래서 주로 낮에 활동하는 인간의 눈은 가시광선에 민감한 쪽으로 진화해왔다.

이것은 지구인만이 누릴 수 있는 특권이다. 금성 표면에서 하늘을 바

닐 디그래스 타이슨
@neiltyson

허블망원경과 우주 탐사선이 등장하면서 밤하늘에 박힌 점들은 하나의 세상이 되었고, 얼마 후 그 세상은 우리 집 뒷마당이 되었다.

↻ 170 ♡ 36   2011년 2월 20일 오후 7:56

라본다고 상상해보라. 금성의 하늘은 하루 종일 두꺼운 구름에 덮여 있기 때문에 가시광선이 거의 통과하지 못한다. 물론 이런 곳에 생명체가 산다면 폭주하는 온실효과 때문에 금방 증발해버리겠지만(금성 표면의 평균 온도는 약 460도), 이런 악조건을 무시한다 해도 금성의 생명체는 밤하늘을 한 번도 본 적이 없으므로 천문학을 발전시키지 못했을 것이고, 어쩌면 과학 자체가 탄생하지도 않았을 것이다.

빛의 정체는 전자기복사electromagnetic radiation 또는 전자기파electromagnetic wave이며, 무지개에 드리운 모든 색상은 전자기파의 각기 다른 파장에 대응된다. 예를 들어 붉은색 빛의 파장은 원자의 8,000배 정도이고, 보라색 빛은 그 절반쯤 된다. 19세기 후반에 스코틀랜드의 물리학자 제임스 맥스웰James Maxwell은 전기적 현상과 자기적 현상을 하나의 이론(고전 전자기학)으로 통일했는데, 그의 방정식에 의하면 전자기파는 우리 눈에 보이는 가시광선뿐만 아니라 파장이 긴 적외선과 파장이 짧은 자외선 영역에도 존재하고 있다. 그런데 인간은 왜 '가시광선'밖에 볼 수 없는 것일까? 무한히 길게 뻗어 있는 스펙트럼에서 극히 일부만 감지하는 것은 교향악단의 연주를 감상할 때 피콜로 소리밖에 듣지 못하는 것과 비슷하다.

맥스웰이 전자기학을 구축하고 얼마 지나지 않아 독일의 물리학자 하인리히 헤르츠Heinrich Hertz는 파장이 수 미터에서 수 킬로미터에 이르는 장파장의 전자기파를 발견했다. 흔히 '전파radio wave'로 알려진 이 파동은 가시광선 영역 바깥에서 최초로 발견된 전자기파였다. "파장에는 한계가 없으며, 전자기파는 어떤 파장도 가질 수 있다"는 맥스웰의 예측이 옳았던 것이다.

지구의 대기는 가시광선과 전파를 제외한 모든 전자기파를 차단한다.˙ 수십, 수백 광년의 거리를 무사히 날아온 빛이 지구의 대기라는 마지막 몇십 킬로미터를 통과하지 못하고 문전 객사하는 꼴이다. 우주는 아득한 옛날부터 모든 영역의 전자기파를 지구로 보내왔지만, 얼마 전까지만 해도 우리는 그 사실을 모른 채 살아왔다.

전파로 보는 우주

지구의 대기는 가시광선뿐만 아니라 전파도 통과시킨다. 대부분의 실내에서 휴대전화가 빵빵 터지는 것이 바로 그 증거다. 당신이 아무 곳에서나 스마트폰을 쓸 수 있는 이유는 전파(이 경우는 전파의 짧은 버전인 마이크로파microwave다)가 공기를 뚫고 당신과 기지국 사이를 자유롭게 오갈 수 있기 때문이다.

인간이 전파를 맨눈으로 볼 수 있다면 하늘은 지금과 완전히 다른 모습으로 보일 것이다. 그러나 안타깝게도 인간의 몸에는 전파를 감지하는 감각 기관이 없기 때문에 맥스웰과 헤르츠가 전자기파의 정체를 밝히기 전에는 전파천문학이라는 분야가 아예 존재하지 않았다. 대기는 빛과 전파만 무사히 통과시키고, 다른 전자기파에 대해서는 두꺼운 벽돌담이나

• 자외선 중 파장이 짧은 것은 대부분 차단되지만, 파장이 긴 자외선은 부분적으로 통과할 수 있다. 자외선 차단제가 왜 팔리겠는가?

마찬가지다. 그래서 천문학자는 "대기에 (빛과 전파를 위한) 두 개의 창문이 나 있다"고 말한다.

가시광선 외에 우주에서 날아온 전파에도 엄청나게 많은 정보가 담겨 있다. 1932년 미국 뉴저지주에 있는 벨전화연구소Bell Telephone Laboratory 의 카를 잰스키Karl Jansky는 대기 중에서 무선 통신을 방해하는 원인을 찾다가 우주에서 날아온 전파를 감지했고, 얼마 후 최초의 전파망원경radio telescope을 제작하여 은하수에서 날아온 전파를 감지하는 데 성공했다. 여기에 자극을 받은 미국의 전파공학자 그로트 레버Grote Reber는 1937년 일리노이주 휘튼에 있는 자택 뒷마당에서 전파망원경을 직접 제작하여 우주에서 날아온 전파를 본격적으로 관측하기 시작했다. 가시광선이 아닌 전파로 우주를 연구하는 전파천문학이 드디어 탄생한 것이다.

지구에 도달한 전파(라디오파)는 가시광선보다 훨씬 약하다. 그래서 전파망원경은 가느다란 원통이 아니라 거의 집채만 하다. 다량의 전파복사를 수집하려면 덩치가 무조건 커야 하기 때문이다.• 전파망원경은 각도 조절이 가능한 접시 형태로 만들 수도 있지만, 덩치가 심하게 크면 조종이 불가능하기 때문에 움푹 패인 지형에 설치하는 것이 최선이다. 다행히 지구는 팽이처럼 자전하고 있으므로 24시간마다 한 바퀴씩 돌면서 하늘의 모든 방향을 스캔할 수 있다. 현재 세계에서 제일 큰 전파망원경은 2016년 중국에서 건설한 500미터 구면전파망원경Five-hundred-meter Aperture Spherical Telescope, FAST으로, 10만 석 규모의 축구 경기장 네 개가 들어갈 정도로 엄청난 규모를 자랑한다.

전파망원경 덕분에 천체물리학자들의 메뉴판에는 '전파를 방출하는 천체'라는 항목이 추가되었다. 전파망원경이 중요한 이유는 최고의 광학

• 가시광선을 이용한 광학망원경도 렌즈가 클수록 해상도가 높아진다.

1932년 카를 잰스키가 제작한 전파망원경의 모습. 미국 포드Ford사에서 생산한 자동차 모델-T의 타이어를 이용하여 망원경 전체가 회전하도록 만들었다(당시 사람들은 회전목마라고 불렀다). 잰스키는 이 망원경을 이용하여 우주에서 날아온 전파를 최초로 감지하는 데 성공했다.

망원경으로도 볼 수 없었던 천체를 보여주었기 때문이다. 전파망원경이 없었다면 우리는 맥동성脈動星, pulsar의 존재를 아직도 몰랐을 것이다. 맥동성은 초신성이 폭발하고 남은 고밀도의 잔해로서, 엄청나게 빠른 속도로 자전하면서 규칙적인 전파 펄스를 생성한다. 전파 신호는 맥동성의 한 부분에서 연속적으로 방출되지만, 맥동성 자체가 빠르게 회전하고 있기 때문에 특정 지역(지구)에서 바라보면 주기적으로 전파를 방출하는 것처럼 보인다(해안에서 뱃길을 안내하는 등대도 램프가 회전하기 때문에 멀리서 보면 깜박이는 것처럼 보인다. pulsar라는 이름은 맥박 또는 맥동을 뜻하는 pulse에서 유래되었다). 그래서 처음 한동안 천문학자들은 주기적으로 도달하는 전파가 외계인이 보낸 신호일지도 모른다고 생각했다.

외계인이 전파를 선호하는 이유

외계인의 신호를 찾으려는 시도는 주로 전파망원경을 통해 이루어져 왔고, 이런 상황은 지금도 크게 달라지지 않았다. 왜 그럴까? 천문학자들은 왜 외계인이 전자기파 스펙트럼에서 유독 전파를 선호한다고 생각하는 것일까? 여기에는 그럴 만한 이유가 있다. 일단 전파는 에너지가 작아도 쉽게 생성되기 때문에 전자기파 중에서 가장 효율이 높은 파동에 속한다(이와 반대로 파장이 짧은 감마선 gamma ray은 에너지가 커서 송신하는 데 많은 에너지가 필요하다). 전파의 또 다른 장점은 다양한 천체 현상으로부터 방해를 덜 받는다는 것이다. 예를 들어 전파는 은하의 빈 공간에 퍼져 있는 가스와 먼지구름을 아무렇지 않게 통과할 수 있다. 그러므로 우주에 외계인이 존재하고 그들 중 우주를 연구하는 천체물리학자가 있다면, 다른 외계 종족에게 메시지를 송출할 때 전파를 사용할 가능성이 높다.

이처럼 우주를 향한 새로운 창문이 열릴 때마다 의외의 현상이 발견되고, 이 광활한 우주에 우리가 모르는 미지(모른다는 사실조차 모르는 것들)가 엄청나게 많다는 것을 다시 한번 절감하게 된다.

천문학에서 천체물리학으로

과학은 사람처럼 여러 단계를 거치면서 성장한다. 과학자들이 '알고 있는 것'과 그것을 '알아내는 방법'은 시대에 따라 달라지기 마련이다. 예를 들어 19세기 생물학자들의 주요 업무는 생명체의 종種을 분류하는 것이었지만, 요즘 생물학자들은 생명을 좌우하는 분자적 또는 물리적 과정

중국에 건설된 500미터 구면전파망원경 FAST의 전경. 중국식 명칭은 '하늘의 눈'이라는 뜻의 '톈얀天眼(천안)'* 이다.

에 더 많은 관심을 갖고 있다. 다시 말해서, 생물학에 화학과 물리학이 추가된 것이다.

 천문학도 비슷한 과정을 거쳤다. 19세기 중반까지만 해도 천문학은 천체의 밝기와 색상 그리고 위치를 파악하여 하늘지도를 작성하는 과학에 머물러 있었다. 프랑스의 철학자 오귀스트 콩트Auguste Comte가 이것을 천문학의 한계라고 선언했을 정도다. 그는 1835년 출간한《실증 철학 강의Cours de Philosophie Positive》에서 "시각적 관측으로 환원될 수 없는 연구는……, 별을 대상으로 진행될 수 없다"고 주장했다. 무슨 소리인지 헷

• '임금의 눈'을 높여 부르는 말이기도 하다.

닐 디그래스 타이슨
@neiltyson

미국은 세계 최대 천체망원경 보유국이 아니다. 현재 세계에서 제일 큰 망원경은 중국 구이저우성贵州省에 있다. 만일 외계인이 "안녕?" 하고 인사를 건네온다면, 그것을 제일 먼저 수신하는 사람은 미국이 아닌 중국의 천문학자일 것이다.

♡ 1.6K   ↻ 6.1K   ♥ 27.6K   2018년 8월 3일 오후 3:42

갈리는 독자들을 위해 쉬운 말로 바꿔 쓰면 '어떤 방법을 동원해도 멀리 떨어진 별의 화학적, 광물학적 구조를 알아내는 것은 원리적으로 불가능하다'는 뜻이다.

그러나 책이 출간되고 수십 년이 지난 후부터 콩트가 "절대로 알 수 없다"고 단언했던 것들(별의 화학적 성분, 온도, 밀도 등)이 속속 알려지기 시작했다. 변화를 주도한 것은 물리학과 화학의 조합으로 새로 탄생한 분광학spectroscopy이었기에, 과학역사가들은 이 시기를 천체물리학astrophysics의 태동기로 간주하고 있다.

천체물리학의 선구자로는 독일 하이델베르크대학교의 두 과학자 로베르트 분젠Robert Bunsen과 구스타프 키르히호프Gustav Kirchhoff를 꼽을 수 있다. 아돌프 히틀러가 정권을 잡기 전까지만 해도 하이델베르크대학교는 세계 최고 수준을 자랑하는 과학 교육 기관이었다. 이곳의 화학과 교수였던 분젠은 전 세계 고등학생들이 화학 시간에 갖고 노는 분젠버너를 발명한 사람으로 유명하지만, 사실 그는 주철 생산 과정에서 방출되는 기체를 집중적으로 연구하여 독일을 중금속 산업 강국으로 이끈 영웅이었다. 또한 하이델베르크대학교의 물리학자였던 키르히호프는 복잡한 전기회로의 분석법을 알아낸 사람으로 유명한데, 흔히 '키르히호프의 법칙Kirchhoff's law'으로 알려진 이 법칙은 지금도 전 세계 대학교의 물리학 및 전기공학 교과서에 수록되어 학생들을 괴롭히고 있다.

분젠은 다양한 원소를 가열할 때 방출되는 빛을 연구했고, 키르히호프는 이 빛을 프리즘에 통과시키는 분광학적 접근법을 제안했다. 백색광이 프리즘을 통과하면 진동수(또는 파장)에 따라 각기 다른 각도로 굴절되면서 단색광으로 이루어진 스펙트럼을 형성한다. 무지개는 공기 중에 떠있는 작은 빗방울들이 프리즘처럼 작용하여 나타나는 현상이다.

분젠과 키르히호프는 화학원소를 가열할 때 방출되는 빛이 저마다 고유한 스펙트럼을 생성한다는 사실을 알아냈다. 다시 말해서, 스펙트럼의 패턴이 원소의 고유한 '지문'이라는 뜻이다. 그러므로 각 원소의 스펙트럼 패턴을 알고 있으면 정체불명의 물체에서 방출된 빛의 스펙트럼을 분석하여 그 물체의 구성 성분을 알아낼 수 있다.

최초의 분광기

분젠과 키르히호프는 낡은 망원경 두 개와 프리즘 그리고 (믿기 어렵겠지만) 담뱃갑을 이용하여 최초의 분광기 spectrograph(스펙트럼을 측정하는 도구)를 만들었다. 그런데 이것이 천체물리학과 어떻게 연결되는 것일까?

스펙트럼의 패턴은 발광체의 거리와 무관하다. 수소원자가 1미터 앞에 있건 수천 광년 떨어져 있건 간에 광원에서 방출된 빛의 스펙트럼은 항상 똑같은 패턴으로 나타난다. 그 덕분에 천체물리학자들은 멀리 있는 별과 외계행성의 구성 성분을 알 수 있게 되었으며, "어디에 있는가?"라는 질문보다 "무엇으로 이루어져 있는가?"라는 질문에 좀 더 집중할 수 있게 되었다.

대기 밖에서 날아온 지식

앞서 말한 대로 지구의 대기는 전파와 가시광선에 투명하지만 모든 가시광선이 100퍼센트 통과하는 것은 아니다. 대기는 끊임없이 움직이고 있으므로 지상에 도달한 빛으로 재현된 상像은 흔들릴 수밖에 없다. 그렇다. 별이 반짝이는 것은 바로 이런 이유 때문이다. 별이 반짝이는 밤은 연인들에게 더없이 낭만적이지만 천문학자에게는 악몽이나 다름없다.

이 문제를 어떻게 해결할 수 있을까? 한 가지 확실한 방법은 망원경을 지상이 아닌 대기권 바깥에 설치하는 것이다. 태양계 안에 있는 가까운 천체라면 아예 그곳으로 무인 탐사선을 파견해서 근접 촬영을 시도할 수도 있다. 그러나 태양계를 벗어난 외계천체는 직접 방문이 불가능하므로 다른 방법을 동원해야 한다.

저궤도

태양계 안에서 인공위성을 가장 쉽게 보낼 수 있는 곳은 지구 근처에 있는 궤도다. 이곳은 지상과 가깝기 때문에 적은 에너지로 위성을 띄울 수 있다. 또한 고도가 유인 우주선의 비행 범위 안에 있다면 사람이 직접 가서 유지 보수 및 업데이트를 할 수 있으므로 꽤 긴 시간 동안 사용할 수 있다. 허블우주망원경이 대표적 사례다. 해수면과 기온 등 지구의 주변 환경을 모니터링 하는 위성과 위치를 추적하는 GPS 위성은 모두 지구 근처 궤도를 돌면서 임무를 수행하고 있다.

라그랑주 점

두 천체 사이의 중력이 균형을 이루는 점을 가리켜 '라그랑주 점Lagrange points'이라 한다. 이것은 18세기 이탈리아의 수학자 조제프 루이 라그랑

1,000,000마일

라그랑주 점 L1과 L2는 지구에서 약 1,000,000마일(1,600,000킬로미터) 거리에 있다.

주Joseph-Louis Lagrange의 이름에서 따온 용어다. 지구와 태양 그리고 지구와 달 사이에는 두 천체의 중력이 정확하게 상쇄되는 라그랑주 점이 존재하는데, 이곳에 놓인 물체는 어느 쪽으로도 떨어지지 않고 평형 상태를 유지한다.

뉴턴의 제1운동법칙에 의하면 우주로 발사된 모든 물체는 처음 진입한 방향으로 계속 움직이거나 다른 천체의 중력 때문에 가속 운동을 하게 된다. 라그랑주 점에서는 두 천체의 중력이 상쇄되어 아무런 힘도 작용하지 않으므로 우주선을 위한 주차장으로 안성맞춤이다.

일반적으로 두 개의 천체(예를 들어 지구와 태양)로 이루어진 계系에는 다섯 개의 라그랑주 점이 존재한다. 이들 중 지구와 태양을 연결한 직선 위에 놓인 점을 L1이라 하는데, 이곳에 망원경을 띄워놓으면 아무런 방해 없이 항상 태양을 관측할 수 있다. 실제로 NASA와 유럽우주국European Space Agency, ESA은 L1에 있는 망원경으로 태양 관련 데이터를 수집하는 중이다. 두 번째 라그랑주 점인 L2는 태양을 기준으로 삼았을 때 지구 뒤편에 놓여 있어서 우주를 항상 관측할 수 있는 지점으로, 바로 이곳에서 제임스웹우주망원경James Webb Space Telescope, JWST이 지구와 동일한 속도로 공전하면서 우주를 관측하고 있다.

우주선

고대인은 맨눈으로 우주를 관측했고 500년 전부터는 망원경을 이용해왔지만, 천체의 특징을 파악하는 가장 좋은 방법은 직접 가서 보는 것이다. 인류는 지난 수십 년 동안 태양계를 탐사하기 위해 수많은 우주선을 발사해왔다. 개중에는 다른 행성을 공전하는 것도 있고, 소행성과 혜성을 추적하는 것도 있으며, 이미 태양계를 벗어난 것도 있는데, 대표적인 몇 개를 여기 소개한다.

✦ **쌍둥이 보이저호** | 1977년 보름 간격으로 발사된 두 대의 쌍둥이 보이저호twin Voyager spacecraft는 태양계를 벗어난 최초의 우주 탐사선이다. 보이저 1호는 2012년, 보이저 2호는 2018년 태양계를 완전히 벗어났다.

✦ **갈릴레오 우주선** | 1989년 발사된 갈릴레오 우주선Galileo spacecraft은 1995년부터 2003년까지 목성 주변을 공전하면서 목성의 위성 유로파에 지하 바다가 있음을 발견했으며, 2003년 목성 대기권에 추락하면서 임무를 마쳤다.

✦ **뉴호라이즌스 우주선** | 2006년 발사된 뉴호라이즌스 우주선New Horizons spacecraft은 2015년 명왕성을 통과했고, 2019년 카이퍼 벨트Kuiper belt*에 있는 486958 아로코스Arrokoth를 지나 태양계 밖으로 나아가는 중이다.

✦ **카시니호** | 1997년 발사된 카시니호Cassini spacecraft는 2004년 토성궤도에 진입한 후 13년 동안 토성의 고리와 위성을 촬영하고 분석했다. 카시니호가 보내온 데이터에 의하면 토성의 위성 중 얼음으로 덮인 엔켈라두스Enceladus에는 (유로파처럼) 지하 바다가 존재할 가능성이 높다. 만일 바다가 있다면 외계 생명체가 존재할 수도 있을 것이다. 카시니호도 갈릴레오 우주선처럼 임무를 훌륭하게 완수한 후 2017년 토성 대기권으로 추락

• 해왕성 바깥에서 태양 주변을 공전하는 작은 천체들의 집합체.

하면서 장렬한 최후를 맞이했다.

우주의 새 창을 열다

우주에서 날아오는 건 전자기파뿐만이 아니다. 지금 이 순간에도 지구의 대기는 우주에서 유입된 온갖 종류의 입자들로 난리 북새통을 이루고 있으며, 가끔은 전자기파 이외의 다른 파동이 도달하기도 한다. 이들 중에서 중요한 정보를 담고 있는 방문객으로는 뉴트리노neutrino(중성미자)와 중력파重力波, gravitational wave를 들 수 있다. 아직 미스터리로 남아 있

•• '편히 잠드소서'를 뜻하는 RIP(Rest In Peace)를 패러디한 것.

는 암흑물질dark matter과 암흑에너지도 우주의 비밀을 풀어줄 유력한 후보로 떠오르는 중이다.

뉴트리노

뉴트리노('작은 중성자'라는 뜻)는 전기전하가 없고 질량도 0에 가까운 기본입자로서 핵반응이 일어날 때 대량으로 방출되지만, 물질과 상호 작용을 거의 하지 않기 때문에 검출하기가 매우 어렵다. 이 책을 읽고 있는 지금 이 순간에도 당신의 몸 1제곱센티미터당 매초 1000억 개의 뉴트리노가 관통하고 있는데, 당신은 그 사실을 전혀 인지하지 못한다. 뉴트리노는 거의 모든 물질을 투명하게 취급하기 때문이다. 이런 식으로 100년을 산다 해도 원자를 조금이라도 건드리고 지나가는 뉴트리노는 단 몇 개에 불과하다.

그러므로 뉴트리노를 감지하려면 뉴트리노가 지나가는 길목에 상호작용의 대상(원자)을 무조건 많이 깔아놓는 수밖에 없다. 남극에 설치된 '아이스큐브IceCube'는 바로 이 점을 이용한 뉴트리노 검출기로 작동 원리는 다음과 같다. 우선 얼음에 뜨거운 물을 부어서 구멍을 뚫고, 가늘고 긴 케이블을 이용하여 얼음 속에 광검출기를 설치한다. 이 상태로 방치하면 낮은 기온 때문에 물이 다시 얼어붙으면서 광검출기는 자연스럽게 얼음의 일부가 되고, 이곳에 뉴트리노가 도달하여 얼음 속 원자를 조금이라도 건드리면 광검출기가 반응하여 섬광을 방출하는 식이다. 현재 작동 중인 광검출기는 1세제곱킬로미터 범위 안에서 뉴트리노를 감지하도록 세팅되어 있다.

더욱 놀라운 사실은 뉴트리노가 남극에 직접 도달하는 것이 아니라 북극에 먼저 도달한 후 지구를 통째로 관통하여 남극의 얼음층에 도달한다는 점이다. 뉴트리노는 그 정도로 투과력이 높다.

미국 루이지애나주와 워싱턴주에 있는 레이저간섭계중력파관측소 LIGO에서는 우주에서 날아온 미세한 중력파를 감지하여 우주에서 발생한 대형 사건의 진원지를 추적하고 있다.

중력파

　질량을 가진 물체가 가속 운동을 하면서 시공간 연속체에 일으킨 파동을 중력파라 한다. 이것은 아인슈타인의 일반상대성이론 general relativity으로부터 예견된 사실이다. 시공간의 파동을 연못에 일어난 물결에 비유해보자. 수면에 물체가 떠 있으면 물결이 지나갈 때마다 어떤 형태로든 영향을 받을 것이다. 조금 과장해서 말하면 농구공에 중력파가 도달했을 때 잠시 럭비공 모양으로 바뀌었다가, 중력파가 지나간 후에는 다시 원래의 구형으로 되돌아가는 식이다. 그러나 실제로 중력파에 의해 물체가 왜곡되는 정도는 원자핵의 지름(10^{-15}미터)보다도 작다.

　현재 미국의 루이지애나주와 워싱턴주에서는 중력파를 검출하는 초

두 개의 중성자별neutron star이 충돌하는 장면을 묘사한 그림. 이 정도 규모의 우주적 사건이 일어나면 강력한 중력파가 발생하여 지구에 도달할 수도 있다.

대형 시설인 레이저간섭계중력파관측소Laser Interferometer Gravitational-Wave Observatory, LIGO가 각자 독립적으로 운용되고 있다. 관측소에는 4킬로미터짜리 파이프 두 개가 L자 모양으로 배열되어 있는데, 그 안에서 레이저와 거울을 이용하여 파이프의 길이를 수시로 확인하는 중이다. 왜냐고? 이곳에 중력파가 도달하면 시공간이 미세하게 왜곡되어 잠시나마 파이프의 길이가 달라지기 때문이다. 즉, 어느 날 어느 시간에 파이프의 길이가 달라졌다면 바로 그 순간에 지구에 중력파가 도달했다는 뜻이다. 언제 날아올지 알 수 없는 중력파를 감지하기 위해 이토록 많은 비용과 노력을 들였다니 일반 납세자들은 선뜻 이해가 가지 않을 것이다.

그러나 레이저간섭계중력파관측소는 제 몫을 해냈다. 2015년 9월 14일 드디어 중력파가 감지된 것이다! 아인슈타인이 중력파의 존재를 예견한 지 거의 100년 만에 이룬 쾌거였다. 특종을 건진 과학자들은 그날부터 중력파의 진원지를 추적한 끝에 지구로부터 15억 광년 떨어진 곳에서 태양 질량의 39배인 블랙홀black hole과 29배인 블랙홀이 충돌하면서 중력파가 방출되었음을 확인했다. 그 후로 다른 국가들도 중력파검출기를 하나둘씩 건설하고 있는데, 이들의 목적은 지구에 존재하는 모든 중력파관측소를 하나의 거대한 네트워크로 통합하는 것이다.

더블 체크

중력파는 워낙 미세하기 때문에 연구소 주변에서 발생한 잡음을 중력파로 오인하기 쉽다. 가까운 도로에 트럭 한 대가 지나가도 감지기가 반응할 정도다. 그래서 미국의 과학자들은 데이터의 신뢰도를 높이기 위해 레이저간섭계중력파관측소를 루이지애나주와 워싱턴주에 따로 설치했다. 중력파가 지구에 도달하면 한 곳에서만 검출될 리가 없기 때문이다.

현재의 천문대

현재 지구상에는 수백 개의 천문대가 있고, 대기권 바깥에서도 수십 개의 '우주 천문대'가 우주의 창을 들여다보며 맹활약 중이다. 이들 중 가장 유명한 몇 곳을 여기 소개한다.

지상 천문대

지구상에 지은 천문대의 가장 큰 문제점은 대기가 시야를 방해한다는 것이다. 난기류가 흐르거나 대기 중 수증기 함량이 높으면 우주에서 날아온 빛이 산란되어 또렷한 사진을 찍기 어려워진다. 이 문제를 최소화하기 위해 대부분의 천문대는 조금이라도 우주에 가까운 곳, 즉 산꼭대기에 위치하고 있다.

◆ **마우나케아천문대** | 하와이주 빅 아일랜드의 해발 4,200미터 고지에 건설된 마우나케아천문대Mauna Kea Observatories는 열 개 이상의 다양한 망원경으로 하늘의 북반구 전체와 남반구 일부를 관측하고 있다. 태평양 한복판에 자리 잡고 있어서 대기의 변동도 심하지 않은 편이다. 대부분의 망원경은 가시광선에 집중되어 있지만, 마이크로파microwave를 감지하는 망원경도 있다.

◆ **아타카마천문대** | 칠레의 아타카마사막은 남극대륙의 일부를 제외하고 지구에서 가장 건조한 지역이다(1년 강수량이 0에 가깝다). 이런 곳에서도 4,700미터 고도에 위치한 아타카마천문대Atacama Observatories는 남반구에서 하늘을 관측하기에 가장 적절한 장소로 손색이 없다. 여기에는 고해상도 전파관측망원경배열Atacama Large Millimeter/submillimeter Array, ALMA이 설치되어 있는데, 고도가 충분히 높아서 지표면에 도달하지 않는 전파를 수신할 수 있다.

우주망원경

천문학 역사상 가장 많은 정보를 수집한 망원경은 무엇일까? 수백 년 전 데이터 수집량까지 일일이 확인할 수는 없지만, 관련 논문과 공동 연구 사례로 미루어 볼 때 이 분야의 챔피언은 아마도 허블우주망원경일 것이다. 그러나 아쉽게도 NASA는 허블망원경과 관련된 임무를 더 이상 추진하지 않기로 결정했다. 그 정도면 충분히 써먹었다고 판단했기 때문이다.

칠레 아타카마사막의 4,700미터 고지에 건설된 고해상도 전파관측망원경배열은 66개의 대형 안테나로 이루어진 전파망원경 네트워크로 지표면에 도달하지 않는 전파까지 수신할 수 있다.

허블우주망원경은 NASA에서 추진하는 '거대 관측 프로젝트Great Observatories' 중 하나일 뿐이다. 허블 이외의 우주망원경으로는 콤프턴감마선천문대Compton Gamma Ray Observatory, CGRO와 찬드라엑스선천문대Chandra X-ray Observatory, CXO 그리고 스피처우주망원경 등이 있다. 이 명칭은 각각 미국의 물리학자 아서 콤프턴Arthur Compton과 인도 파키스탄 태생의 천문학자 수브라마니안 찬드라세카르Subrahmanyan Chandrasekhar 그리고 미국의 이론물리학자 라이먼 스피처Lyman Spitzer의 이름에서 따온 것이다. 앞서 언급한 지상 천문대와 함께 이들은 전자기파 스펙트럼의 거의 모든 영역에서 정보를 수집하고 있다.

이보다 훨씬 먼 곳에서 임무를 수행하는 우주 천문대도 있다. 현재 NASA

에서 추진 중인 관련 프로젝트는 40여 건에 달하고, 다른 국가들도 적극적으로 참여하는 분위기다. 최근 들어 중국은 달의 뒷면에 탐사선을 착륙시켰으며, 유럽우주국은 외계행성을 연구하는 최첨단 탐사선을 발사했다.

앞으로의 전망

지금도 천체물리학자들은 중요한 문제를 해결하기 위해 새로운 아이디어를 끊임없이 떠올리고 있다. 모든 아이디어는 하나같이 도전적이고 참신하지만, 현실 세계에 구현하려면 문자 그대로 천문학적인 돈이 들어가기 때문에 꼭 필요한 프로젝트를 선별하는 것도 아이디어 못지않게 중요하다. 이번 장을 마무리하면서 현재 추진 중인 우주 탐사 프로젝트와 먼 훗날 실현될 미래형 프로젝트 몇 개를 소개한다.

제임스웹우주망원경

허블우주망원경의 차기 대안으로 설계된 제임스웹우주망원경은 반사거울의 직경이 6.5미터로 허블망원경보다 여섯 배 이상 크다. 베릴륨be-ryllium에 금박을 입힌 이 거울은 18개의 육각형 조각을 이어 붙인 형태로서 가시광선에서 중적외선mid-infrared(원적외선과 가시광선의 중간에 해당하는 적외선)까지 관측할 수 있다. 제임스웹우주망원경의 주요 목표는 적색편이가 가장 크게 나타나는 천체, 즉 '우주에서 가장 오래된 천체'를 관측하는 것이다. 이들은 우주 초창기에 푸른색 빛을 발하던 신생 은하인데, 빛이 지구까지 날아오는 동안 공간이 크게 팽창하여 빛의 파장이 적외선 영역까지 길어진 탓에 가시광선용 광학망원경으로는 관측할 수 없다.

제임스웹우주망원경은 지구와 태양을 연결한 직선상에 있는 두 번째

제임스웹우주망원경의 반사거울(허블망원경의 반사거울보다 여섯 배 이상 크다). 18개의 육각형 거울을 이어서 만든 이 거대한 장치는 망원경이 라그랑주 점 L2에 도달했을 때 자동으로 펼쳐지도록 설계되었다.

라그랑주 점 L2에 정착한 후, 접힌 상태로 탑재된 반사거울을 펼칠 예정이다.˙ L2는 지구로부터 대략 160만 킬로미터나 떨어져 있기 때문에 허블망원경처럼 우주인을 파견해서 수리하는 것은 불가능하다.˙˙ 그러므로 제임스웹우주망원경의 위치 확보 작전은 단 한 번의 시도로 성공해야 한다.

초대형망원경

다소 원색적으로 명명된 초대형망원경˙˙˙Extremely Large Telescope, ELT은 유럽우주국의 자금 지원을 받아 현재 칠레의 아타카마사막에 건설되고

- 2022년 1월 L2궤도 진입에 성공했고, 반사 거울도 성공적으로 펼쳐졌다. 참고로 이 책은 2021년에 출간되었다.
- ˙˙ 허블망원경의 고도는 500~600킬로미터였다.
- ˙˙˙ 직역하면 '엄청나게 큰 망원경'이라는 뜻이다.

있는데, 렌즈의 지름이 무려 40미터에 달한다. 참고로 20세기에 만들어진 가장 큰 광학망원경의 지름은 10미터가 채 되지 않았다. 초대형망원경은 큰 덩치 못지않게 해상도도 뛰어나다. 여기 적용된 적응광학* adaptive optics을 십분 활용하면 허블우주망원경보다 열 배 이상 선명한 사진을 얻을 수 있다. 물론 이를 위해서는 거울의 여러 부분이 대기 변화에 따라 실시간으로 변형되어야 한다. 모든 것이 계획대로 진행된다면 초대형망원경은 외계행성의 선명한 사진을 제공할 뿐만 아니라 깊은 우주의 원시행성원반** protoplanetary disk에서 유기 화합물을 발견할 수도 있다.

레이저간섭계우주안테나

유럽우주국의 재정 지원을 받으며 추진 중인 레이저간섭계우주안테나Laser Interferometer Space Antenna, LISA는 레이저간섭계중력파관측소의 뒤를 이을 차세대 중력파 감지기다. 이 시스템은 거대한 정삼각형의 세 꼭지점에 위치한 세 개의 자유비행 위성으로 이루어지는데, 각 변의 길이는 지구-달 사이 거리의 여섯 배가 넘는다. 세 위성은 정삼각형 편대를 유지한 채 지구보다 5000만 킬로미터 뒤처진 곳에서 태양 주변을 공전할 예정이다. 레이저간섭계우주안테나는 각 위성에 탑재된 질량 샘플의 상대적 위치 변화로부터 시공간의 변형을 감지하도록 설계되었는데, 장비의 감도가 지구에 기반을 둔 레이저간섭계중력파관측소보다 훨씬 예민하기 때문에 머지않아 반가운 소식을 전해줄 것으로 기대된다.

▶ 2025년 완공을 목표로 칠레의 아타카마 사막에 건설 중인 초대형망원경의 상상도. 이 지역은 대기 중 수증기 함량이 적고 난기류가 거의 없어서 천문대의 입지 조건으로는 최상이라 할 수 있다.

---

* 렌즈를 미세하게 조정하여 광학적 왜곡을 줄이는 기술.
** 갓 태어난 별의 주위를 에워싼 채 빠르게 회전하는 접시 모양의 기체 띠로 훗날 행성으로 진화할 가능성이 높다.

제 3 장

우주는 왜 지금처럼 진화했을까?

아원자입자의 충돌 장면을 시각화한 상상도.

- 빅뱅
- 원자로 이루어진 우주
- 친근한 우주 만들기
- 성운가설
- 동결선
- 우주 당구장
- 행성의 이동
- 태양계의 끝

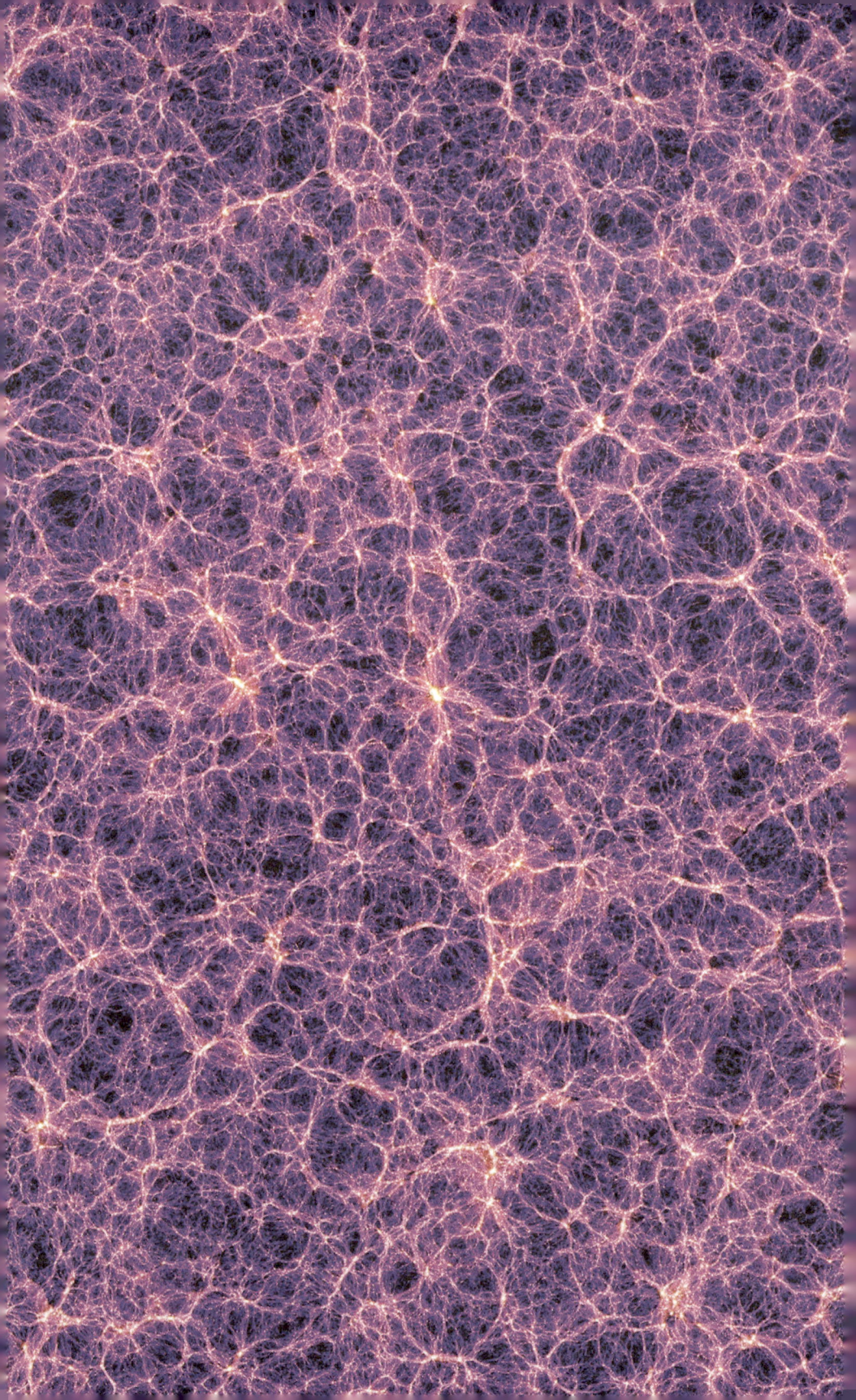

앞서 말한 대로 은하수 바깥에서 외계은하를 최초로 발견한 사람은 에드윈 허블이다. 그러나 그의 진짜 위대한 업적은 따로 있다. 그는 모든 천체가 지구로부터 멀어진다는 사실을 발견한 후, '지구가 범우주적 왕따일 리 없다'는 신념하에 진짜 원인을 추적하다가 우주가 팽창하고 있다는 놀라운 결론에 도달했다. 그렇다. 에드윈 허블은 우주팽창설을 최초로 주장한 천문학자였다. 허블은 헨리에타 레빗이 발견한 표준촛불을 이용하여 가까운 은하까지의 거리를 계산한 후, 은하에서 방출된 빛의 파장과 거리의 관계를 분석하던 중 새로운 사실을 깨달았다. 은하에서 방출된 빛 스펙트럼의 파장이 실험실에서 관측한 파장보다 길게 나타난 것이다. 스펙트럼의 패턴을 보면 수소원자에서 방출된 빛이 분명한데 모든 스펙트럼선이 긴 파장 쪽으로 이동해 있었다. 가시광선에서 파장이 제일 긴 빛은 적색이므로 파장이 긴 쪽으로 치우치는 현상을 '적색편이'라 한다. 당시 허블은 제대로 알지 못했지만, 이 발견은 우주의 역사를 탐구하는 기나긴 여정의 출발점이었다.

제1장 끝부분에서 언급한 대로 은하의 빛이 적색편이를 보인다는 것은 그 은하가 우리로부터 멀어지고 있다는 뜻이다. 그리고 적색편이가 클수록 멀어지는 속도도 빠르다. 어느 날, 허블은 은하의 적색편이를 거리에 따라 분류하다가 눈이 번쩍 뜨였다. 멀리 있는 은하일수록 멀어지는 속

◀ 독일의 슈퍼컴퓨터로 재현한 암흑물질의 3차원 분포도. 무려 한 달 동안 쉬지 않고 돌린 끝에 얻은 그림이다.

도가 빠르다는 사실이 명백하게 드러났기 때문이다. 그는 이 관계를 다음과 같은 간단한 등식으로 표현했다.

$$v = Hd$$

여기서 v는 은하의 속도이고 d는 지구와 은하 사이의 거리, H는 허블 상수Hubble constant다. 이 식을 자연어로 번역하면 다음과 같다. "우주는 팽창하고 있다!"

멀어지는 은하는 바깥쪽으로 퍼져나가는 폭죽이 아니라 밀가루 반죽에 박힌 건포도와 비슷하다. 당신이 그 건포도 중 하나에 붙어 있는 미생물이라고 상상해보라. 조리사가 밀대로 반죽을 밀면 반죽이 넓어지면서 건포도들 사이의 거리가 점점 더 멀어져서 마치 모든 건포도가 당신으로부터 멀어지는 것처럼 보일 것이다. 이때 멀리 있는 건포도는 더 빠르게 멀어진다. 그 건포도와 당신 사이에 밀가루 반죽의 양이 많아서 넓어지는 효과가 더 크게 나타나기 때문이다. 즉, 건포도가 멀어지는 것은 건포도 자체가 움직였기 때문이 아니다. 건포도는 그 자리에 가만히 있었는데 반죽이 넓어지는 바람에 어쩔 수 없이 떠밀려 간 것뿐이다.

다른 건포도에 붙어 있는 미생물도 당신과 똑같은 경험을 하게 된다. 자신은 그 자리에 가만히 있는데 다른 건포도들이 일제히 자신으로부터 멀어지는 것처럼 보인다. 그러므로 모든 미생물은 자신이 들러붙은 건포도가 팽창의 중심이라고 생각할 것이다. 문득 15세기 로마제국의 철학자 니콜라우스 쿠자누스Nicolaus Cusanus의 명언이 떠오른다. "우주의 중심은 어디에나 존재할 수 있지만 그 끝은 어디에도 없다."

우리의 우주가 아득한 과거에 모든 물질과 에너지가 한 점에 집중된 초고밀도, 극저온 상태에서 시작되었다고 주장하는 우주탄생이론을 빅뱅Big Bang이라 한다. 우주가 정말로 팽창하고 있다면 과거의 우주는 지금보다 작았을 것이고, 아득한 과거로 거슬러 가면 우주의 크기가 0으로 수렴하는 시점이 존재했을 것이다. 그러므로 우주가 하나의 점에서 시작되었다는 빅뱅이론Big Bang theory은 우주팽창설의 당연한 결과이며, 우리의 우주가 지금과 같은 모습으로 진화한 이유를 밝혀줄 첫 번째 실마리인 셈이다. 그 후로 천체물리학자들은 우주팽창설을 더욱 정교하게 다듬어서 마침내 우주의 나이를 알아낼 수 있었다.

빅뱅

물체를 압축하면 온도가 높아진다. 이것은 거의 모든 물질에 공통으로 나타나는 현상이다. 수동 펌프로 자전거 타이어에 바람을 넣어본 사람은 타이어가 팽팽해질수록 밸브가 뜨거워진다는 것을 잘 알고 있을 것이다. 펌프 실린더의 내부 공기가 압축되면서 온도가 높아졌기 때문이다.

우주도 이와 비슷하다. 예를 들어 누군가가 우주의 팽창 과정을 동영상으로 찍었다고 가정해보자(누가 어디에서 찍었는지는 중요하지 않으므로 따지지 말자). 이 영상을 거꾸로 재생하면 과거로 갈수록 공간이 작아지면서 (즉, 압축되면서) 우주는 점점 더 뜨거워질 것이다.

또는 압력밥솥 안에 갇힌 고압 증기를 상상해보자. 쌀이 한창 익고 있을 때 뚜껑을 열면 어떻게 될까? 당연히 증기가 팽창하면서 온도가 낮아지다가 100도에 도달하면 기체 상태였던 수증기가 물방울로 맺히기 시작하고, 0도에 도달하면 물이 얼음으로 변한다.* 이렇게 물질의 상태가

• 이 실험은 남극기지의 야외에서 실행되었다.

도플러 효과

19세기 오스트리아의 물리학자 크리스티안 도플러 Christian Doppler는 기차가 지나갈 때 기적 소리의 높낮이가 달라지는 이유를 추적하다가 '파동(빛 또는 소리)의 근원이 움직일 때 관측자에 대한 상대 속도에 따라 파장(또는 진동수)이 달라진다'는 놀라운 사실을 발견했다. 예를 들어 음원(기차)이 관측자를 향해 다가올 때는 기적 소리의 파장이 정지해 있을 때보다 짧아져서 높은음으로 들리고, 음원이 관측자로부터 멀어질 때는 파장이 길어져서 낮은음으로 들린다. 빛의 경우도 이와 비슷하다. 관측자로부터 멀어지는 광원(별)에서 방출된 빛은 정지해 있을 때보다 파장이 길어져서 붉은색 쪽으로 치우치는 경향을 보인다. 소리건 빛이건 파원波源과 관측자 사이의 상대 속도에 따라 파동의 파장(또는 진동수)이 달라지는 현상을 통틀어 '도플러 효과 Doppler effect'라 한다.

독자들도 일상생활에서 도플러효과를 경험한 적이 있을 것이다. 생각이 나지 않는다면 길거리에서 구급차나 소방차가 지나갈 때 사이렌 소리를 주의 깊게 들어보기 바란다. 자동차가 당신을 향해 다가올 때는 사이렌 소리가 고음으로 들리다가 당신을 지나치면 곧바로 저음으로 바뀌는 것을 쉽게 알 수 있을 것이다.

변하는 현상을 상전이相轉移, phase transition라 한다.

우주의 역사는 증기蒸氣, steam의 역사와 비슷하다. 단, 낮은 온도에서 두 번의 상전이(액체, 기체)를 겪는 증기와 달리, 우주는 총 여섯 차례의 상전이를 겪었다. 이들 중 처음 네 차례의 상전이는 우주가 탄생한 지 1초도 되기 전에 일어났는데, 자세한 내용은 물질의 구성 성분에 대해 좀 더 알아본 후 다루기로 하고 일단은 다음의 질문에 초점을 맞춰보자.

"빅뱅 후 1분쯤 지났을 때 우주는 어떤 상태였는가?"

> **닐 디그래스 타이슨** ✓
> @neiltyson
>
> 야구 경기에서 심판의 스트라이크 존이 점점 넓어지는 것은 수비와 공격의 균형을 고려한 처사이지 우주가 팽창하기 때문이 아니다.
>
> 💬 280 🔁 3K ♡ 11.3K   2016년 10월 21일 오후 7:20

이 시기에 우주는 빠른 속도로 움직이는 기본입자(전자, 양성자, 중성자)와 빛의 입자인 광자photon로 가득 차 있었다. 어쩌다 양성자와 중성자가 만나서 간단한 원자핵이 만들어질 때도 있었지만, 곧바로 다른 입자와 충돌하여 다시 기본입자로 쪼개지기 일쑤였다. 한번 형성된 원자핵이 안정적으로 존재하려면 입자의 속도가 느려야 하고, 속도가 느려지려면 온도가 내려가야 한다.* 다행히도 우주는 탄생 직후부터 팽창하고 있었기에 시간이 흐를수록 차가워졌고, 빅뱅 후 3분이 지난 무렵에는 온도가 충분히 낮아져서 안정적인 원자핵이 존재할 수 있게 되었다. 우주에 첫 번째 상전이가 일어난 것이다.

초기에 형성된 원자핵은 양성자 한 개와 중성자 한 개로 이루어진 가장 단순한 수소(H)원자핵이었으며, 이들이 연속 충돌을 겪으면서 양성자 두 개와 중성자 두 개로 이루어진 헬륨(He)원자핵이 만들어졌다. 그 외에 (아주 드물긴 했지만) 양성자 세 개와 중성자 세 개로 이루어진 리튬(Li)원자핵이 생성되는 경우도 있었다. 그런데 이런 과정이 약 45초 동안 계속되다가 원자핵 생산을 막는 효과가 나타나기 시작했다. 우주가 팽창함에 따라 입자들 사이의 거리가 멀어지면서 충돌의 기회가 크게 줄어든 것이다.

• 원래 온도란 구성입자 운동에너지의 평균값이다.

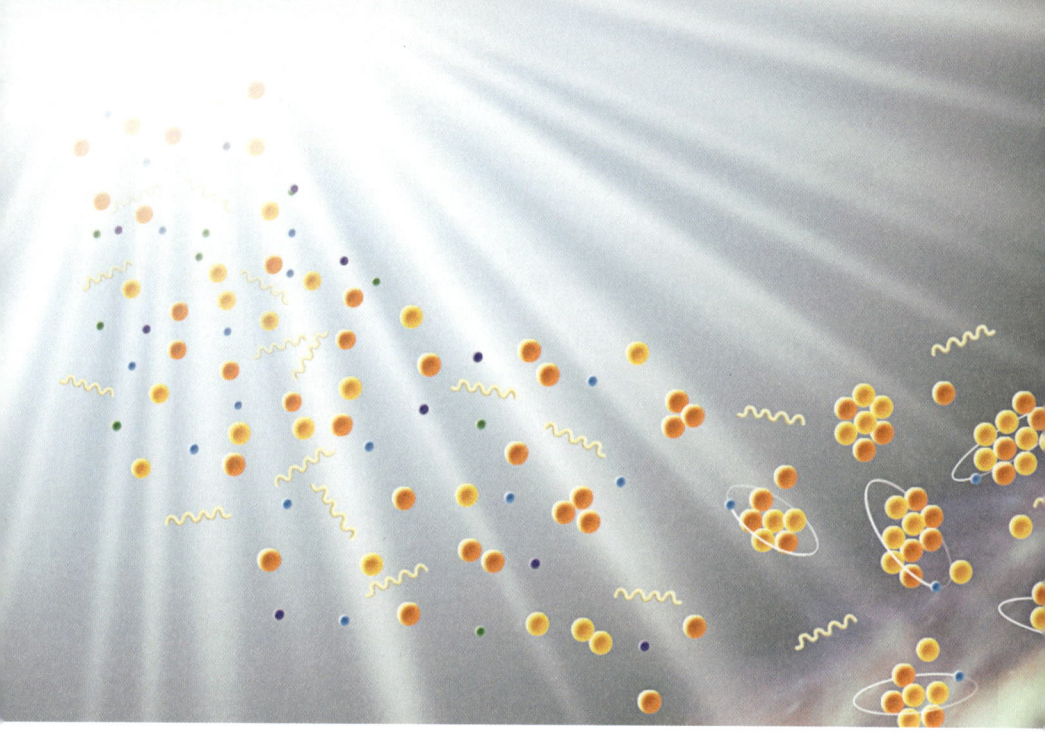

빅뱅이 일어난 직후, 우주에 존재하는 재료라고는 양성자proton(주황색)와 중성자neutron(노란색) 그리고 전자electron(파란색)가 전부였다. 그 후 우주의 온도가 낮아지면서 이들이 결합하여 원자(오른쪽 아래)가 만들어지기 시작했다.

바로 우주가 지금과 같은 모습으로 진화하게 된 결정적 이유 중 하나다. 탄생 초기의 우주에 존재하는 재료라고는 수소와 헬륨 그리고 소량의 리튬이 전부였다. 당신의 피부에 들어 있는 탄소(C)와 혈액에 함유된 철(Fe)과 같이 무거운 원소들은 훗날 별의 내부에서 탄생하게 된다.

원자로 이루어진 우주

우주의 역사에서 원자가 주인공으로 등장한 것은 언제쯤일까?
방금 전 우리는 빅뱅 후 몇 분 동안 초고온 전자기복사의 수프 속에서 어지럽게 돌아다니는 원자핵과 전자를 간략하게 훑어보았다. 원자핵과 전자가 분리된 채 존재하는 상태를 플라스마plasma라 한다. 이것은 물질이 취할 수 있는 세 가지 상태(기체, 액체, 고체) 외에 온도가 극도로 높을 때 나타나는 네 번째 상태로서, 대표 사례로는 태양의 내부를 들 수 있다.

물질의 여섯 가지 상전이

지구에 존재하는 거의 모든 물질은 '기체'나 '액체' 또는 '고체'라는 세 가지 상태로 존재하며, 물질에 에너지를 더하거나 빼면 하나의 상태에서 다른 상태로 변하는 상전이가 일어난다. 상전이에는 총 여섯 가지가 있는데, 이들 중 네 가지는 우리에게 익숙하지만 나머지 두 가지는 다소 생소할 것이다.

- 융해融解, melting | 고체에서 액체로 변하는 현상
- 응고凝固, freezing | 액체에서 고체로 변하는 현상
- 기화氣化, vaporizing | 액체에서 기체로 변하는 현상
- 액화液化, condensation | 기체에서 액체로 변하는 현상
- 승화昇華, sublimation | 고체에서 기체로 변하는 현상
- 증착蒸着, deposition | 기체에서 고체로 변하는 현상

승화는 고체를 누르는 기압이 너무 낮아서 액체 상태를 유지할 수 없을 때 일어난다. 예를 들어 지구의 대기압은 물을 액체 상태로 유지할 수 있지만, 이산화탄소를 액체 상태로 유지하기에는 턱없이 약하다. 그래서 고체 이산화탄소인 드라이아이스는 일상적인 대기압에 노출되면 액체 단계를 거치지 않고 곧바로 기체가 된다(즉, 승화가 일어난다).

증착은 기체가 에너지를 너무 빨리 잃어서 액화 과정을 거치지 않고 곧바로 고

체가 되는 경우다. 대표적 사례로는 추운 겨울 아침, 공기 중에 함유된 수증기가 얼어서 나뭇잎에 맺히는 서리를 들 수 있다.

겨울 아침에 내린 서리는 기체가 고체로 변하는 상전이, 즉 증착의 대표적 사례다.

원자는 자유전자가 원자핵의 사정거리 안으로 진입해서 안정적으로 결합해야 비로소 완성된다. 그러나 초기 우주는 온도가 너무 높았기 때문에 빅뱅 후 38만 년이 지나서야 비로소 안정적인 원자가 만들어질 수 있었다.

그러므로 빅뱅 직후부터 38만 년 이전까지 우주에 존재하는 것이라고는 전기전하를 띤 입자들(음전하를 띤 전자와 양전하를 띤 원자핵)뿐이었다. 우주 초창기에 플라스마와 공존했던 복사는 하전입자*와 격렬하게 상호작용을 교환했는데, 어쩌다가 플라스마 덩어리들이 중력에 끌려 한곳으로 모여들어도 복사선이 이들을 산산이 흩어놓았기 때문에 별이나 은하 같은 천체가 형성될 수 없었다. 복사선이 마치 플라스마 덩어리 주변을

• 전하를 띤 입자.

> **닐 디그래스 타이슨** ✓
> @neiltyson
>
> 구글에서 '빅뱅이론'을 검색하면 시트콤에 관한 정보가 무더기로 쏟아져 나오고,** 진짜 빅뱅에 대한 정보는 한참 스크롤을 해 볼 수 있다. 이게 과연 바람직한 현상일까?
>
> 💬 4   🔁 391   ♡ 86   2010년 10월 7일 오후 1:01

엄호하는 대공포처럼 주변에 있는 다른 플라스마 덩어리를 산산이 날려 버린 것이다.

원자가 형성되기 시작한 시점(빅뱅 후 38만 년)이 중요하게 취급되는 것은 바로 이런 이유 때문이다. 정상적인 원자는 원자핵의 양전자positron(전자의 반입자)와 전자의 음전하가 균형을 이루어 순전하net charge를 띠지 않는다. 그 덕분에 원자는 복사선의 격렬한 상호 작용으로부터 안전하게 보호될 수 있었다. 전하를 띤 플라스마가 원자로 변환되면서 우주에는 두 가지 큰 변화가 일어났다. 물질이 뭉쳐서 별과 은하가 형성되기 시작했고, 복사선이 하전입자의 방해를 받지 않고 곧게 뻗어 나가면서 드디어 공간이 투명해진 것이다.

아이스티를 만들 때도 이와 비슷한 현상을 볼 수 있다. 티를 컵에 따르고 설탕 한 스푼을 넣은 후 자세히 들여다보라. 처음 한동안은 아이스티가 불투명해진다. 설탕 덩어리가 빛을 산란시켜서 수면 아래를 가리기 때문이다. 그러나 설탕이 물에 녹아 중성분자가 되면 아이스티는 다시 투명해진다.

플라스마의 경우도 마찬가지다. 전하를 띤 플라스마가 중성원자로 변

** 한국 포털도 마찬가지다. 네이버에서 빅뱅을 검색하면 가수와 관련된 기사 일색이다. 그러나 이것은 바람직함의 문제가 아니라 그저 하나의 트렌드일 뿐이기에 불편해도 참는 수밖에 없다.

> **원자 분해하기**
>
> 우주 초창기에는 원자의 속도가 워낙 빨랐기 때문에 이들끼리 한번 충돌하면 충격을 견디지 못하고 산산이 분해되기 일쑤였다. 사실 원자에서 전자를 분리하는 데는 그리 많은 에너지가 들지 않는다. 지금 이 순간에도 전자는 시도 때도 없이 원자핵으로부터 분리되고 있다. 그런 일이 어디에서 일어나냐고? 술집의 네온사인이나 집 안의 형광등을 켤 때 그리고 양말을 신고 카펫 위를 뛰어다닌 후 누군가의 코를 만질 때마다 일어난다.

하면 복사선과 더 이상 상호 작용을 하지 않기 때문에 중력으로 뭉치면서 덩치를 키워나갈 수 있다. 그리하여 지금과 같은 우주가 만들어졌고, 공간을 내달리던 복사선은 우주마이크로파 배경복사cosmic microwave background, CMBR가 되어 지금까지 남아 있다.

친근한 우주 만들기

팽창하는 공간 속의 원자 집합에 불과했던 우주가 어떻게 지금처럼 별과 은하로 이루어진 아늑한 세상으로 변했을까?* 이것은 꽤 오랫동안 우주론학자들을 괴롭혀온 질문이다.

　우주 초기에는 복사에너지(복사선)가 하전입자와 격렬한 상호 작용을 일으켰기 때문에 물질이 형성될 겨를이 없었고, 안정적인 원자가 형성된

• 사실 생명체에게 아늑한 곳은 지구밖에 없다.

후에는 공간이 너무 크게 팽창해서 큰 덩어리로 자라날 수 없었다. 가까운 곳에 다른 물질이 있어야 서로 뭉쳐서 덩치를 키울 수 있는데, 주변 물질을 중력으로 끌어당기기에는 간격이 너무 멀었기 때문이다. 이런 상황에서는 아무리 세월이 흘러도 별이나 은하가 형성될 수 없다. 그런데 우주는 어떻게 지금과 같은 모습으로 진화할 수 있었을까?

그 비결은 바로 '암흑물질'이었다. 1930년대에 스위스 태생의 미국인 천체물리학자 프리츠 츠비키Fritz Zwicky는 회전하는 은하를 관측하던 중 이상한 현상을 발견했다. 은하가 회전하는 와중에도 전체적인 형태를 유지하려면 그 안에 있는 별들이 중력으로 단단히 묶여 있어야 한다. 그런데 망원경에 들어온 은하는 별들 사이의 중력만으로는 형태를 유지할 수 없을 정도로 빠르게 회전하면서도 여전히 그 형태를 유지하고 있었다. 어떻게 가능한 것일까? 츠비키는 모든 가능성을 면밀히 검토한 끝에 은하 내부에 눈에 보이지 않는 물질이 섞여 있다는 결론에 도달했고, 그 물질을 '암흑물질'로 명명했다. 그 후 1970년대에 미국의 여성 천체물리학자 베라 루빈Vera Rubin이 은하 안에서 별의 움직임을 추적하다가 암흑물질을 도입하지 않고서는 도저히 설명할 수 없는 궤적을 발견했고, 이로써 암흑물질은 더 이상 외면할 수 없는 필수 가정으로 자리 잡게 되었다.

이름에서 알 수 있듯이 암흑물질은 가시광선을 비롯한 모든 전자기파와 상호 작용을 하지 않지만, 질량이 있기 때문에 중력을 행사할 수는 있다. 지금까지 수집된 데이터에 의하면 우주에 작용하는 모든 중력의 85퍼센트가 암흑물질에 기인한 것으로 추정된다. 암흑물질을 직접 본 사람은 없지만 그 존재를 받아들이면 우주 초기에 별과 은하가 형성된 이유를 설명할 수 있다.

앞서 말한 대로 우주에 전기적으로 중성인 원자가 등장하기 전에는 별과 은하가 형성될 수 없었다. 플라스마 속의 복사선이 물질을 산산조

각 내서 뭉칠 기회가 없었기 때문이다. 그러나 암흑물질은 눈에 보이지 않고 복사의 영향도 받지 않아서 우주가 투명해지기 전부터 다량으로 축적되어 있었다. 즉, 원자는 처음 만들어질 때부터 암흑물질의 자궁 속에 존재했기에 그 안에서 중력을 마음껏 행사할 수 있었던 것이다.

간단한 예를 들어보자. 여기, 곳곳에 깊은 구멍이 파인 탁자가 있고, 그 위에는 구슬로 가득 찬 자루가 놓여 있다. 누군가가 자루의 입구를 열어서 탁자 위에 구슬을 뿌리면 어떻게 될까? 당연히 구슬은 이리저리 구르다가 깊게 파인 구멍을 만나는 즉시 그 안으로 빨려 들어갈 것이다. 이

애리조나주에 있는 로웰천문대 Lowell Observatory에서 전파망원경을 조종하는 젊은 시절 베라 루빈의 모습.

>  닐 디그래스 타이슨
> @neiltyson
>
> 최고의 천체물리학자도 풀지 못한 네 가지 미스터리!
>
> (1) 생명의 근원은 무엇인가?
> (2) 암흑물질의 정체는 무엇인가?
> (3) 무엇이 빅뱅을 일으켰는가?
> (4) 냉장고 문을 닫으면 그 안을 비추던 조명은 어떻게 되는가?
>
> 💬 3.7K ↻ 16.5K ♡ 106.3K   2020년 2월 13일 오후 10:24

런 식으로 어느 정도 시간이 흐르면 구슬은 구멍 주변에 모여들어 곳곳에 '구슬 덩어리'를 형성하게 된다. 여기서 탁자를 우주 공간으로, 구슬을 물질로, 구멍을 암흑물질로 바꾸면 실제 우주에서 벌어진 상황과 비슷해진다. 일상적인 물질이 한 일이라고는 암흑물질이 미리 만들어놓은 중력의 구멍으로 빠진 것뿐이다.

암흑물질의 정체는 아직도 미스터리로 남아 있지만, 이들이 일상적인 물질에 가하는 중력의 세기를 측정하는 것은 얼마든지 가능하다(은하의 질량분포와 별의 움직임을 비교하면 된다). 그러므로 우리는 다음과 같은 가설을 세울 수 있다. '암흑물질은 우주 초기에 별과 은하를 탄생시켰고, 그 별의 잔해에서 행성이 탄생했으며, 그곳에서 생명이 진화하여 현재에 이르렀다.' 이 가설이 옳다면 암흑물질은 지금과 같은 우주에서 인간이 존재하도록 만들어준 일등 공신인 셈이다.

원자에서 별로

중력은 한마디로 인정사정없는 괴물이다. 질량이 있는 한 중력은 한순간의 멈춤도 없이 영원히, 가차 없이 작용하여 모든 것을 하나로 묶어놓

는다. 여기에는 별도 예외가 아니다. 별을 구성하는 모든 물질은 중심을 향해 끊임없이 당겨지고 있다. 이 힘에 굴복하면 별은 안으로 압축되어 산산이 부서진다. 그러므로 별이 형태를 유지하려면 중력에 대항할 힘을 어떻게든 만들어내야 하는데, 그 첫 단계가 바로 열핵융합thermonuclear fusion이다. 만일 이 과정이 없었다면 우주는 절대 지금과 같은 모습으로 진화하지 못했을 것이다.

앞에서 우리는 빅뱅에서 출발하여 우주의 역사를 재현하다가, 암흑물질로 만들어진 '중력의 둥지' 안에 일상적인 물질이 은하 크기의 구름으로 모여 있는 모습까지 목격했다. 그 구름은 밀도가 완벽하게 균일하지 않아서 부분적으로 뭉친 곳이 존재한다. 다시 말해서, 은하 곳곳에는 물질이 집중된 고밀도 지역이 존재할 수 있다는 뜻이다. 물질이 한 곳에 모여들기 시작하면 중력이 점차 강해져서 더욱 많은 물질을 끌어당기고, 물질이 많아지면 중력은 한층 더 강해진다. 이런 과정이 반복되면서 넓게 퍼져 있던 분자 구름이 좁은 영역에 밀집되어 탄생한 것이 바로 '별'이다(부산물로 행성이 만들어질 수도 있다).

물론 중력은 별이 탄생한 후에도 계속 작용하여 표면에 있는 물질을 중심 쪽으로 끌어당긴다. 그러면 중심부의 밀도가 높아지면서 온도가 올라가고, 고온에서 빠르게 움직이는 원자들은 서로 격렬하게 충돌하면서 전자를 털어내고 플라스마 상태가 된다. 여기서 별이 계속 수축되면 중심부의 온도가 수백만 도까지 도달하는데, 이때부터 새로운 일이 일어나기 시작한다.

양성자는 이름 그대로 양전하를 띠고 있기 때문에 자기들끼리는 서로 밀어내는 경향이 있다. 그러나 온도가 어느 이상으로 올라가면 속도가 빨라진 양성자들이 전기적 척력斥力을 극복하고 하나로 융합하여 더 큰 원자핵이 되고,

▶ 허블망원경이 촬영한 미스틱 마운틴Mystic Mountain. 기체와 먼지구름이 격렬하게 휘몰아치면서 새로운 별이 형성되는 곳이다.

600,000,000톤

태양의 내부에서는 매초마다 600,000,000톤(6억 톤)의 수소가 헬륨으로 변하고 있다.

이 과정에서 상상을 초월할 정도로 막대한 에너지가 외부로 방출된다.

큰 원자핵의 질량은 구성 성분의 질량을 일일이 더한 값보다 조금 작다.* 핵융합이 일어나면 이 질량의 차이가 아인슈타인의 유명한 방정식인 $E=mc^2$에 따라 에너지로 방출되는데, 별이 무자비한 중력에 대응할 수 있는 것은 바로 이 에너지 덕분이다. 핵융합에너지가 별의 중심에서 바깥쪽으로 압력을 행사하여 안쪽으로 작용하는 중력과 균형을 이루는 것이다. 이 첫 번째 에너지 파동이 표면에 도달하는 날, 그날이 바로 별이 태어난 날이다. 현대 우주론에 의하면 최초의 별은 빅뱅 후 약 3억 년 만에 탄생했을 것으로 추정된다.

한번 태어난 별이 그 모습을 유지하려면 내부에서 끊임없이 핵융합 반응을 일으키면서 중력에 대항해야 한다. 그러나 별이 보유한 핵융합 연료(수소)는 분명히 유한하기 때문에 일정 시간이 지나면 연료가 고갈되어 핵융합 반응이 중단되고, 바로 이때부터 별의 2차 방어 전략이 시작된다. 별이 수명을 다하면 질량에 따라 백색왜성 white dwarf(지구만 한 크기의 죽은 별)이 될 수도 있고, 직경이 17킬로미터에 불과한 초고밀도 중성자별(초신성이 폭발하고 남은 잔해)이 될 수도 있다. 초신성이 폭발할 때 사방으로 흩어진 무거운 원소들은 새로 태어날 별의 재료가 되어 후속 핵융합으로 이어진다. 처음부터 슈퍼 헤비급으로 태어난 별은 중력과 핵융합의 치열

• 원자번호가 작은 경우에만 그렇다. 무거운 원소(우라늄, 플루토늄 등)는 그 반대여서 핵융합이 아닌 핵분열을 통해 에너지를 방출한다.

한 경쟁을 온몸으로 겪다가 결국 중력에 굴복하여 블랙홀이 된다.

> **별의 수명**
>
> 덩치가 큰 별은 작은 별보다 연료(수소)가 많아서 수명도 길 것 같지만 사실은 그 반대다. 큰 별은 그만큼 강한 중력에 대항해야 하기 때문에 작은 별보다 연료를 훨씬 빠르게 소모한다. 그래서 질량이 큰 별의 수명은 수천만 년 정도지만, 초경량급 별은 거의 수조 년 동안 빛을 발할 수 있다.

성운가설

프랑스의 수학자 피에르 시몽 마르키스 드 라플라스Pierre Simon Marquis de Laplace는 현대 과학자와 공학자들 사이에 널리 알려진 인물이다. 당대 최고 권력자였던 황제 나폴레옹 1세Napoleon I는 그의 능력에 탄복하여 그를 과학 관련 부서가 아닌 내무장관으로 임명했다가 취임 6개월 만에 행정 능력이 수준 미달이라는 평가를 내리고 상아탑으로 돌려보냈다.

나폴레옹의 판단은 옳았다. 학계로 돌아온 라플라스는 태양과 행성의 기원을 연구하던 중 다량의 성간기체와 먼지구름이 자체 중력으로 뭉쳐서 태양계가 형성된다는 과감한 시나리오를 떠올리고, 이것을 '성운가설nebula hypothesis'이라 불렀다(nebula는 라틴어로 '구름'이라는 뜻이다).

앞서 말한 대로 구름이 중력에 의해 수축되면 중심부의 온도가 올라가서 핵융합 반응이 시작되고, 이와 동시에 매우 중요한 부수적 현상이 함께 일어난다. 횡단 방향(자신과 중심부를 연결한 직선에 수직한 방향)의 운동

> **나폴레옹과 라플라스의 대화**
>
> 라플라스가 천문학에 관한 자신의 저서를 나폴레옹에게 선물했을 때, 두 사람 사이에는 다음과 같은 대화가 오갔다고 전해진다.
>
> **나폴레옹** | "그대는 우주창조이론을 전개하면서 창조주를 단 한 번도 언급하지 않았다. 어떻게 그럴 수 있는가?"
>
> **라플라스** | (여유 있는 미소를 지으며) "제 이론은 그런 번거로운 가설을 도입하지 않아도 완벽하게 작동하기 때문입니다!"

이 전혀 없던 구름은 중심을 향해 똑바로 떨어지지만, 그 외의 구름들은 중심과 가까워지면서 회전 운동을 하게 된다. 게다가 이들의 회전 속도는 중심에 가까워질수록 더욱 빨라지는데, 이것은 피겨 스케이팅 선수가 양팔을 벌린 채 제자리에서 돌다가 팔을 오므렸을 때 회전 속도가 빨라지는 것과 같은 원리다.*

먼지구름과 가스는 갓 태어난 별 주변을 빠르게 회전하면서 납작한 원반 모양이 된다. 라플라스는 이 원반에서 행성이 형성되었을 것으로 추측했다(이것을 원시행성원반이라 한다). 모든 행성의 공전면**이 거의 일치하고 공전 방향도 같다는 점을 고려할 때, 그의 성운가설은 태양계의 형성 과정을 설명하는 매우 훌륭한 모형이었다.

성운가설이 옳다면 웬만한 별들은 행성을 거느리고 있을 가능성이

• 물리학 용어로 말하면 회전체의 관성 모멘트가 작아져서 회전각 속도가 빨라진 것이다.
•• 공전궤도를 포함하는 평면.

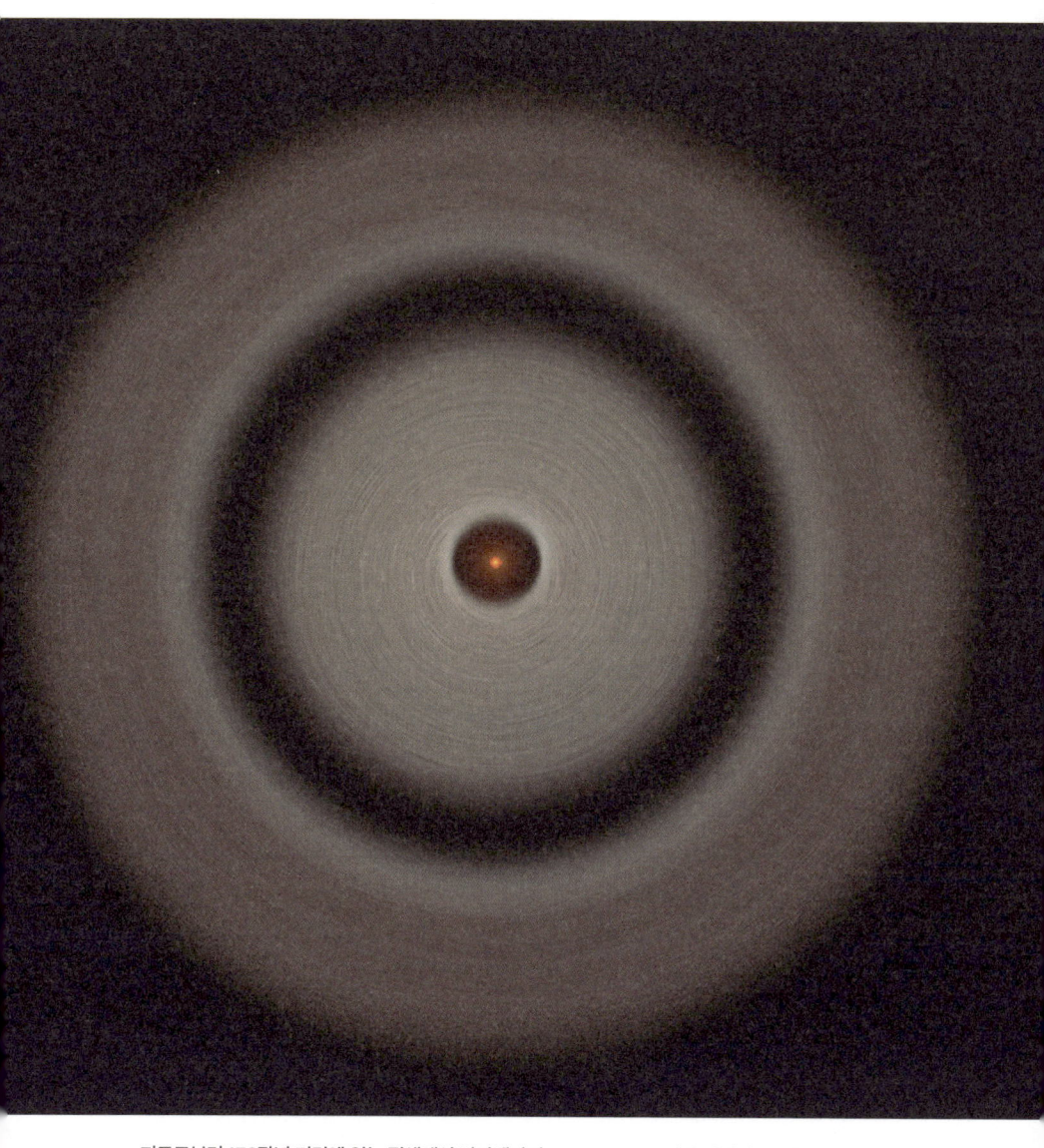

지구로부터 176광년 거리에 있는 적색왜성 바다뱀자리 TW TW Hydrae의 주변에서 소용돌이치는 가스와 먼지구름(관측 데이터에 기초하여 컴퓨터 그래픽으로 재현한 그림). 사진 속 어두운 고리는 별 주변을 공전하면서 물질을 끌어모으는 원시행성이 그곳에 있음을 암시하고 있다.

높다. 이는 곧 생명체가 서식하는 행성이 지구 외에 얼마든지 존재할 수 있다는 뜻이기도 하다. 실제로 현재 운용 중인 망원경들은 새로 형성되고 있는 별 주변에서 다양한 형태의 원시행성원반을 포착했다. 은하수 안에는 수천억 개의 별이 있으니 행성의 수는 이보다 훨씬 많을 것이다.

동결선

태양 내부에서 핵융합 반응이 시작되던 무렵, 그 주변을 선회하던 원시행성원반도 서서히 형태를 갖춰나갔다. 그런데 지금 태양계에 속한 행성들 사이에는 커다란 차이가 있다. 태양에 가까운 수성, 금성, 지구, 화성은 단단한 암석으로 이루어진 지구형행성terrestrial planet인 반면, 멀리 떨어진 목성과 토성은 기체로 이루어진 거대가스행성gas giant이고 천왕성과 해왕성은 거대얼음행성ice giant이다. 후자의 네 개를 합쳐서 '목성형행성jovian planet'이라 부르기도 한다.

우리 태양계에는 어떻게 두 종류의 행성이 존재하게 되었을까? 그 원인을 알려면 태양계 모태인 성운의 구성 성분부터 알아야 한다. 일반적으로 성운은 질소나 물처럼 쉽게 기화되는 휘발성 물질과 모래알처럼 웬만한 온도에서 고체 상태를 유지하는 비휘발성 물질로 이루어져 있다.

태양에서 핵융합 반응이 시작되면 원시행성원반은 구성 물질의 온도가 올라가고, 강력한 태양풍solar wind(태양의 표면에서 외부로 방출되는 입자)을 고스란히 맞게 된다. 온도가 높으니 휘발성 물질이 기화되고, 이 기체가 태양풍을 맞았으니 먼 곳으로 날아갈 수밖에 없다. 그리하여 태양 가까운 곳에는 웬만한 온도에도 기화되지 않는 광물만 남아서 단단한 지구형행성이 만들어진 것이다.

태양에서 멀리 떨어진 행성들은 주로 휘발성 물질로 이루어져 있으며,

지구형행성보다 덩치가 크다. 애초부터 온도가 낮아서 휘발성 물질이 기화되지 않은 채 중력으로 뭉쳤기 때문이다. 천문학에서는 지구형행성과 목성형행성의 운명을 가르는 경계선을 '동결선 frost line'이라 한다.

   태양계의 중요한 특징이 이토록 간단한 물리학 이론으로 설명된다니 신기하면서도 좀 허망하다. 그런데 정말 이게 전부일까? 이제 곧 알게 되겠지만 우주의 진화는 매우 복잡하고도 미묘한 과정이어서 한두 개의 이론만으로는 설명이 불가능하다.

우주 당구장

과거 한때 천문학자들은 행성이 형성된 과정을 간단한 논리로 설명할 수 있다고 믿었으며, 은하수 전체를 통틀어 행성이 존재하는 곳이 우리 태양계뿐이라고 생각했다. 동결선 이내에서 광물을 비롯한 고체입자들이 들러붙어 미세행성 planetesimal을 이루고, 이들이 또 중력으로 뭉쳐서 원시행성이 되고, 원시행성이 원반에 남아 있는 잔해를 쓸어 모아서 지금과 같은 행성으로 자라났다는 것이다. 반면에 멀리 있는 목성형행성들은 성간구름에서 태양이 형성된 것과 비슷한 과정을 거쳐 '여러 개의 위성을 거느린 거대행성'이 되었을 것으로 추측되었다.

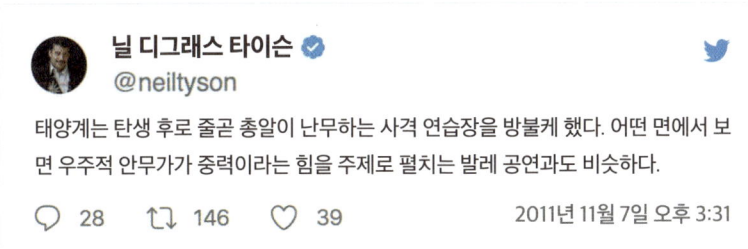

태양계가 형성되는 과정을 컴퓨터로 재현한 상상도. 행성들이 서로 충돌하면서 이합집산을 반복한다.

그러나 이런 단순한 가설은 2000년대 초에 천체물리학자들이 원시행성원반의 정확한 모형을 구축하면서 커다란 변화를 겪게 된다. 알고 보니 원시 태양계는 눈이 돌아갈 정도로 복잡한 곳이었다.

새로운 모형에 의하면 내태양계(수성부터 화성까지의 태양계)에는 최대 30개의 원시행성이 존재했을 것으로 추측되며, 이들은 30개의 공이 굴러다니는 당구대처럼 온갖 산전수전을 겪었다. 어렵게 덩치를 키웠다가 다른 행성과 충돌하여 산산이 부서지는 건 기본이고, 덩치 큰 행성과 부딪혀서 아예 그쪽으로 흡수되기도 했다. 개중에는 충돌 후 급격하게 속도가 떨어져서 태양으로 빨려 들어간 것도 있고, 충돌 후 오히려 속도가 빨라져서 태양계 밖으로 날아간 행성도 있었다. 이것이 바로 우리의 관심을 끄는 '떠돌이행성'이다. 우리에게 친숙한 수성-금성-지구-화성-목성-토성-천왕성-해왕성은 이 난리통에서 어찌어찌 살아남은 운 좋은 행성일 뿐이다.

태양계에서 쫓겨난 행성은 더 이상 태양의 영향을 받지 않지만, 은하 전체에 퍼져 있는 중력장까지 벗어날 수는 없다. 실제로 태양을 포함한 모든 별과 행성들은 가운데를 중심으로 크게 회전하는 은하를 따라 공전하고 있다. 모든 별이 단 몇 개의 행성만 거느린다고 가정해도 은하에 존재하는 행성의 수는 무조건 별보다 많다. 그리고 이들 중에는 별 주변을 공전하는 행성보다 태양계를 벗어나 은하의 중력장을 표류하는 떠돌이행성이 더 많을 수도 있다.

행성의 이동

내태양계에서 우주적 당구 게임이 요란하게 진행되는 동안 목성형행성들도 그들만의 게임에 푹 빠져 있었다. 과거에는 태양계가 장엄하면서도 매끄러운 과정을 거쳐 자연스럽게 형성되었다는 의견이 지배적이었다.

사실은 전혀 그렇지 않았다.

대부분의 천문학자는 태양계가 형성되는 동안 중심에 있는 태양이 가장 큰 영향을 미쳤다고 믿었다. 덩치로 보나 위치로 보나, 행성보다 우월하다고 생각했기 때문이다. 그러나 태양계가 지금과 같은 모습으로 진화하는 데 결정적 역할을 한 주인공은 태양이 아닌 목성이었다. 일부 천문학자는 목성의 역할을 설명하는 이론을 '그랜드택가설grand tack hypothesis'이라 부른다. 범선이 맞바람을 맞으며 항해할 때 지그재그 패턴을 그리며 나아가는 항해술(이것을 태킹tacking이라 한다)에서 따온 이름이다.

가설의 내용은 다음과 같다. 동결선 바로 바깥에서 수백만 년에 걸쳐 형성된 목성은 원시행성원반과 상호 작용을 교환하면서 나선 궤적을 그리며 서서히 태양 쪽으로 다가갔고, 그 사이에 지금과 거의 같은 크기로 몸집을 불린 토성도 태양 쪽으로 이동하기 시작했다. 그런데 토성은 목성보다 가벼워서 이동 속도가 빨랐기 때문에 어느새 목성에 중력을 행사할 만큼 가까워졌고, 두 행성(목성과 토성)과 원시행성원반 사이의 중력이 격렬해지면서 어느 순간부터 목성과 토성은 방향을 바꾸어 태양으로부터 멀어지기 시작했다. 그리고 이 시기에 천왕성과 해왕성이 형성되었으며, 외행성(태양과의 거리가 지구와 태양 간 거리보다 먼 행성으로 화성, 목성, 토성, 천왕성, 해왕성이 있다)들이 중력을 교환하면서 현재의 궤도로 이동했다.

이상하게 들리겠지만 외행성들 사이에서 벌어지는 복잡한 상대 운동을 분석하면 내행성의 특성 중 상당 부분을 설명할 수 있다. 즉, 외행성은 우주의 진화 과정을 이해하는 데 꽤 많은 실마리를 제공한다. 목성이 원시행성원반을 헤치고 나아가는 광경은 볼링공이 핀을 쓰러뜨리는 모습과 비슷하다. 이 과정에서 일부 물질은 태양으로 빨려 들어가고, 일부는 태양계 바깥으로 흩어졌다. 화성과 소행성 벨트˚asteroid belt의 질량이 의외로 작은 것은 이런 이유 때문이다. 지구보다 큰 원시행성들도 목성의 횡포에 못 이겨 태양과 한몸이 되거나 태양계 밖으로 날아갔을 것이

• 화성과 목성 사이에 소행성이 집중적으로 분포된 지역.

명왕성은 왜 태양계에서 퇴출되었을까?

명왕성은 처음 발견되었을 때부터 태양계에서 매우 유별난 천체였다. 일단, 몸집이 아주 작은데도 거대얼음행성이 있어야 할 곳에서 발견되었다는 점부터 특이하다. 게다가 태양계의 행성들은 공전면이 거의 일치하는데, 유독 명왕성만 여기서 크게 벗어난 궤도를 돌고 있다.

사실 명왕성은 카이퍼 벨트에서 최초로 발견된 천체다. 시적으로 표현하면 시작의 끝이 아니라 (태양계의) '끝의 시작'에 해당한다. 명왕성은 1930년 발견된 후 태양계의 행성으로 대접받다가 2006년 왜소행성dwarf planet으로 강등되어 행성 명단에서 사라졌다.

국제천문연맹International Astronomical Union, IAU의 규정집에는 행성이 갖춰야 할 세 가지 조건이 다음과 같이 명시되어 있다.

- 태양 주변을 공전해야 한다.
- 구형球形이어야 한다.
- 자신의 궤도에 다른 천체가 없어야 한다.

명왕성은 처음 두 가지 조건을 통과했지만 마지막 조건을 충족하지 못하여 태양계에서 퇴출되었다. 태양 주변을 공전하는 구형 천체임은 분명한데, 자체 중력으로 궤도를 지배할 만큼 질량이 크지 않아서 여러 개의 얼음 천체들(이들을 합해서 '플루티노Plutino'라 한다)과 거의 비슷한 궤도를 돌고 있다.

일부 천체물리학자와 행성학자 그리고 어린 시절에 명왕성을 행성으로 배웠던 사람들은 국제천문연맹의 결정에 아직도 비판의 목소리를 높이고 있다. 사실 국제천문연맹이 내세운 기준은 천체의 본질이라기보다 '천체가 발견된 위치'에 초점을 맞춘 것이다. 명왕성을 행성으로 인정하면 그보다 먼 거리에서 성간공간星間

쿼빼을 표류하는 떠돌이행성들까지 태양계에 포함시켜야 한다.

명왕성은 지질 활동이 활발하고, 얇지만 복잡한 대기층을 갖고 있으며, 지하에 액체 상태의 바다가 존재할 가능성도 있다. 그래서 행성학자들은 생명체가 서식할 수 있는 천체로 유로파와 엔켈라두스에 이어 명왕성을 꼽는다.

우주선 뉴호라이즌스(명왕성 탐사를 목적으로 2006년 NASA에서 발사한 무인 탐사선)가 촬영한 사진에 기초하여 컴퓨터로 재현한 명왕성 이미지.

다. 그리하여 지구는 태양계에서 제일 큰 암석행성으로 남게 되었다.

행성의 자리바꿈이 거의 끝나가던 무렵, 목성형행성이 네 개로 정리되면서 얼음행성과 파편이 지구형행성 쪽으로 쏟아지기 시작했고, 그 바람에 지구는 졸지에 '우주 과녁'이 되어 집중포화를 온몸으로 받아냈다. 지구에 존재하는 드넓은 바다는 이 시기에 형성되었을 것으로 추정된다.

 닐 디그래스 타이슨
@neiltyson

#명왕성의 진실: 명왕성은 지구의 위성인 달보다 다섯 배 이상 작다. 이제 그만 좀 잊어버려라.*

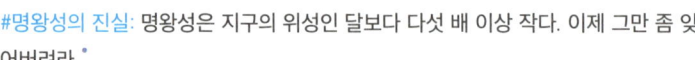

태양계의 끝

지금까지 태양계의 집안 내력을 알아보았으니 다음은 집 밖으로 나갈 차례다. 태양계 바깥에는 무엇이 있으며, 그들은 어떤 과정을 거쳐 지금과 같은 모습으로 존재하게 되었을까?

2019년 새해 첫날, 해왕성 바깥을 여행하던 뉴호라이즌스 우주선이 소형 얼음 천체의 집단 서식지로 알려진 카이퍼 벨트에 도달했다. 처음 마주친 천체에는 '2014 MU69'라는 공식 명칭과 함께 아로코스라는 애칭이 주어졌는데, 파우하탄족Powhatan 언어로 '하늘'이라는 뜻이다. 아로코스는 해왕성보다 훨씬 먼 곳에서 두툼한 원반을 이룬 채 태양 주변을 공전하는 수백만 개의 천체 중 하나로서(카이퍼 벨트에 속한 천체를 뭉뚱그려서 카이퍼 벨트 천체Kuiper Belt Object, KBO라 한다) 주로 물, 암모니아, 메탄과 같은 휘발성 물질로 이루어져 있다. 그러나 이들은 태양과의 거리가 너무 멀기 때문에 건물이 완공된 후 건설 현장에 버려진 잔해 더미처럼 태양계 생성 초기의 형태를 거의 그대로 유지하고 있다.

2003년 카이퍼 벨트에서 몸집이 명왕성과 거의 비슷한 대형 천체 에리스Eris가 발견된 후, 이와 유사한 천체 십여 개가 연달아 발견되었다. 지금의 추세로 볼 때 망원경의 초점을 그곳에 맞춰놓으면 끝없이 나타날 것이다. 지금까지 발견된 카이퍼 벨트 천체 중에는 하우메아Haumea나 마케마케Makemake 같은 희한한 이름도 있는데, 하와이주 빅 아일랜드에 있는 마우나케아천문대의 망원경에 포착되어 이런 이름이 붙었다. 그리고 카이퍼 벨트 천체 중에는 궤도가 불안정한 것이 꽤 많아서 일부 천문

• 명왕성은 자격 미달로 퇴출된 게 아니라, 천문학사에 작은 흔적이나마 남기고 싶어 안달 난 무리들 때문에 강제로 퇴장당한 것이다. 사실 그 '자격'이라는 것을 정한 것도 그들이었다.

학자들은 지구의 열 배쯤 되는 거대한 천체가 카이퍼 벨트 전체를 끌어당기고 있다는 가설을 내놓기도 했다.

카이퍼 벨트를 지나 더 바깥으로 나아가면 얼음 천체로 이루어진 거대한 구름층이 카이퍼 벨트를 도넛처럼 에워싸고 있는데, 이것을 오르트 구름Oort cloud이라 한다.

우리에게 친숙한 태양계(행성, 위성, 소행성)는 사실 태양계의 극히 일부

카이퍼 벨트에 속한 천체의 명명법

카이퍼 벨트에서 새로운 천체가 발견되면 창조 신화 속 인물의 이름을 붙이는 것이 관례다. 그러나 대부분은 공식 절차가 진행되기 전에 애칭부터 결정되곤 한다. 예를 들어 에리스는 그리스 신화에 등장하는 불화의 여신에서 따온 이름이지만, 그전부터 TV 프로그램 속 여전사의 이름인 제나Xena라는 애칭으로 통용되었다. 그리고 부활절 시즌에 발견된 왜행성 마케마케는 남태평양 이스터섬의 원주민이 섬기는 신의 이름을 따서 명명되었는데, 그전부터 이스터버니Easter Bunny(부활절 토끼)로 불렸다.

카이퍼 벨트에서 공전하는 얼음 천체의 상상도로 실제는 그림보다 훨씬 빽빽할 것으로 예상된다.

에 불과하다. 관측 도구와 탐사선의 성능이 개선되면서 태양계는 이전과 비교가 안 될 정도로 크게 확장되었다.

제 4 장

우주의 나이는 몇 살일까?

우주 초창기에 탄생한 최초의 별의 모습
(천체물리학을 예술적 감성으로 구현한 상상도).

- 놀라운 사실 1. 우주마이크로파 배경복사
- 놀라운 사실 2. 마이크로파에 담긴 메시지
- 놀라운 사실 3. 인플레이션 우주
- 놀라운 사실 4. 우주배경복사의 온도 차이
- 우주 거리 사다리
- 놀라운 사실 5. 암흑에너지
- 긴장과 화해
- 놀라운 사실 6. 암흑물질
- 우주의 형성 과정

지금 이 순간, 당신은 종이에 인쇄된 이 글의 현재 모습을 보는 것이 아니라 몇 나노초 전의 모습을 보고 있다. 책에 반사된 빛이 당신의 눈에 도달할 때까지 그만큼의 시간이 소요되기 때문이다. 하늘에 떠 있는 천체도 마찬가지다. 태양에서 방출된 빛은 약 8분이 지난 후에야 지구에 도달한다. 만일 태양이 지금으로부터 5분 전에 폭발했다 해도 우리는 앞으로 3분이 더 지나야 그 사실을 인지할 수 있다.

우주의 나이를 알고 싶다면 가장 먼 천체에서 방출된 빛을 감지해야 한다. 우주는 125억 년 또는 138억 년 전에 시작된 것으로 추정되는데, 학계의 중론은 138억 년 쪽으로 모아지는 분위기다(두 이론의 차이는 잠시 후에 논할 예정이다). 우주의 나이가 138억 년이라는 것은 지금까지 관측된 가장 먼 천체까지의 거리가 138억 광년이라는 뜻이다. 만일 우주가 팽창하지 않고 항상 같은 크기를 유지해왔다면, 관측 가능한 우주의 범위는 '반지름이 138억 광년인 구의 내부'로 정의될 것이다.

그러나 우리의 우주는 처음 탄생한 순간부터 잠시도 쉬지 않고 팽창해왔으며, 그 여파로 모든 은하는 우리로부터 계속해서 멀어져 갔다. 그러므로 이미 관측되었거나 앞으로 관측될 천체를 '관측 가능한 우주'로 정의한다면, 그 범위는 우리를 중심으로 하는 반경 450억 광년짜리 구로 확장된다.

그러나 우주에는 우리가 관측할 수 없는 영역도 있다.

◀ 지상망원경과 우주망원경의 데이터에 기초하여 완성한 '우주 최초의 빛' 상상도.

멀어지는 속도가 광속보다 빠른 천체에서 방출된 빛은 시간이 아무리 흘러도 우리에게 도달할 수 없기 때문이다. 그렇다면 당장 다음과 같은 질문이 떠오른다. "관측 가능한 우주는 전체의 몇 퍼센트나 되는가?" 일부 이론가의 주장대로 관측 가능한 우주가 전체의 극히 일부에 불과하다면 우주의 끝은 (설령 그런 것이 존재한다 해도) 영원히 도달할 수 없는 신기루나 마찬가지다.

우주의 나이는 고사하고, 우주의 지평선 너머에 무엇이 숨어 있을지 어느 누가 알겠는가? 지평선은커녕 망원경에 잡힌 천체들도 수시로 우리를 놀라게 한다. 그나마 다행인 것은 놀랄 때마다 새로운 정보가 얻어지고, 더 많은 질문이 제기된다는 점이다.

놀라운 사실 1. 우주마이크로파 배경복사

온도가 0K(절대온도 0도)보다 높은 물체는 무조건 전자기파를 방출한다. 당신의 몸은 약 37도(310K)이므로 주변에 전자기파를 방출하고 있다. 이때 방출되는 전자기파의 파장은 온도에 따라 다른데, 표면 온도가 약 5,000도인 태양에서 가장 많이 방출되는 전자기파는 가시광선이고 온도가 낮을수록 파장이 길어진다(사람의 몸에서는 적외선이 방출된다). 우주가 아주 어렸을 때 방출된 빛은 우주마이크로파 배경복사의 형태로 지금까지 남아 있다.

캠핑장에서 모닥불을 피우면 복사에너지의 변화를 눈으로 확인할 수 있다. 불이 한창 타오를 때 중심부에 쌓아놓은 숯덩이는 모든 가시광선을 방출하면서 흰색을 띠다가 꺼질 무렵이 되면 붉은색으로 변한다. 이 상태에서 숯은 여전히 가시광선을 방출하고 있지만, 온도가 낮아져서 스펙트럼이 붉은색(긴 파장) 쪽으로 이동한 것이다. 다음 날 아침이 되면 숯은 더 이상 타오르지 않는데도 손으로 만지면 여전히 온기가 느껴진다. 빛은 사라졌지만 온기가 남아 있기에 타고 남은 숯에서도 전자기파(적외선)가 방출되고 있다.

우주는 모닥불 속의 숯과 비슷하다. 초고온, 초밀도 상태로 시작된 우주는 수십억 년 동안 팽창하고 냉각되면서 다양한 전자기파를 방출했는데, 이 복사선을 찾아서 분석하면 우주의 크기와 나이를 대충 짐작할 수 있다.

1964년 미국 뉴저지주의 벨전화연구소에서 근무하던 물리학자 아르노 펜지어스Arno Penzias와 로버트 윌슨Robert Wilson은 실용적이면서 따분한 실험을 진행하다가 본의 아니게 우주에서 날아온 은밀한 메시지를 포착했다. 당시 새로운 기술로 떠오르던 위성 통신은 주로 마이크로파를 이용하여 신호를 전송했는데, 두 사람에게 떨어진 임무는 구식 수신기로 하늘을 스캔하여 통신을 방해하는 잡음의 진원지를 찾아내는 것이었다.

절대온도 0도(0K)는 어떤 온도인가?

우주의 나이는 온도와 밀접하게 관련되어 있다. 그러나 온도를 논하려면 확실한 기준부터 정해야 한다. 사실 추위라는 것은 열의 부재일 뿐이며, 당신이 모을 수 있는 열의 양에는 (적어도 이론적으로는) 한계가 없다. 그러나 열을 계속 소비하다 보면 더는 소비가 불가능한 하한선에 도달하게 되는데, 이 지점이 바로 -273.15도, 즉 절대온도 0K다. 이런 상태에서는 열에너지가 손톱만큼도 남아 있지 않으므로, 물체의 온도가 0K에 도달하려면 구성입자들이 아무런 미동도 없이 완벽한 정지 상태를 유지해야 한다.

원래 온도는 원자의 운동성을 가늠하는 척도로 정의되었다.* 예를 들어 실온에

---

* 좀 더 구체적으로 말하면 온도란 구성입자들이 보유한 운동에너지의 평균값이다.

서 공기분자는 제트기와 거의 비슷한 속도로 움직이지만 이동 거리가 매우 짧다. 지금도 과학자들은 인공적으로 0K에 도달하기 위해 무진 애를 쓰고 있는데, 2003년 MIT의 물리학자들이 나트륨 기체를 1000억 분의 45K까지 냉각하여 이 분야의 신기록을 수립했다.

펜지어스와 윌슨은 수신기를 이리저리 돌리다가 이상한 현상을 발견했다. 수신기를 어떤 방향으로 세팅해도 항상 똑같은 강도의 잡음이 감지되었던 것이다. 이럴 때는 으레 실험 장비를 의심하기 마련이어서 두 사람은 커다란 나팔처럼 생긴 안테나 안으로 기어 들어가 이물질을 제거하기 시작했다. 때마침 그곳에는 비둘기 한 쌍이 둥지를 틀고 있었기에, 펜지어스와 윌슨은 비둘기를 쫓아내고 (그들의 표현에 의하면) '흰색 유전체'를 말끔하게 제거했다. 쉽게 말해서 비둘기의 배설물을 닦아냈다는 뜻이다. 그런데 이런 중노동에도 불구하고 마이크로파 잡음은 좀처럼 사라지지 않았다.

펜지어스와 윌슨은 가까운 곳에 있는 프린스턴대학교의 물리학자들에게 조언을 구했는데, 그들은 안테나(수신기)에 잡힌 잡음이 인공적인 신호가 아니라 우주에서 날아온 복사선일 것으로 추측했다. 그렇지 않고서는 모든 방향에서 똑같은 강도로 수신될 리가 없기 때문이다. 그렇다면 복사선의 정체는 무엇인가? 물리학자들은 그것이 아득한 옛날에 뜨거웠던 우주에서 방출된 복사파이며, 수십억 년이 지나는 동안 우주가 냉각됨에 따라 파장이 길어져서 마이크로파의 형태로 남아 있는 것이라고 했다. 캠프파이어에 사용된 숯이 그랬듯이 우주도 자신의 온도에 맞는 복사(전자기파)를 방출하고 있었던 것이다.

이 놀라운 발견 덕분에 우리는 빅뱅이 일어난 뒤 고작 수십만 년밖에

아르노 펜지어스와 로버트 윌슨이 사용했던 마이크로파 수신용 안테나. 두 사람은 이 투박하게 생긴 장비로 '빅뱅의 메아리'에 해당하는 우주마이크로파 배경복사를 발견했다. 과학자들은 이것을 20세기 최고의 발견 중 하나로 꼽는다.

지나지 않은 아득한 과거를 들여다볼 수 있게 되었다. 그 후로 과학자들은 탐사 위성을 띄워서 우주 전역에 걸친 배경복사를 관측했고, 이로부터 우주가 빅뱅에서 시작되었음을 확신할 수 있었다. 그동안 뜬구름 잡는 가설로 여겨져 왔던 빅뱅이론이 확고한 과학이론으로 인정받게 된 것이다.

펜지어스와 윌슨은 이 공로를 인정받아 1978년 노벨물리학상을 받았다.

> **모 아니면 도**
>
> 비둘기 이야기가 나온 김에 한마디. 전하는 소문에 의하면 로버트 윌슨은 우주배경복사가 천문학의 역사를 바꿀 위대한 발견이라는 이야기를 듣고 이렇게 중얼거렸다고 한다. "그렇다면 펜지어스와 나는 비둘기 똥을 발견했거나, 우주의 기원을 발견했거나, 둘 중 하나일 것이다."

놀라운 사실 2. 마이크로파에 담긴 메시지

우주마이크로파 배경복사가 어디에서 왔는지 그 출처를 잠시 생각해보자. 앞서 말한 대로 우주에 존재하는 물질은 빅뱅 후 한동안 플라스마 상태로 존재했으며, 격렬한 팽창을 겪으면서 약 38만 년이 지났을 때 열기가 어느 정도 식어서 안정적인 원자가 형성되기 시작했다.

원자가 형성되자 우주는 비로소 투명해졌고, 모든 파장대波長帶의 전자기파가 방출되어 공간을 자유롭게 날아다녔다. 그 후 공간이 계속 팽창함에 따라 전자기파의 파장이 점차 길어져서 현재의 마이크로파에 해당하는 온도까지 도달한 것이다. 그러므로 우주마이크로파 배경복사에는 우주에 원자가 처음 형성되던 시기의 정보가 담겨 있다. 즉, 우주의 과거를 보여주는 일종의 타임머신인 셈이다.

처음에 과학자들은 우주배경복사의 온도 분포를 보고 깜짝 놀랐다. 우주 전역에 걸쳐 온도가 1만 분의 1 이내로 균일했기 때문이다.* 초창기에 우주의 모든 지역이 '열적 접촉'을 겪지 않는 한, 이런 일은 절대 있을 수 없다. 온도가 완벽하게 조절되는 초현대식 주택도 각 방의 온도 차는

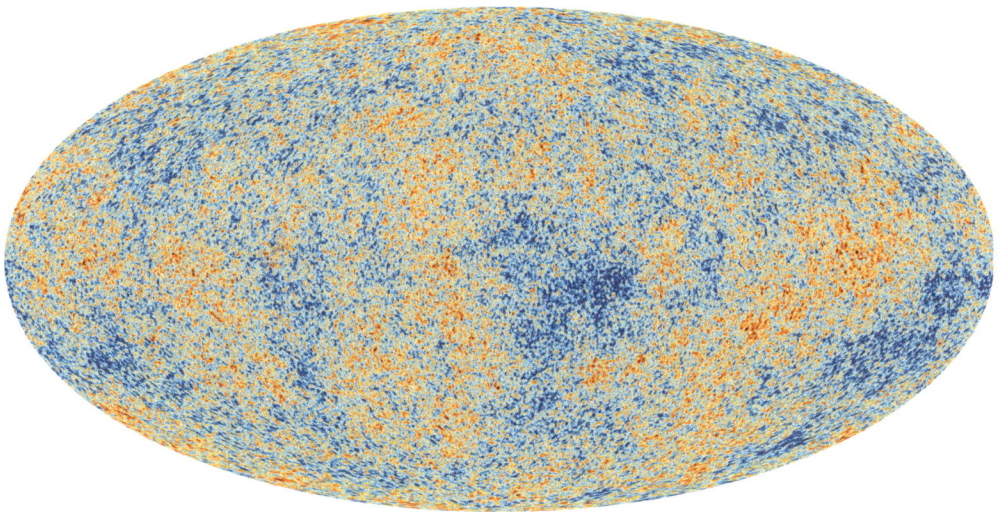

관측 데이터에 기초하여 만든 우주마이크로파 배경복사(우주 초창기에 방출된 열의 잔해)의 온도 분포. 각 지점의 온도는 색으로 표현되어 있는데 미세한 차이가 눈에 뜨인다.

이보다 크다. 달랑 집 한 채도 이 지경인데, 방대한 우주에서 모든 곳의 온도가 어떻게 균일할 수 있다는 말인가?

온도로부터 우주의 크기와 나이를 추측하는 비결은 바로 이 미스터리에서 시작되었다. 배경복사의 기원은 우주가 처음 형성되던 시기로 거슬러 올라간다. 앞서 말한 대로 빅뱅이 일어난 순간부터 원자가 형성될 때까지 약 38만 년이 걸렸는데, 이 정도면 우주의 두 부분이 각기 다른 빠르기로 식어서 완전히 다른 온도에 도달하기에 충분히 긴 시간이다.

그런데 우주 각 지역의 온도는 어떻게 1만 분의 1 오차 이내로 균일해질 수 있었을까? 천문학자들은 이것을 지평선 문제horizon problem 또는 균질성 문제homogeneity problem라고 불렀다. 모든 지역의 온도가 같아지

- 온도의 차이가 1만 분의 1도 이하라는 뜻이 아니라, 인근 지역과의 온도차 비율이 1만 분의 1 이하라는 뜻이다.

려면 우주는 탄생 초기에 엄청나게 빠른 속도로 팽창해야 한다. 이를 설명하기 위해 탄생한 것이 바로 그 유명한 '인플레이션이론inflation theory'이다.

1만 분의 1

1만 분의 1이 얼마나 작은 값인지 감이 오는가? 1미터짜리 자 두 개를 서로 맞대서 길이를 비교했을 때 그 차이가 머리카락 굵기와 비슷하다면, 두 자의 길이는 1만 분의 1만큼 차이가 난다.

놀라운 사실 3. 인플레이션 우주

실험입자물리학elementary particle physics은 현대 과학이 쌓아 올린 금자탑이자 우주의 나이를 알아내는 데 반드시 필요한 이론이다.

아득한 옛날, 갓 태어난 우주는 너무 뜨거워서 물질이 서로 격렬하게 충돌했고, 그 와중에 모든 것은 가장 기본적인 단위로 낱낱이 분해되었다. 즉, 우주 진화의 첫걸음은 입자의 상호 작용에서 시작되었다고 봐도 무방하다. 그러므로 가장 큰 것(관측 가능한 우주)을 이해하려면 가장 작은 것(기본입자)의 특성부터 알아야 한다.

1979년 앨런 거스Alan Guth를 비롯한 일단의 미국 물리학자들은 초기 우주의 급속한 팽창에 기반을 둔 '인플레이션 우주inflationary universe'를 제안하여 현대 우주론의 서막을 열었다. 굳이 이런 이름을 붙인 이유는 당시 미국의 물가 상승률이 10퍼센트를 넘을 정도로 극심한 인플레이션에 시달렸기 때문이다.

　인플레이션 우주론은 아직 완성되지 않았지만 일부 기본적인 특징은 관측 결과를 매우 만족스럽게 설명해준다. 앨런 거스는 최신 입자물리학particle physics을 적용하여 초기 우주의 특성을 분석한 끝에, 빅뱅 후 10^{-35}초 만에 우주가 순간적으로 얼어붙었음을 알게 되었다.

　무언가가 얼어붙었다는 것은 상전이가 일어났다는 뜻이다. 그리고 물을 비롯한 일부 물질은 액체에서 고체로 변할 때 부피가 커진다. 추운 겨울날 수도관이 동파되는 것은 바로 이런 이유 때문이다. 앨런 거스는 우주가 이와 비슷한 위상변화를 겪으면서 아주 짧은 시간 동안 말도 안 될 정도로 빠르게 팽창했다고 주장했다.

　꽤 흥미로운 가설이다. 그의 주장이 옳다면 인플레이션이 일어나기 전으로 필름을 거꾸로 돌렸을 때, 우주의 크기는 우리의 예상보다 훨씬 작을 것이다. 이는 곧 우주의 모든 지역이 극도로 빽빽하게 붙어 있어서 동일한 온도(열평형 상태)에 쉽게 도달할 수 있음을 의미한다. 이런 상태에서 급팽창(인플레이션)이 일어난다면 균일했던 온도가 우주 전 지역에 도장처럼 각인될 것이다.

　이뿐만이 아니다. 공간이 급속하게 팽창하면 구불구불했던 곳이 평평해지면서 미세한 굴곡만 남듯이, 온도도 거의 균일해지면서 아주 작은 차이만 남게 된다. 인플레이션이론은 이런 논리로 지평선 문제까지 해결하게 된다.

놀라운 사실 4. 우주배경복사의 온도 차이

우주배경복사의 미세한 온도 차가 얼마나 중요한 역할을 했는지 이해하기 위해 원자가 형성되기 전의 우주로 되돌아가 보자. 이 시기에 모든 물질은 플라스마 상태로 존재했고, 양성자와 전자 같은 하전입자들은 전자기파로 가득 찬 바다를 표류하고 있었다(단, 전자기파는 하전입자의 방해를 받아 멀리 나아가지 못했으며, 이로 인해 공간은 불투명한 상태였다). 어쩌다가 물질이 서로 뭉치려 해도 고에너지 복사가 작렬하여 덩어리를 산산이 흩어놓았고, 그럴 때마다 플라스마에 파동이 생성되었다. 이것은 공기 중의 음파sound wave와 비슷하기 때문에 종종 '음파acoustic wave' 또는 '음향 진동acoustic oscillation'이라 불린다.

시간이 흐르면서 플라스마의 밀도는 자연스럽게 지역마다 달라지기 시작했고, 밀도가 높은 지역에서는 더욱 복잡한 파동이 형성되었다. 짐작하건대 잔잔한 연못에 돌멩이 한 줌을 던졌을 때 나타나는 물결 패턴과 비슷했을 것이다. 이 진동 패턴은 원자가 형성되고 복사가 방출될 때까지 플라스마를 통해 전달되었으며, 여기에 복사가 도장처럼 새겨져서 우주 각 지역에 '동결froze'되었다.

▶ 인플레이션을 촉진한 암흑에너지의 상상도(실제 암흑에너지는 눈에 보이지 않는다).

그렇다면 물질이 밀집되어 있는 '은하'는 어떻게 형성되었을까? 바로 이 시점부터 암흑물질이 주인공으로 등장한다. 암흑물질이 존재하는 곳은 다른 곳보다 밀도가 높아서 강한 중력으로 주변 물질을 끌어당겼고, 이런 지역이 훗날 은하로 자라나게 되었다. 그래서 우주의 나이를 알려면 우주배경복사와 은하의 분포

 닐 디그래스 타이슨
@neiltyson

우주는 처음 탄생한 후 지금과 같은 모습을 갖추는 데 무려 138억 년이나 걸렸다······.

♡ 172   ⟲ 785   ♥ 672   2013년 10월 26일 오후 8:44

> **아주 작은 수**
>
> 인플레이션이 시작될 때 우주의 나이는 10^{-35}초였다. 소수점 아래로 0이 34번 나열된 후 1이 등장하는 수인데, 십진 표기법으로 쓰면 0.000000000000000000000000000000000001이다. 이 값은 당신이 지금까지 겪었던 어떤 값보다도 작으니 굳이 상상하려고 애쓸 필요는 없다(어차피 가능하지도 않다). 참고로 세계에서 가장 빠른 컴퓨터는 10^{-18}초마다 하나의 연산을 수행할 수 있는데, 이 정도면 엄청나게 빠르지만 10^{-35}초와 비교하면 영겁처럼 긴 시간이다.

지도를 알아야 하는 것이다.

천체물리학자들은 유럽우주국의 플랑크 위성 Planck satellite이 수집한 배경복사 온도 데이터와 은하 관측 자료를 첨단 장비로 분석한 끝에 우주의 나이가 138억 년이라는 결론에 도달했다.

그러나 100퍼센트 믿을 만한 수치는 아니다. 우주의 나이를 다른 방법으로 측정하면 다른 결과가 얻어지기 때문이다.

우주 거리 사다리

우주배경복사를 잘 활용하면 우주의 나이를 알 수 있다. 그러나 이것만이 유일한 방법은 아니다. 과학을 하다 보면 하나의 답을 구하는 데 여러 방법이 존재하는 경우를 흔히 접하게 된다. 그리고 다른 방법을 적용했는데도 동일한 결과가 얻어진다면, 적용된 가설과 데이터의 신뢰도가 한층 더 높아진다. 물론 이상적인 경우라면 어떤 방법을 적용해도 똑같은 결과가 얻어질 것이다.

우주의 나이를 계산하는 또 한 가지 방법은 우주의 구조와 밀접하게 관련되어 있다. 그런데 이 방법을 적용하면 머나먼 천체까지의 거리를 알아야 하는 난관에 직면하게 된다. 앞서 논했던 별의 밝기를 떠올려보자. 희미한 천체는 원래 어두워서 그럴 수도 있지만, 충분히 밝은데 거리가 멀어서 희미하게 보일 수도 있다. 그러므로 우주에서 거리를 가늠하려면 '우주 거리 사다리'로 되돌아가야 한다.

당신이 어떤 '거리'를 측정한다고 가정해보자. 거실 탁자나 방 안에서 거리를 잰다면 평범한 줄자로 충분하다. 도시의 크기를 잴 때는 다른 도

유럽우주국에서 발사한 가이아 위성Gaia satellite의 상상도. 이 위성은 태양 주변을 공전하면서 10억 개의 별을 3차원 지도로 구현하는 야심 찬 임무를 수행하고 있다.

가이아 위성이 촬영한 은하수의 전경. 사진에는 약 20억 개의 별이 포착되었다. 은하수를 이루는 대부분의 별은 중앙을 가로지르는 은하 평면galactic plane(은하 원반)에 놓여 있다.

구가 필요한데, 자동차의 주행 거리계가 유용할 것이다.

범위를 넓혀서 도시 사이의 거리를 측정하려면 위성 데이터가 필요할 수도 있다. 이처럼 측정 대상의 규모에 따라 각기 다른 도구가 사용되는데, 하나의 대상을 두 가지 이상의 다른 방법으로 측정하여 결과를 비교하는 것도 중요하다. 동일한 결과가 나와야 각 측정법을 신뢰할 수 있고, 우주 거리 사다리의 여러 가로대가 올바르게 연결되었음을 확인할 수 있기 때문이다.

앞에서 우리는 우주 거리 사다리의 처음 두 단계를 이미 오른 적이 있다. 거리를 계산하는 가장 간단한 방법은 삼각 측량, 즉 시차를 이용하는 것이다. 멀리 떨어진 물체에 대한 시선의 각도를 측정한 후 간단한 기하학을 적용하면 물체와 나 사이의 거리를 계산할 수 있다. 2013년 유럽우주국에서 발사한 가이아 위성은 수억 개에 달하는 별의 시차를 측정하여 우주 거리 사다리의 첫 번째 가로대 적용 범위를 대략 25,000광년까지 확장시켰는데, 여기에는 세페이드 변광성도 포함되어 있다.

여기에 헨리에타 레빗의 표준촛불을 적용하면 다른 은하까지의 거리도 알 수 있다. 그러나 거리가 1억 광년을 초과하면 은하의 별을 일일이 식별할 수 없기 때문에 이 방법으로 우주의 나이와 크기를 알아내려면 새로운 측정 도구(새로운 표준촛불)를 찾아야 한다.

놀라운 사실 5. 암흑에너지

우주 거리 사다리를 확장하는(즉, 세 번째 가로대를 추가하는) 가장 좋은 방법은 먼 거리에서도 보이는 표준촛불을 찾는 것이다. 다행히도 자연은 여기에 딱 맞는 천체를 제공해주었다. 바로 'Ia(one-a)형 초신성 type Ia supernova'이다.

이 초신성은 두 개의 별이 서로 상대방을 중심으로 공전하는 연성계連星系, double star system에서 둘 중 하나가 백색왜성인 경우에 나타난다. 백색왜성은 태양과 질량이 비슷하지만 크기가 100만 배쯤 작아서 밀도가 태양보다 100만 배 높다. 이런 별이 주변 물체를 끌어당기다가 질량이 태양의 1.4배에 도달하면 엄청난 압력에 의해 일련의 열핵반응이 일어나면서 별을 통째로 날려버린다(이 한계점을 '찬드라세카르 한계 Chandrasekhar limit'라 한다. 인도 출신 미국인 물리학자 수브라마니안 찬드라세카르의 이름에서 따온 용어다).

이렇게 탄생한 Ia형 초신성은 처음 몇 주 동안 자신이 속한 은하 전체보다 밝은 빛을 방출하기도 한다. 또한 모든 Ia형 초신성은 비슷한 질량의 백색왜성이 폭발한 것이어서 밝기가 거의 똑같기 때문에 먼 거리에서 밝기의 기준을 정해주는 표준촛불로 안성맞춤이다.

Ia형 표준촛불을 이용하여 우주의 나이를 추정하는 작업은 1990년대부터 시작되었는데, 대부분의 천체물리학자는 은하들 사이의 중력 때문에 우주의 팽창 속도가 서서히 느려질 것으로 예상했다.

그러나 관측 결과는 정반대의 이야기를 하고 있었다. 과학에서 이런 일은 수시로 일어난다. 데이터를 분석해보니 멀리 있는 은하들은 예상했던 것보다 어둡게 나타났고, 이는 곧 우주의 팽창 속도가 점점 빨라지고 있음을 의미했다. 어떻게 그럴 수 있을까? 상식적으로는 도저히 말이 안 된다. 지구에서 위로 던져진 물체는 아래로 향하는 중력 때문에 위로 갈수록 속도가 줄어들기 마련이다. 그리고 고도가 어느 한계에 도달하면

뱀주인자리 Ophiuchus에 있는 RS 오피우키 연성계 RS Ophiuchi double star system의 상상도. 백색왜성과 적색거성이 중력으로 묶인 채 공전하다가 백색왜성의 질량이 찬드라세카르 한계에 도달하면 거대한 폭발을 일으키면서 초신성이 된다.

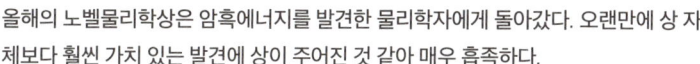

> 올해의 노벨물리학상은 암흑에너지를 발견한 물리학자에게 돌아갔다. 오랜만에 상 자체보다 훨씬 가치 있는 발견에 상이 주어진 것 같아 매우 흡족하다.
>
> ♡ 49　⇄ 230　♥ 53　　2011년 10월 4일 오후 6:37

다시 아래로 떨어진다. 빅뱅 후 우주가 팽창한 것도 이와 비슷한 상황이므로 시간이 흐를수록 팽창 속도는 느려져야 할 것 같다. 그런데 무슨 수로 팽창 속도가 점점 더 빨라진다는 말인가? 미국의 천체물리학자 마이클 터너Michael Turner는 이 미스터리한 현상을 설명하기 위해 '암흑에너지'라는 새로운 개념을 도입했다. 암흑물질은 다른 물질을 끌어당기는 반면, 암흑에너지는 물질을 밀어낸다. 왜냐고? 그건 아무도 모른다. 그저 암흑에너지가 물질을 밀어낸다고 가정해야 팽창 속도가 점점 빨라지는 이유를 설명할 수 있다. 아무튼 암흑물질과 암흑에너지는 이름만 비슷할 뿐 공통점이 전혀 없으므로 굳이 이들을 연결지어 생각할 필요는 없다.

다음 절에서 언급되겠지만, 우주배경복사 데이터를 논리적으로 설명하려면 암흑에너지가 반드시 필요하다. 그 정체는 아직도 오리무중인데 우주론에서 VIP 대접을 받고 있으니 참으로 아이러니가 아닐 수 없다. 머나먼 우주의 초신성을 연구하면서 암흑에너지의 발견을 촉진했던 미국의 천체물리학자 애덤 리스Adam Riess와 솔 펄머터Saul Perlmutter 그리고 브라이언 슈밋Brian Schmidt은 이 공로를 인정받아 2011년 노벨물리학상을 공동 수상했다.

그러나 잠깐! 이게 전부가 아니다. 애덤 리스가 이끌던 연구팀은 우주 거리 사다리의 새로운 단계로 올라서서 허블우주망원경의 성능을 극한까지 밀어붙이다가 또 하나의 놀라운 사실을 발견했다. 이들이 계산한 팽

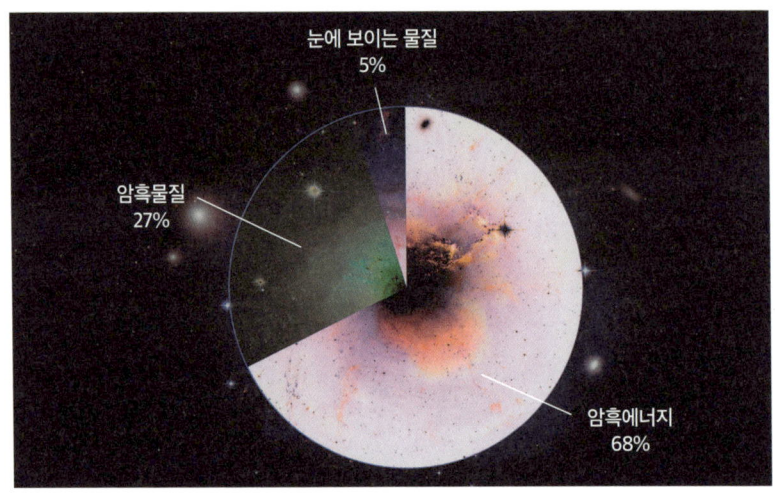

우리가 알고 있는 물질은 우주의 5퍼센트에 불과하다. 나머지 95퍼센트는 간접적으로 측정할 수 있지만, 그 정체는 아직도 오리무중이다.

창의 역사가 우주배경복사로 계산한 138억 년보다 짧은 125억 년으로 나온 것이다. 둘 다 100억 년을 가뿐하게 넘겼으니 10억 년 정도의 차이는 눈감아 줄 법도 하다. 친구 사이에 10억 년이 뭐 그리 대수인가? 그러나 문제는 두 수치 모두 나름대로 정밀한 데이터와 정교한 논리를 통해 얻은 결과라는 점이다. 오차를 고려해도 두 값이 겹치는 범위가 없으니 둘 다 옳을 수는 없다. 둘 중 하나가 틀렸거나 둘 다 틀렸다고 봐야 한다.

이 문제를 어떻게 해결해야 할까?

긴장과 화해

우리에게는 우주의 나이를 계산하는 두 가지 방법이 주어져 있다. 그런데 난처하게도 두 방법으로 계산한 값이 서로 다르다. 우주배경복사를 분석해서 얻은 값은 138억 년이고, 우주 거리 사다리의 새로운 칸에 올

> **닐 디그래스 타이슨**
> @neiltyson
>
> 전 세계 여러분, 미국을 포기하지 말아주세요. 요즘 미국에는 미터법을 쓰는 사람이 점점 많아지고 있답니다.*
>
> 💬 2K　⟲ 11.8K　♡ 67.4K　　2017년 7월 22일 오전 7:49

라서서 얻은 값은 125억 년이다.

두 값 사이에 조성된 팽팽한 긴장감은 의외로 쉽게 풀릴 수 있다. 이 세상에 완벽한 측정이란 존재하지 않는다는 사실을 받아들이면 된다. 무언가를 제아무리 정밀하게 측정한다 해도 도달할 수 있는 정확도에는 분명히 한계가 있다.

예를 들어 당신이 방의 크기를 측정한다고 가정해보자. 아마도 당신은 기다란 막대나 줄자를 사용할 것이다. 그러나 측정에 아무리 심혈을 기울여도 당신이 얻은 값에는 오차가 수반되기 마련이다. 미국에서 생산한 자는 16분의 1인치 단위로 눈금이 새겨져 있기 때문에 이런 도구로는 방의 길이가 10피트 32분의 5인치인지, 아니면 10피트 32분의 6인치인지 판별할 수 없다. 자의 눈금을 좀 더 세분화해서 32분의 1인치 간격으로 새긴다 해도, 10피트 64분의 11인치와 10피트 64분의 12인치의 차이를 구별할 수는 없다. 즉, 방의 크기를 정확하게 아는 데는 근본적인 한계가 있으며, 당신의 측정에는 '수치로 나타낼 수 있는' 불확실성이 존재한다.

대륙의 크기를 측정할 때는 불확실성이 더욱 커진다. 모든 대륙은 당

---

* 그렇지 않아도 이 책을 번역하면서 파운드와 인치를 킬로그램과 센티미터로 환산하느라 몹시 번거로웠다.

연히 해안에서 끝난다. 그런데 해안이란 무엇인가? 밀물과 썰물이 하루에도 두 번씩 오락가락하는 상황에서 해안을 어떻게 정의해야 하는가? 밀물 때 해안과 썰물 때 해안의 평균? 좋다. 그런데 밀물이나 썰물 때의 해안선도 정확한 측정이 불가능하다. 태양-지구 사이의 거리와 지구-달 사이의 거리가 일정하지 않아서 밀물 수위가 수시로 변하기 때문이다.

그러므로 결과의 신뢰도가 어느 수준에 도달하면 더 이상 따지지 말고 합의를 봐야 한다.

측정 장비가 제아무리 정밀해도 거기에는 분명히 '최소 단위 눈금'이라는 것이 존재한다. 그러므로 당신이 얻은 숫자의 마지막 자리에는 불확실성(오차)이 끼어들 수밖에 없다. 과학에서 이 불확실성은 실험을 여러 번 실행했을 때 나올 수 있는 값의 범위를 나타낸다. 예를 들면 미국산 자로 방의 크기를 측정한 후, 최종 결과의 끝자락에 '±16분의 1인치'라고 추가하는 식이다.

측정 장비에 새겨진 눈금의 크기는 불확실성을 야기하는 여러 요인 중 하나일 뿐이다. 가끔은 눈금과 전혀 무관한 곳에서 오류가 발생하기도 한다. 2011년 스위스 제네바에 있는 유럽입자물리연구소Conseil Européen pour la Recherche Nucléaire, CERN에서 일단의 물리학자들이 빛보다 빠르게 움직이는 입자를 발견했다는 충격적인 논문을 발표했다. 만일 이것이 사실이라면 아인슈타인의 특수상대성이론은 당장 수술대 위로 올라가야 했다. 그런데 결과가 하도 의심스러워서 실험을 다시 해보니 광섬유 케이블의 연결 상태가 불량해서 생긴 오류였다. 측정상의 불확실성이 아닌 장비 자체의 결함 때문에 오차가 발생한 경우다. 펜지어스와 윌슨이 우주배경복사를 발견하기 전에 비둘기 부부를 쫓아내고 배설물을 닦은 것도 관측 장비의 결함을 줄이려는 시도였다.

순전히 통계적인 이유로 불확실성이 개입되는 경우도 있다. 만일 당신이 자국민의 평균 신장을 파악하기 위해 한 마을에서 열 명을 무작위로 골라 키를 측정했는데, 때마침 이동 중인 프로 농구팀이 그 마을에 머물고 있었다면 당신이 얻은 결과는 사실에서 크게 벗어날 것이다. 여론 조사관들은 이 사실을 잘 알고 있기에 가능한 한 모집단을 키우려고(최소 1,000명 이상) 무진 애를 쓰고 있지만, 그래도 ±3퍼센트의 오차를 극복하기는 어렵다. 오차를 줄이려면 모집단을 100만 명 또는 그 이상으로 늘려야 한다.

그 외에 분석상의 실수로 오차가 발생할 수도 있다. 당신이 길이를 측정하기 위해 미국산 자를 구입했는데, 야드(yd, 1야드=0.9144미터) 단위로 새겨진 눈금을 미터로 착각했다면 아무리 정밀하게 측정해도 9퍼센트의 오차가 발생할 것이다. 이처럼 알려지지 않은 배경효과(예를 들어 당신이 측정한 방의 벽이 삐뚤어져 있는데 그 사실을 모르는 경우 등) 때문에 의외의 결과가 얻어지는 경우도 종종 발생한다.

올바른 질문

하나의 물리량을 두 가지 방법으로 계산했는데 각기 다른 값이 얻어졌다면(게다가 모든 가정을 재검증하고 실험 데이터를 철저하게 재확인한 후에도 달라지는 게 없다면) 당신에게 그 물리량을 계산하도록 만든 질문 자체가 올바른지 의심해볼 필요가 있다. 사랑의 온도는 몇 도인가? 지표면의 끝은 어디인가? 달은 어떤 종류의 치즈로 이루어져 있는가? 이런 질문은 문법적으로 하자가 없지만 질문 자체가 잘못되었기 때문에 답을 찾을 수 없고, 억지로 답을 찾는다 해도 물리적 의미를 부여할 수 없다. 혹시 "우주의 나이는 몇 살일까?"라는 질문도 이런 범주에 속해서 답이 여러 개로 나온 게 아닐까?

> **닐 디그래스 타이슨** ✓
> @neiltyson
>
> 가상의 존재면서 관측되지도 않은 에테르와 달리 암흑에너지는 분명히 관측되는 양이다. 다만, 그 정체가 아직 규명되지 않았을 뿐이다.
>
> 💬 57   🔁 138   ♡ 34   2011년 10월 5일 오후 3:43

여기에는 이견의 여지가 없다. 정확한 과학은 결코 쉽게 이루어지지 않는다.

몇 년 전, 우주의 나이가 두 개의 값으로 얻어졌을 때 과학자들은 별로 놀라지 않았다. 처음에는 두 값 모두 오차 범위가 커서 겹치는 구간이 있었기 때문이다. 이런 경우 '우주의 정확한 나이는 그 구간 내의 어떤 값'이라고 생각하면 그만이다. 그러나 두 연구팀이 정확도를 높이기 위해 오차 범위를 계속 줄이다 보니 어느 순간부터 겹치는 구간이 사라져 버렸다.

현재 우주배경복사로 계산된 나이는 137억 9900만±2100만 년이고, 초신성에 기초하여 계산된 나이는 125억±3억 년이다. 오차를 아무리 후하게 고려해도 두 값 사이에는 9억 7800만 년이라는 차이가 존재한다. 이런 불일치는 측정값을 분석하는 과정에서 아직 알려지지 않은 어떤 효과 때문에 발생했을 가능성이 높다. 애덤 리스도 마음이 편치 않았다. 그는 두 값의 차이가 "더 이상 요행수를 기대할 수 없을 정도로 심각한 지경에 이르렀다"고 언급했다.

▶ 유럽입자물리연구소의 대형강입자충돌기 Large Hadron Collider, LHC에 연결된 입자감지기 ATLAS의 내부 모습. 대형강입자충돌기에서 빛의 속도에 가깝게 가속된 입자들이 정면충돌하면 여러 조각으로 분해되는데, 가끔은 아직 발견된 적 없는 새로운 입자가 나타날 때도 있다.

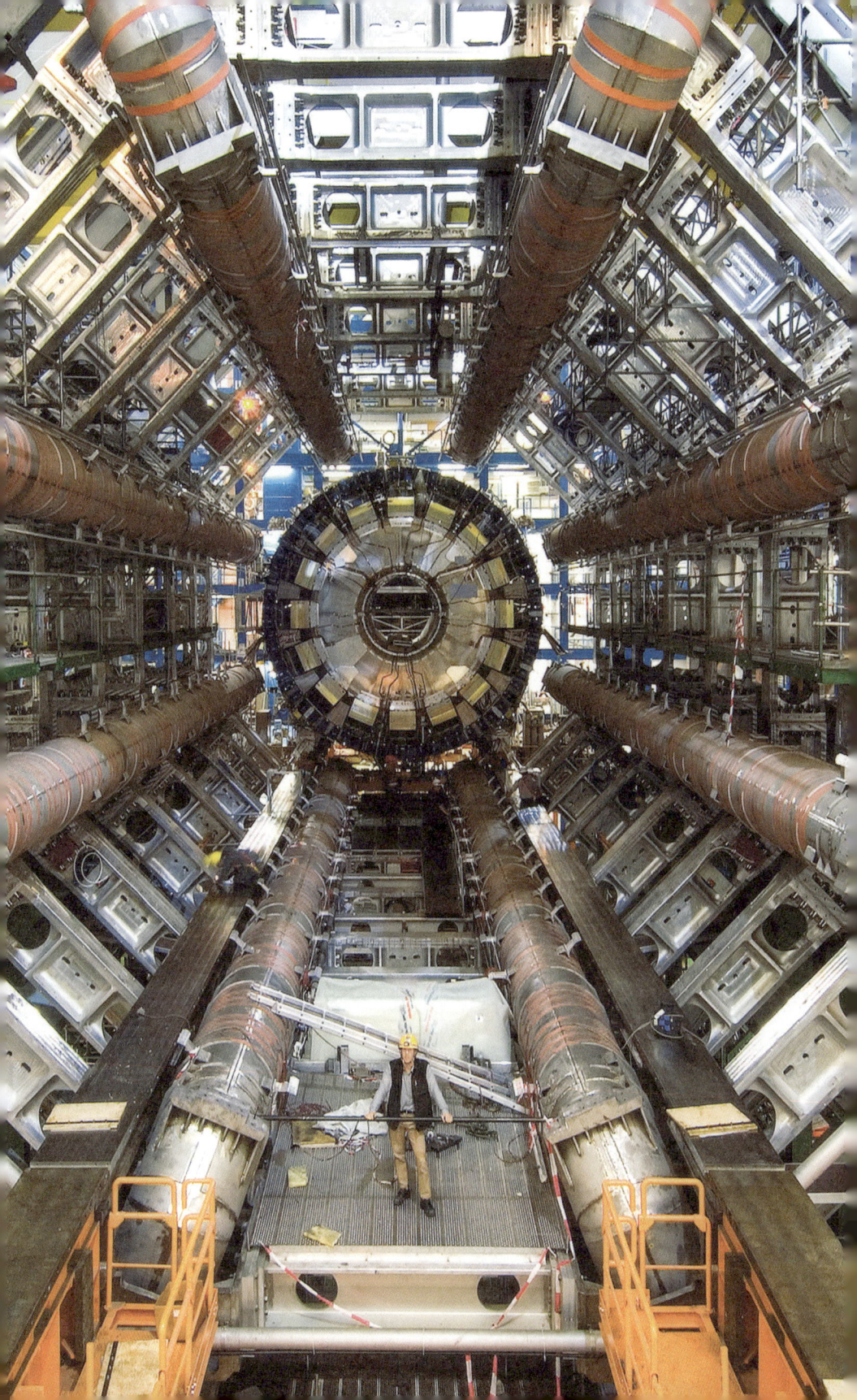

> **정확성과 정밀성**
>
> 100분의 1초 단위로 시간을 알려주는 디지털 시계는 지나칠 정도로 '정밀한' 장치다. 사실 일상생활에서 이 정도로 정밀한 시계가 필요한 경우는 거의 없다. 그러나 이토록 정밀한 시계가 정시보다 6분 빠르게 가고 있다면 아무리 정밀해도 부정확한 시계가 된다. 과학은 정밀성보다 '정확성'을 추구하는 학문이다. 내가 얻은 답이 맞는가? 예상되는 범위 안에 들어왔는가? 일단 이 관문부터 통과해야 측정의 정밀도를 높여서 더욱 정확한 답으로 접근할 수 있다.

놀라운 사실 6. 암흑물질

지금까지 우리는 우주의 크기와 나이를 추정하면서 양성자처럼 일상적인 원자에서 발견되는 친숙한 입자만을 고려해왔다. 따지고 보면 과학 자체가 일상적인 물질의 특성을 연구하는 학문이다. 그러나 관련 지식이 쌓이다 보니 눈에 보이는 것보다 보이지 않는 것이 더 많다는 황당한 결과에 직면하게 되었다.

1930년대 초, 천문학자들은 은하단* cluster of galaxies 을 관측하던 중 이들이 망원경으로 보이는 물체의 중력보다 훨씬 강한 힘으로 뭉쳐 있다는 사실을 알게 되었다. 그 후 1970년대 미국의 천문학자 베라 루빈이 하나의 은하(은하수) 안에서 동일한 현상을 발견했다. 은하를 구성하는 별들의 공전 속도가 예상보다 너무 빨랐던 것이다. 지금과 같은 속도로

• 수백~수천 개의 은하들이 중력에 의해 뭉쳐 있는 초대형 집단.

>  닐 디그래스 타이슨
> @neiltyson
>
> 우리가 알고 있는 물질과 에너지는 모두 합해도 우주의 5퍼센트에 지나지 않는다.
>
> '암흑물질'과 '암흑에너지'가 나머지 95퍼센트를 차지하는데, 이들의 정체는 아직도 미스터리하다. 그저 이들이 존재한다는 사실만 알려져 있을 뿐이다. 천체물리학자에게는 몹시 당혹스러우면서도 신나는 일이다. 왜냐고? 우주의 95퍼센트가 '노다지'라는 뜻이기 때문이다!
>
> 890 2.7K 21.8K   2020년 5월 17일 오후 4:58

공전한다면 중력보다 원심력이 커서 은하가 산산이 흩어져야 하는데, 우리은하는 원래 모습을 멀쩡하게 유지하고 있었다. 이 현상을 설명하는 방법은 단 하나밖에 없다. 눈에 보이는 천체들(우리에게 친숙한 물질)이 복사를 방출하지 않고 전자기파와 상호 작용을 하지도 않으면서 오직 중력만 행사하는 희한한 물질로 에워싸여 있다고 가정하는 것이다. 그 후로 이 수수께끼의 물질은 '암흑물질'로 불리게 된다.

베라 루빈 이후 반세기 동안 다양한 환경에서 암흑물질의 증거가 발견되었고, 이들이 은하의 형성 과정에 중요한 역할을 해온 것으로 밝혀졌다. 즉, 암흑물질은 우주의 크기와 나이를 추정하는 데 반드시 필요한 요소였던 것이다. 현재 천체물리학자들이 암흑물질에 대해 알고 있는 내용을 열거하면 대충 다음과 같다.

- 암흑물질은 틀림없이 존재한다.
- 암흑물질의 정체는 아무도 모른다.
- 암흑물질보다는 '암흑중력 dark gravity'이라는 이름이 더 어울린다.

럭스 실험

우리은하(은하수)가 암흑물질로 이루어진 거대한 구체로 에워싸여 있다면 지구가 특정 방향으로 이동할 때마다 암흑물질입자들이 우리 주변을 바람처럼 휩쓸고 지나갈 것이다. 그러나 암흑물질이 발휘하는 중력은 일반물질보다 훨씬 약할 것으로 추정되기 때문에, 이 바람은 일상적인 물질과 상호 작용을 거의 하지 않은 채 조용히 통과할 것이다. 미국 사우스다코타주 폐금광의 지하 1.6킬로미터에 위치한 샌포드지하연구시설Sanford Underground Research Facility에서는 공중전화 부스만 한 용기에 액체 상태의 제논(Xe)을 담아놓고 암흑물질입자와 제논원자 사이에 충돌 사건이 일어나기를 손꼽아 기다리고 있다. 이것이 바로 '럭스 실험Large Underground Xenon(LUX) experiment'의 핵심이다. 그러나 아쉽게도 모두가 기다리는 반가운 소식은 아직 들려오지 않고 있다.

우주의 형성 과정

우주를 3차원적 시각으로 바라보기란 결코 쉽지 않지만 우주의 크기를 파악하려면 반드시 거쳐야 할 과정이다. 3차원 우주지도를 향한 첫걸음은 제1장에서 언급한 '적색편이'에서 시작되었다고 봐도 무방하다. 오래전에 완성된 하늘의 2차원 지도를 3차원으로 확장하려면 각 천체까지의 거리를 알아야 하는데, 은하가 우리로부터 멀어진다는 증거인 적색편이가 알려진 이후로 허블의 법칙을 이용하여 각 은하까지의 거리를 계산할 수 있었고, 이를 통해 3차원 우주지도가 조금씩 형태를 갖춰나가기 시작했다.

과거에는 스펙트럼을 펼쳐놓고 일일이 눈으로 확인해가면서 적색편이를 판별했지만, 요즘은 첨단 전자공학을 이용하여 수백 개에 달하는 은하의 적색편이를 단 한 번의 관측으로 분석할 수 있다. 1982년 하버드 대학교의 천체물리학센터에서는 적색편이 탐사 기법을 적용하여 은하 2,200개의 특성을 정리했고, 2007년에는 초대형 천문 관측 프로젝트인 슬론 디지털 스카이 서베이의 연구팀이 100만 개가 넘는 은하의 적색편

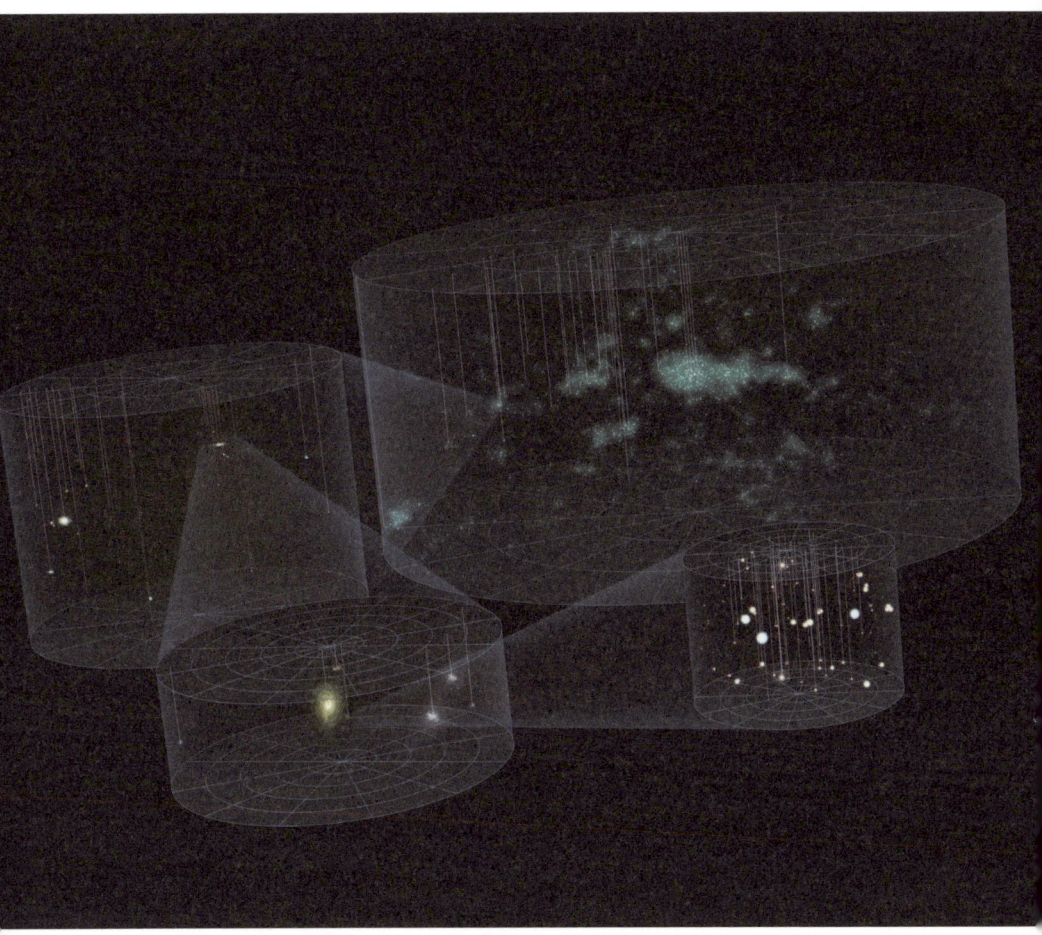

우리의 태양계(오른쪽 아래)는 은하수(왼쪽 아래)의 일부이고, 은하수는 국부은하군(왼쪽 위)의 일부이며, 국부은하군은 초은하단의 일부다.

> **닐 디그래스 타이슨**
> @neiltyson
>
> 오늘은 할 말이 별로 없다. 굳이 소식을 전하자면 현재 우주는 1초마다 1메가파섹(Mpc, 100만 파섹)megaparsec당 70킬로미터씩 팽창하는 중이다. 좀 더 넓은 공간을 원하는 사람들에게 반가운 소식이기를 바란다.
>
> 💬 969 🔁 5.2K ♡ 43.4K 2020년 3월 29일 오전 9:54

이를 발표함으로써 3차원 하늘지도가 크게 개선되었다.

이 지도에 의하면 은하는 우주 전역에 고르게 분포되지 않고 특정 지역에 집중되는 경향을 보인다. 수천 개의 은하로는 알 수 없었던 기묘하고 웅장한 질서가 드러나기 시작한 것이다.

엄청나게 큰 스펀지를 거대한 칼로 자른다고 상상해보자. 칼을 대기 전에는 스펀지의 내부를 볼 수 없지만, 임의의 부분을 자르면 속에 있던 빈 공간이 모습을 드러낸다. 이와 마찬가지로 적색편이 탐사 결과를 분석하면 우주의 텅 빈 공간, 즉 '공동空洞, void'이 드러나고, 그 주변을 가느다란 실과 얇은 종이 모양으로 늘어선 은하들이 에워싸고 있다.

이제 드디어 우주의 '초거대 구조'로 접어들었다.

이 거대한 집단에서 우리의 위치는 어디쯤일까? 또 "우주는 얼마나 크며, 얼마나 오래되었을까?" 다음의 글을 읽고 답을 생각해보기 바란다. 지구는 태양계의 일부이고, 태양은 지름 10만 광년짜리 은하수에 속한 수천억 개의 별들 중 하나다. 또 은하수는 200만 광년에 걸쳐 있는 국부은하군local group of galaxies의 일부이며, 국부은하군은 약 7억 5000만 광년에 걸친 처녀자리 초은하단Virgo supercluster의 작은 부분에 불과하다. 마지막으로 이 초은하단은 앞서 언급한 '공동'을 에워싸고 있는 초거대 그물망의 일부다.

> **BOSS 만리장성**
>
> 관측 가능한 우주에서 발견된 가장 큰 천체 구조는 BOSS 만리장성 BOSS Great Wall이라 불리는 초은하단이다. 굳이 만리장성으로 명명한 이유는 우주에서 지구를 내려다봤을 때 가장 큰 구조물이 만리장성이기 때문이고,* BOSS는 이 천체를 발견한 관측 프로젝트인 바리온 변동 분광 탐사 Baryon Oscillation Spectroscopic Survey의 약자다. 이 거대한 우주 거미줄은 벌집처럼 얽힌 채 무려 10억 광년에 걸쳐 뻗어 있다.

방금 전 열거한 질문에 정확한 답을 제시할 수는 없지만, 그동안 쌓아온 데이터와 값진 경험으로 미루어볼 때 우주의 형태와 내용물을 어떻게든 알아낼 수 있다는 자신감이 드는 것도 사실이다. 지금 이곳뿐만 아니라 다른 시간대의 다른 곳도 마찬가지다. 우리는 우주의 구조를 알 수 있으며, 이를 이해할 능력도 이미 갖추고 있다.

* 사실 너무 가늘어서 우주에서는 보이지 않는다.

제 5 장

우주는 무엇으로 이루어져 있을까?

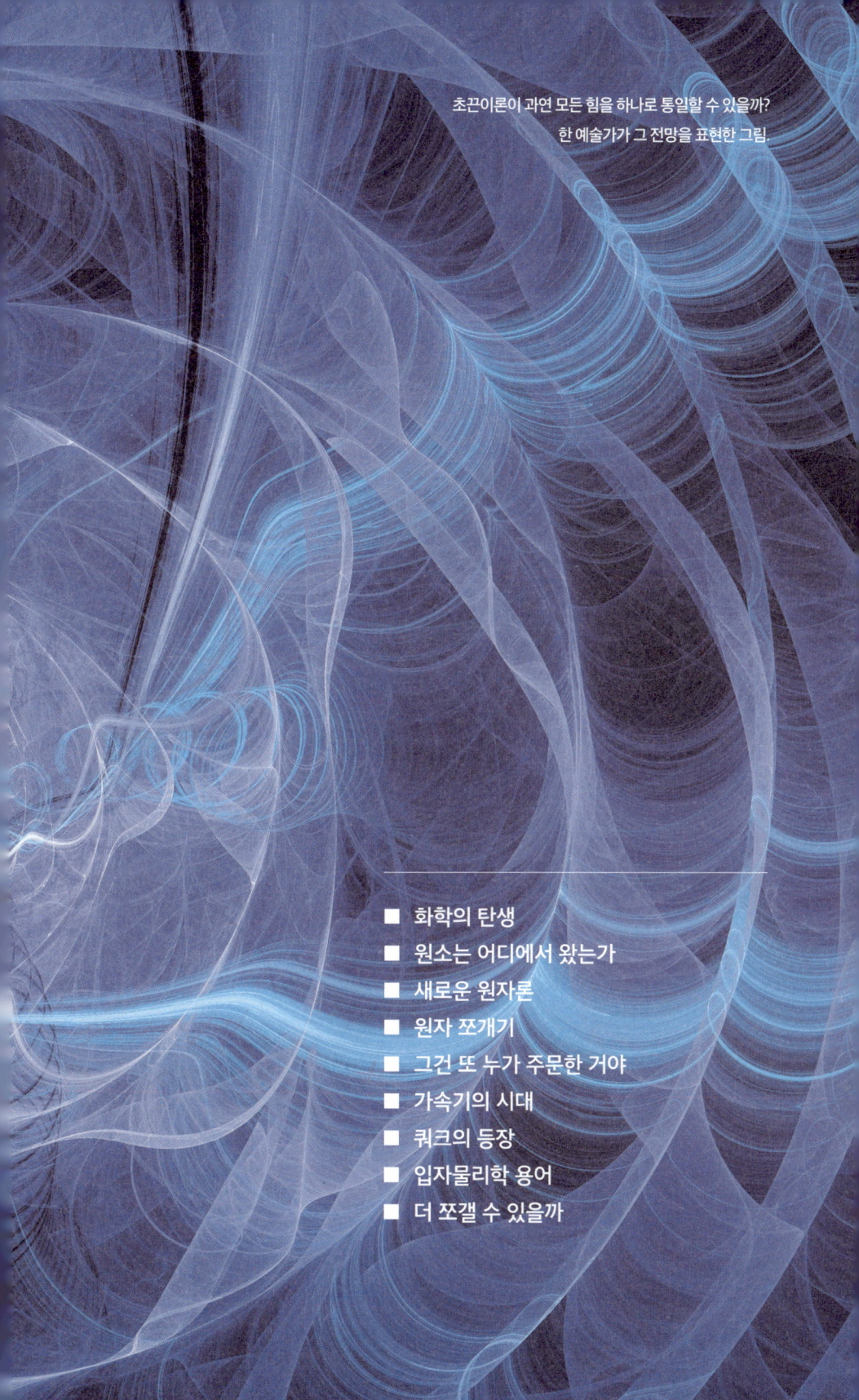

초끈이론이 과연 모든 힘을 하나로 통일할 수 있을까?
한 예술가가 그 전망을 표현한 그림.

- 화학의 탄생
- 원소는 어디에서 왔는가
- 새로운 원자론
- 원자 쪼개기
- 그건 또 누가 주문한 거야
- 가속기의 시대
- 쿼크의 등장
- 입자물리학 용어
- 더 쪼갤 수 있을까

과학을 하다 보면 가장 근본적인 질문의 답이 의외로 가까운 곳에서 발견되곤 한다. 언뜻 보기에 우주에 존재하는 물질은 종류가 하도 많아서 그들을 지배하는 법칙도 무수히 많을 것 같다.

도서관을 예로 들어보자. 누군가가 당신에게 질문했다. "도서관은 무엇으로 이루어져 있나요?" 때마침 길 건너편에 도서관이 있길래 유심히 살펴보니 철근 콘크리트와 벽돌 등 단단한 건축 자재로 만들어진 것처럼 보인다. 적어도 겉모습은 그렇다. 하지만 겉모습이 전부가 아니라고 생각한 당신은 현관문을 열고 도서관 안으로 들어갔다. 그랬더니 웬걸? 단단한 자재는 보이지 않고 사방이 온통 책으로 덮여 있지 않은가. 당신은 첫 번째 답을 철회하고 두 번째 답을 떠올렸다. 그렇다. "도서관은 책으로 이루어져 있다."

그런데 자세히 보니 도서관은 아무 책이나 마구잡이로 진열해놓은 곳이 아니었다. 사서에게 물어보니 도서 분류표를 보여준다. 전기, 시, 소설, 역사 등 온갖 종류의 책들이 주제와 분야에 따라 특정한 순서로 정리되어 있다. 이제 당신의 답은 또 한 번 수정되어야 한다. "도서관은 체계적으로 분류된 책들로 이루어져 있다." 그러나 깊이 파고들수록 도서관의 구성 요소는 더욱 구체화되고, 그럴 때마다 당신은 답을 계속 수정해나간다.

책 한 권을 뽑아서 펼쳐보니 온갖 단어가 빼곡하게 적혀

◀ 우주의 구성 성분을 알려면 깊은 우주를 들여다보면서 물질의 본성을 깊이 숙고해야 한다.

> **닐 디그래스 타이슨**
> @neiltyson
>
> 내 베프 중 몇 명, 아니, 나의 모든 베프는 화학 물질로 이루어져 있다. 이런 말을 하면 그들이 서운하게 생각하겠지만, 진실을 외면할 수는 없지 않은가.
>
> 962　　3K　　33.5K　　2020년 3월 9일 오전 11:14

있다. 사실 거의 모든 책이 단어로 이루어져 있으니 도서관의 구성 요소는 '단어'라고 해야 할 것 같다. 개개의 단어는 '문법'이라는 규칙에 따라 늘어서서 문장이 되고, 문장이 모여서 단락이 되고, 단락이 모여서 장이 되고, 이 모든 것이 모여서 한 권의 책이 완성된다.

잠깐! 이것이 전부가 아니다. 도서관을 다른 관점에서 세분할 수도 있다. 이 도서관의 책에는 특정 단어의 조합이 빈번하게 등장하는데, 다른 도서관에서는 책을 아무리 뒤져봐도 그런 식의 조합이 눈에 띄지 않는다. 이것은 책에 사용된 언어가 다르기 때문일 수도 있고, 언어는 같은데 도서관 자체가 특정 분야의 책만 취급하기 때문일 수도 있다. 여기서 언어에 집중하면 단어가 문자로 이루어져 있고, 특별한 규칙에 따라 문자를 나열하면 단어가 된다는 것도 알게 된다. 이왕 내친김에 전자책까지 분석하면 모든 문자와 기호가 0과 1의 조합으로 표현된다는 것도 알 수 있다.

도서관의 구성 요소를 알기 위해 이곳저곳을 파고들다 보니 처음 예상했던 것보다 훨씬 복잡한 토끼 굴속으로 들어와 버렸다.

우주의 구성 요소를 찾는 우리의 탐구 여정도 이와 비슷한 방식으로 진행된다.

화학의 탄생

때는 중세 시대, 과학자라 부르기에 다소 애매한 한 무리의 과학 마니아들이 정체불명의 물질을 이리저리 섞어가며 날밤을 새우고 있다. 그들은 자신이 하는 일을 '연금술alchemy'이라 부르면서 종교 의식 뺨칠 정도로 온갖 정성을 기울인다. 언뜻 보기엔 마법사 멀린의 추종자나 영화 〈해리 포터〉 시리즈에 나오는 머글 같다. 연금술사 중에는 납을 금으로 바꿔주겠다며 귀 얇은 부자들을 속여서 부를 축적한 사람도 꽤 많았다. 그러나 이런 사기 행각에도 불구하고 연금술사들은 수백 년 동안 화학 물질을 다루면서 화학 반응과 관련된 방대한 정보를 축적하는 등 과학 발전에 적지 않은 기여를 했다.

연금술사들이 쌓은 잡다한 지식을 과학으로 승격시킨 사람은 18세기 프랑스의 귀족 앙투안 라부아지에Antoine Lavoisier와 그의 아내 마리안 라부아지에Marie-Anne Lavoisier였다. 이 부부는 화학에 '정밀 측정'이라는 개념을 최초로 도입했고, 화학 반응에서 총 질량이 변하지 않는다는 '질량 보존법칙law of conservation of mass'을 발견했다.

그러나 현대의 관점에서 볼 때 라부아지에가 남긴 가장 중요한 업적은 화학에 '원소'라는 개념을 도입한 것이다. 세상에는 무수히 많은 종류의 물질이 존재한다. 이들 모두가 서로 무관하다면 화학이라는 학문은 아예 탄생하지도 않았을 것이다. 그러나 다행히도 대부분의 물질은 화학적 방법을 통해 더 작은 구성 요소로 분해될 수 있다. 나무를 불에 태우거나 금속 합금을 산에 녹이면 화합물이 기본 성분으로 변하는 식이다.

그러나 물질 중에는 더 이상 분해되지 않는 것도 있다. 예를 들어 장작을 태우고 남은 잔해(탄소)는 다른 물질과 결합하여 이산화탄소 같은 복잡한 물질이 될 수 있어도 더 단순한 물질로 분해될 수는 없다. 즉, 탄소

중세 연금술사들은 수준 높은 연구 일지를 남겼을 뿐만 아니라 원소의 특성을 면밀히 분석하여 훗날 탄생하게 될 화학의 기틀을 다져놓았다.

는 모든 물질의 기본 단위인 원소의 한 사례다. 18세기의 화학자들은 수천 가지 물질을 알고 있었지만, 아는 원소는 단 몇 종류뿐이었다. 1776년(이 해에 미국이 독립했다!) 발표된 물질 목록에서 원소는 달랑 22개였는데, 그나마 이들 중 12개는 고대부터 알려진 것이었다.

18세기 말부터 원소들 사이에서 모종의 규칙이 하나둘씩 발견되기 시작했는데, 가장 중요한 것은 특정 화합물에서 각 원소의 무게 비율이 항상 일정하다는 '배수비례법칙law of multiple proportions'이었다. 예를 들어

> **닐 디그래스 타이슨**
> @neiltyson
>
> 가끔씩 떠오르는 의문 하나, 혹시 우주는 자신보다 복잡한 것도 만들 수 있을까?
>
> 💬 2.3K ↻ 8K ♡ 47.3K   2018년 5월 18일 오후 11:23

열대지방의 섬에 고인 물이건 녹아내린 빙하에서 떠온 물이건 산소와 수소의 무게 비율은 항상 8 대 1이다.

이런 지식이 있었기에 과학자들은 우주의 구성 성분을 탐구하는 기나긴 여정에 첫발을 내딛을 수 있었던 것이다.

천재의 죽음

앙투안 라부아지에는 화학의 선구자였지만 당대의 화학 연구에 동참하지는 못했다. 학자로서 전성기라 할 수 있는 50세의 젊은 나이에 처형되었기 때문이다. 당시 프랑스는 혁명을 겪은 직후여서 귀족과 과학자를 적대시하는 분위기가 팽배했는데, 안타깝게도 라부아지에는 귀족 출신의 과학자였다(게다가 그는 악명 높은 세금 징수 회사의 지분도 갖고 있었다). 결국 그는 1794년 공포 정치의 희생양으로 재판에 회부되었고, 그를 살려달라는 수많은 탄원에도 불구하고 단두대의 이슬로 사라졌다.* 그의 동료였던 천문학자 조제프 루이 라그랑주는 위대한 화학자의 죽음을 애도하며 이런 말을 남겼다고 한다. "라부아지에의 목을 자르는 데는 1초도 걸리지 않았지만, 그와 같은 머리가 다시 나오려면 100년 넘게 기다려야 할 것이다."

• 그에게 사형 선고를 내린 판사도 3개월 후에 처형되었고, 라부아지에는 사후 1년 6개월 만에 프랑스 정부로부터 무죄 판결을 받았다.

원소는 어디에서 왔는가

각 원소의 원자핵에는 양성자가 몇 개나 들어 있을까? 학창 시절에 배웠던 주기율표periodic table를 기억한다면 답을 아는 거나 다름없다. '원자번호는 곧 양성자의 개수'이기 때문이다. 앞서 말한 대로 빅뱅 후 3분쯤 지났을 때 아주 잠시 동안 양성자 세 개로 이루어진 원자핵이 생성되었다. 수소원자핵은 한 개, 헬륨원자핵은 두 개, 리튬원자핵은 세 개의 양성자로 이루어져 있다.˙ 그렇다면 다른 원자들은 어디에서 어떻게 만들어졌을까?

이 질문의 답을 찾기 위해 태양계가 형성되던 시기로 되돌아가 보자. 물질이 자체 중력으로 수축되어 밀도가 높아지면 중심부의 온도가 수백만 도까지 치솟으면서 핵융합 반응이 시작된다. 여기서 중간 단계를 몇 번 거치면 수소원자핵(양성자) 네 개가 융합하여 헬륨원자핵(양성자 두 개와 중성자 두 개)이 되고, 부산물로 몇 종류의 입자와 에너지가 생성된다. 태양을 포함한 대부분의 별은 수소를 헬륨으로 변환하면서 에너지를 만들어내고 있다.

중심부의 수소가 바닥나서 더 이상 에너지를 생산하지 못하면 별은 또다시 자체 중력에 의해 수축되지만 이 단계는 오래 가지 못한다. 수축과 함께 중심부의 온도가 다시 높아져서 '핵융합 제2라운드'가 시작되기 때문이다. 이때는 양성자 두 개를 보유한 헬륨원자핵 세 개가 융합하여 양성자 여섯 개로 이루어진 탄소원자핵이 생성된다. 핵융합 제1라운드에서 남은 재(헬륨)가 핵융합 제2라운드의 연료로 재활용되는 셈이다. 즉, 우주 초창기에 자연스럽게 만들어진 원소(수소, 헬륨, 리튬)보다 무거운 원소들은 별의 내부에서 핵융합 공정을 통해 생산된 것이다.

• 수소 이외의 원자핵에는 중성자도 있다.

태양과 체급이 비슷한 별은 연료 보유량이 적어서 탄소보다 무거운 원자핵을 만들지 못하고, 어렵게 만든 원소를 태양풍에 실어 우주로 방출한다. 그러나 태양보다 무거운 별은 탄소를 연료 삼아 후속 핵융합 반응을 강행하여 양성자가 26개인 철(Fe)까지 만들 수 있다. 철은 핵융합으로 만들 수 있는 마지막 원소이자 최후에 남는 재灰로서, 커다란 덩치로 태어나 맡은 바 소임을 다한 별의 중심부에 고스란히 축적된다. 여기서 당신은 이렇게 묻고 싶을 것이다. "철을 연료로 삼아서 또다시 핵융합 반응을 하면 되지 않을까?" 좋은 생각이긴 한데 한 가지 사소한 문제가 있다. 철의 원자핵이 핵융합 반응을 일으키려면 외부에서 에너지를 공급받아야 한다는 것이다. 이전의 핵융합은 에너지를 부산물로 생산했는데, 철부터는 반대 상황이 되는 것이다. 별들에게는 안타까운 소식이지만 중심부에 철이 쌓이기 시작하면 그것으로 별의 수명은 끝난 것이나 다름없다. 에너지를 흡수하는 것은 별의 임무가 아니기 때문이다.

이때가 되면 별은 자체 중력으로 빠르게 수축되다가 거대한 폭발을 일으키면서 장렬한 최후를 맞이한다. 이것이 바로 앞에서 언급했던 '초신성 폭발'***이다. 그리고 이 대혼란 속에서 무거운 원소와 막대한 에너

안정성의 섬

인공적으로 만든 원소는 대부분 1초 안에 붕괴된다. 현재 가장 무거운 인공 원소는 양성자 118개와 중성자 176개로 이루어진 오가네손(Og)인데, 핵물리학자들은 양성자의 수를 126개까지 키우면 드디어 원자가 안정한 상태에 도달하여 화학 반응의 새로운 장이 열릴 것으로 기대하고 있다. 이 안정한 상태를 '안정성의 섬 island of stability'이라 한다.

63 드미트리 멘델레예프 Dmitry Mendeleev가 처음으로 주기율표를 만들었을 때 표에 등록된 원소는 63개였다. 현재는 두 배에 가까운 118개의 원소가 등록되어 있다.

지가 뒤엉켜 철보다 무거운 원소들[코발트 cobalt(^{27}Co)~우라늄 uranium(^{92}U)]이 만들어진다.

우라늄은 주기율표에 등록된 원소 중 자연적으로 생성된 가장 무거운 원소이며, 양성자가 93개 이상인 원소[넵투늄 neptunium(^{93}Np)~오가네손 oganesson(^{118}Og)]는 실험실에서 만들어진 인공 원소들이다(오가네손은 러시아 태생의 미국 물리학자 유리 오가네시언 Yuri Oganessian의 이름을 따서 명명되었다). 어떻게 만들었을까? 무거운 원자핵을 빠르게 가속해서 표적에 충돌시키면 양성자와 중성자가 재배열되면서 새로운 원소가 생성된다. 물론 이런 사건은 아주 드물게 일어나지만 한 번이라도 성공하면 주기율표에 새로운 항목을 추가할 수 있다. 예를 들어 양성자 112개로 이루어진 코페르니슘 copernicium(^{112}Cn)(폴란드의 천문학자 니콜라스 코페르니쿠스에서 따온 이름이다)은 지금까지 만들어진 원자 수가 달랑 72개밖에 안 된다. 일부 핵물리학자들은 주기율표를 더 늘리기 위해 지금도 고군분투하고 있다.

새로운 원자론

잉글랜드에서 태어나 어린 나이에 고등학교 교사가 된 존 돌턴 John Dalton

•• 사실 초신성이라는 단어 안에는 폭발이라는 의미가 이미 담겨 있다. 별이 한동안 초신성으로 존재하다가 어느 날 폭발하는 것이 아니라 '폭발로 인해 밝아진 별'이 곧 초신성이기 때문이다.

은 기상학meteorology과 첫사랑에 빠졌고, 1808년 현대적 의미의 원자론을 도입하여 원자론의 아버지가 되었다. 평생 결혼을 하지 않았는데도 아버지가 되었으니 과학과의 인연이 정말 각별했던 모양이다.

'원자atom'는 그리스어로 '쪼갤 수 없는 것'을 뜻한다. 돌턴도 원자를 더 이상 쪼갤 수 없는 물질의 최소 단위라고 생각했다. 또한 그는 모든 화학 원소마다 그에 대응하는 원자가 존재하며, 순수한 원소는 오직 한 종류의 원자로 이루어져 있다고 주장했다. 돌턴의 원자론에 의하면 자연에 존재하는 다양한 물질은 여러 종의 원자들이 결합하여 만들어진 것이다. 물질이 더 작은 단위로 분해될 수 있는 것은 바로 이런 이유 때문이다. 돌턴은 "(구체적 방법은 알 수 없지만) 어떤 물질이건 화학적 단위로 분해하면 최종적으로 원자에 도달하며, 그 이후로는 분해되지 않는다"고 주장했다.

돌턴의 원자론은 물질이 갖고 있는 다양한 특성(어떤 환경에서도 변하지 않고, 예측 가능하고, 실험으로 확인 가능한)까지 설명해주었다. 예를 들어 물은 그 출처가 어디건 산소원자 한 개와 수소원자 두 개가 결합한 형태로 존재한다. 또한 산소원자의 무게는 수소원자의 16배이므로 물에 들어 있는 산소와 수소의 질량 비율은 언제 어디에서나 8 대 1이다.

 닐 디그래스 타이슨 ✓
@neiltyson

원소 중에는 다른 원소와 상호 작용을 하지 않는 것도 있다. 영국인들은 이것을 고귀한 기체˙ noble gases라 부르는데, 아무리 좋게 생각하려 해도 계급 사회의 잔재라는 느낌을 떨치기 어렵다.

♡ 52　⇄ 279　♥ 57　　　　2011년 11월 4일 오후 1:42

• 한국어로는 불활성 기체 또는 비활성 기체라 한다.

그 후 세월이 흐르면서 다양한 화학원소가 발견되었고, 19세기 러시아의 화학자 드미트리 멘델레예프는 화학 교과서를 집필하던 중 원소 부분에 도달하자 잠시 고민에 빠졌다. "지금까지 알려진 화학원소를 어떤 식으로 정리해야 학생들이 쉽게 이해할 수 있을까?" 평소에 그는 솔리테어˚solitaire를 좋아했는데, 여기에 착안하여 만든 것이 바로 현대 화학 교육의 상징인 주기율표였다. 이 표에서는 오른쪽으로 갈수록 그리고 아래로 내려갈수록 원소가 무거워지고, 같은 세로줄에 속한 원소들은 화학적 성질이 비슷하다. 게다가 멘델레예프는 주기율표의 일부를 빈칸으로 남겨두면서 미래에 발견될 원소를 예견하기도 했다. 아니나 다를까, 몇 년 후 발견된 새로운 원소는 그가 남겨놓은 자리에 퍼즐 조각처럼 맞아들어갔고, 이 일을 계기로 그의 주기율표는 세계적 유명세를 타게 되었다.

과학자들은 주기율표가 유용하다는 것을 잘 알고 있었지만, 그 이유는 여전히 미스터리였다. 이 문제는 1920년대에 양자물리학quantum physics이 등장하면서 단계적으로 풀리게 된다.

원자 쪼개기

19세기 말, 과학자들은 복잡다단한 일상적 세계와 비교가 안 될 정도로 단순한 세계를 발견했다. 그곳은 더 이상 분해되지 않는 원자들이 다양한 방식으로 섞여서 만들어진 미시 세계로 인간의 감각으로는 인지할 수 없지만 거시 세계와는 완전히 다른 법칙으로 운영되고 있었다. 거시 세계에 존재하는 복잡한 물질이 도서관에 있는 책이라면, 원자는 책의

• 혼자 하는 카드 게임.

각 페이지마다 빼곡하게 적힌 단어에 해당한다.

돌턴의 단순한 원자모형은 1897년 영국의 물리학자 조지프 톰슨Joseph Thomson이 의외의 입자를 발견하면서 첫 번째 수정을 겪었다. 톰슨이 발견한 것은 음전하를 띤 전자였는데, 원자의 구성 성분 중 하나임에도 불구하고 원자에서 쉽게 분리되었다. 이것은 원자를 더 이상 분해될 수 없는 최소 단위로 간주했던 돌턴의 모형에 부합되지 않았다. 원자에서 전자를 떼어낼 수 있다면, 원자를 분해할 수도 있을 것 같았다. 그 후로 한동안 이론물리학자들은 원자를 건포도(전자, 음전하)가 박힌 푸딩(양전하)과 비슷하다고 생각했다.

그러나 1911년 뉴질랜드 출신의 물리학자 어니스트 러더퍼드Ernest Rutherford가 일련의 실험 결과를 발표하면서 원자모형에 또 한 번 대대적인 수정이 가해졌다. 그의 실험은 알파입자(헬륨원자의 핵)를 얇은 금박金箔에 빠른 속도로 발사하여 충돌 후 입자가 산란되는 패턴을 분석하는 식으로 진행되었는데, 실험의 성패 여부는 금박의 두께에 달려 있었다. 금박이 가능한 한 얇아야 알파입자가 금박을 쉽게 관통할 수 있기 때문이다.

러더퍼드가 사용한 금박은 원자가 수천 개밖에 들어가지 않을 정도로 얇았다.** 원자가 정말로 건포도가 박힌 푸딩과 비슷하게 생겼다면, 입자는 구름을 향해 날아가는 총알처럼 별 어려움 없이 금박을 통과해야 한다. 그런데 놀라운 사건이 벌어졌다. 금박과 충돌한 입자 중 0.1퍼센트가 아예 반대 방향으로 튕겨 나온 것이다! 당신이 구름을 향해 총을 발사했는데, 총알이 구름에 맞고 당신이 있는 쪽으로 튕겨 나왔다고 상상해보라. 이 말도 안 되는 결과를 논리적으로 설명하려면 총알보다 강한 무언가가 구름 속에 숨어 있다고 생각하는 수밖에 없다.

** 원자의 크기는 대략 1억 분의 1센티미터이므로 금박의 두께는 약 0.001밀리미터다.

> ### 범상치 않은 과학자
>
> 어니스트 러더퍼드는 노벨상을 받은 후 획기적 업적을 다시 한번 남긴 유일한 사람이다.* 그는 방사성 붕괴의 생성물을 발견하여 1908년 노벨화학상을 받은 후 산란 실험을 실행하여 새로운 원자모형을 제안했는데, 과학에 공헌한 정도는 전자보다 후자가 압도적으로 크다.

러더퍼드의 실험도 마찬가지다. 입자가 금박에 맞고 뒤로 튕겨 나온 이유는 금 원자 내부에 원자 질량의 대부분을 차지하는 작고 단단한 구조체가 자리 잡고 있고, 그 주변을 전자가 공전하고 있기 때문이다. 즉, 입사된 입자의 99.9퍼센트는 거의 텅 빈 것이나 다름없는 전자구름을 헤치면서 금박을 통과했고, 나머지 0.1퍼센트가 단단한 중심부에 부딪혀서 뒤로 튕겨 나온 것이다.

러더퍼드는 수소원자의 핵을 '첫 번째 것 first one'이라는 뜻의 '양성자'로 명명했다. 그러나 양성자만으로는 수소보다 무거운 원자의 질량을 설명할 수 없었다. 예를 들어 산소의 원자핵에는 양성자가 여덟 개 들어 있지만, 산소의 질량은 수소보다 16배나 크다. 러더퍼드는 양성자와 질량이 거의 같으면서 전하를 띠지 않는 입자가 존재할 것으로 예측했고, 이 가상의 입자를 '중성자'라 불렀다. 그리고 1932년 영국의 물리학자 제임스 채드윅 James Chadwick 이 중성자를 발견하여 러더퍼드가 제안한 원자

◀ 원자의 실제 모습은 존 돌턴이 상상했던 이미지와 판이하게 다르다. 원자 내부에서는 매우 역동적이면서 걷잡을 수 없는 운동이 일어나고 있다. 이 그림은 원자핵 주변에서 펼쳐지는 전자의 현란한 운동을 예술적 감각으로 표현한 것이다.

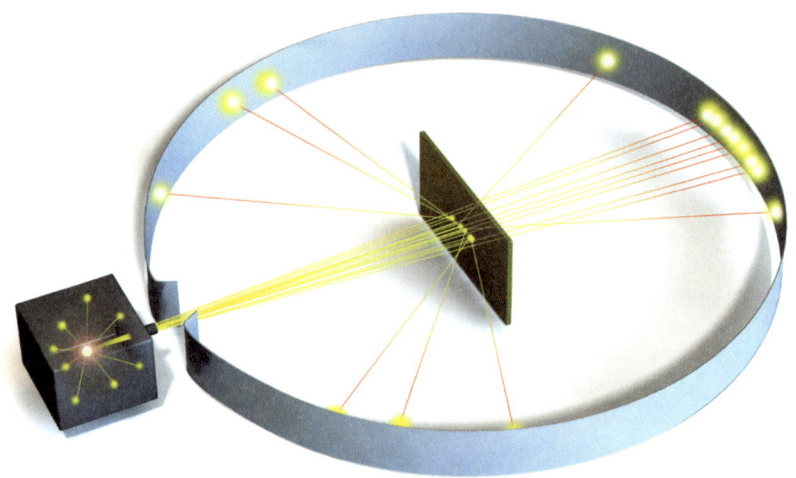

어니스트 러더퍼드의 산란 실험 개요도. 그는 금박으로 만든 표적에 입자를 발사한 후 산란되는 패턴을 분석한 끝에 '원자의 질량은 대부분 원자핵에 집중되어 있으며, 원자의 내부 공간은 거의 텅 비어 있다'고 결론지었다.

모형의 신뢰도를 한층 더 높여주었다.

이것은 복잡한 계가 단순하게 바뀐 또 하나의 사례다. 모든 물질은 원자핵을 구성하는 양성자와 중성자 그리고 그 주변을 에워싼 전자로 이루어져 있다. 즉, 우주의 구성 요소가 달랑 세 종류의 입자로 줄어든 것이다. 그러나 이 단순한 모형은 그리 오래 가지 못했다. 원자 내부에서 아무도 몰랐던 세부 구조가 뒤늦게 발견되었기 때문이다.

그건 또 누가 주문한 거야

양성자-중성자-전자로 이루어진 물질의 최소 단위(원자)를 분해한 최초

• 노벨상을 두 번 받은 마리 퀴리 Marie Curie와 존 바딘 John Bardeen도 여기 포함되어야 할 것 같다.

의 원자 킬러는 지구가 아닌 우주에서 날아왔다. 하늘에서 쏟아져 내리는 입자 소나기인 '우주선宇宙線, cosmic ray'이 그 주인공인데, 지구로 쏟아지는 우주선의 대부분은 양성자이며, 그들 중 대부분은 태양에서 날아온 것이다. 우주선입자는 지구의 대기에 있는 원자핵을 산산이 쪼갤 정도로 막강한 에너지를 갖고 있다.

이 충돌의 파편을 분석하면 원자핵의 내부를 들여다볼 수 있었기에 우주선은 20세기 초 과학자들에게 더없이 중요한 실험 도구였다. 여기서 잠시 미국의 저명한 물리학자 리처드 파인먼Richard Feynman의 멋진 비유를 들어보자. "우주선 실험은 엠파이어 스테이트 빌딩 꼭대기에서 스위스산 최고급 시계를 떨어뜨린 후, 바닥에 흩어진 부품을 긁어모아서 시계의 작동 원리를 알아내는 것과 비슷하다."

1930년대에 물리학자들은 우주선을 연구하기 위해 엠파이어 스테이트 빌딩보다 훨씬 높은 산으로 올라갔다(시계를 떨어뜨리기 위해서가 아니라 우주선입자가 대기 속에서 에너지를 많이 잃기 전에 포착하기 위해서였다). 콜로라도주에 있는 파이크스피크 정상에 지은 실험실이 대표적 사례다. 그들은 이곳에 설치된 입자감지기로 우주선을 낚아채서 입자의 상호 작용을 연구하다가 전혀 예상하지 못한 혼란 속으로 빠져들었다.

제일 먼저 물리학자들을 놀라게 한 것은 전자와 질량이 같으면서 전하의 부호만 반대인 입자가 존재한다는 사실이었다. 이것은 인류가 발견한 최초의 반물질antimatter로서, 훗날 양전자로 불리게 된다. 그리고 얼마 후에는 전자와 비슷하면서 질량이 200배가 넘는 뮤온muon도 발견되었는데, 수명이 1.5마이크로초(100만 분의 1.5초)에 불과하여 지표면에서는 발견될 수 없는 입자였다. 컬럼비아대학교의 물리학자 이지도어 라비Isidor Rabi는 뮤온이 발견되었다는 소식을 듣고 미간을 찌푸리며 중얼거렸다. "빌어먹을! 그건 또 누가 주문한 거야?" 그렇다. 짜증이 날 만도

하다. 자연에는 왜 없어도 될 것 같은 입자들이 무더기로 존재하는 것일까?

혼란한 와중에 입자 목록은 날이 갈수록 길어졌다. 양성자는 전자보다 2,000배쯤 무겁다. 그런데 양성자와 전자의 중간쯤 되는 입자가 새로 발견되어 그리스어로 '중간'을 뜻하는 '메소스mesos'에 '입자'를 뜻하는 접미사 'on'을 붙여서 '메손meson'이라 명명했고, 양성자보다 훨씬 무거운 '하이퍼론hyperon'도 발견되었다. 이쯤 되자 물리학자들은 슬슬 불안해지기 시작했다. 입자 이름만 외우다가 귀한 세월을 다 보내는 거 아니야?

한 가지 좋은 소식은 입자의 속도를 인공적으로 높여주는 입자가속기particle accelerator가 발명되어, 비를 기다리던 옛날 농부처럼 산꼭대기에서 감마선 펄스가 날아오기를 기다릴 필요가 없어졌다는 점이었다. 그러나 입자의 충돌 사건을 제어할 수 있게 되자 입자 목록이 걷잡을 수 없을 정도로 길어졌다. 게다가 새로 발견된 대부분의 입자는 원자의 한 부분에서 다른 부분으로 이동하는 동안 사라질 정도로 수명이 짧았기에 그 조그만 원자 안에서 엄청나게 복잡한 사건이 일어나고 있음을 강하게 시사하고 있었다. 알고 보니 원자핵은 '양성자'와 '중성자'를 담아놓은 얌전한 주머니가 아니라, 무수히 많은 단명한 입자들이 펄펄 끓어오르는 가마솥이었다.

그렇다. 입자가속기가 판도라의 상자를 열어버린 것이다. 우주에 또 다른 차원의 조직이 생긴 것이다.

가속기의 시대

원자핵의 내부를 연구하려면 원자핵을 쪼갤 정도로 빠르게 내달리는 탐사 입자와 충돌 현장을 분석하는 초정밀 장비가 있어야 한다. 과거에는 입자 소나기인 우주선을 '천연 탐사입자'로 사용하여 별도의 비용이 들지 않았지만, 에너지(속도)를 조절할 수 없고 언제 날아올지 알 수도 없어서 연구의 효율이 크게 떨어졌다. 이 모든 단점을 일거에 해결해준 것이 바로 입자가속기, 즉 사이클로트론cyclotron이다.

사이클로트론의 원리는 다음과 같다. 일반적으로 하전입자가 자기장 안에서 움직이면 경로가 휘어지면서 원운동을 한다. 자기장의 원천인 D자 모양 자석 두 개를 약간의 틈새를 두고 서로 마주 보게 배열한 후 그 틈새에 교류 전압을 걸어주면, 입자가 두 자석의 틈새를 지날 때마다 속도가 빨라져서 점점 더 큰 원을 그리게 된다. 이런 식으로 속도를 키우다가 입자의 속도가 최고조에 달했을 때 표적을 향해 발사하면 원자핵을 쪼갤 수 있다. 1930년대에 미국의 물리학자 어니스트 로런스Ernest Lawrence가 최초로 만든 사이클로트론은 손바닥에 올릴 수 있을 정도로 작았지만, 1950년대에 이르러서는 그 크기가 축구 경기장만큼 커졌다.

사이클로트론의 뒤를 이어 등장한 싱크로트론syn-chrotron은 입자의 궤도 반지름을 키우는 대신 자석의 세기를 변화시켜서 입자가 도넛 형태의 고정된 터널(이것을 '링ring'이라 한다)을 따라 가속되도록 만드는 장치다. 자석을 따라 나 있는 도넛형 터널의 원주 길이는 수 킬로미터까지 커질 수 있으며, 이 속에서 입자는 진공 상태의 경로를 따라 움직이면서 적절하게 변하는 자기장에 맞춰 점차 빠른 속도에 도달하게 된다.

현재 세계에서 제일 큰 입자가속기는 스

어니스트 로런스가 제작한 최초의 사이클로트론. 직경이 12센티미터에 불과하여 손바닥에 올려놓을 수 있었다.

닐 디그래스 타이슨 @neiltyson

국가 간 협력이 가장 긴밀하게 이루어진 네 가지 이벤트:

1. 전쟁 2. 국제우주정거장 건설 3. 대형강입자충돌기 건설 및 운용 4. 올림픽

💬 124   🔁 1.5K   ♡ 421   2012년 7월 27일 오후 8:16

위스 제네바 근처에 있는 대형강입자충돌기로 링의 둘레가 무려 27킬로미터나 된다(강입자hadron는 원자핵 안에서 발견되는 모든 입자를 통칭하는 용어다). 대형강입자충돌기는 방사선 피해를 최소화하기 위해 지하에 매설되어 있으며, 가속기 못지않게 큰 입자감지기도 함께 운용되고 있다.

대형강입자충돌기는 하나가 아닌 두 개의 싱크로트론으로 구성되어 있다. 양성자 두 개를 정면으로 충돌시키려면 두 개의 양성자 차선(시계 방향 상행선과 반시계 방향 하행선)이 필요하기 때문이다. 양성자 빔 두 가닥을 정면충돌시키면 에너지가 두 배로 커지기 때문에 실험의 효율도 두

차세대 입자가속기

강입자충돌기보다 큰 가속기는 언제쯤 등장할까? 지금 차세대 입자가속기로 국제선형충돌기International Linear Collider, ILC가 세간의 주목을 받고 있다. 이름에서 알 수 있듯이 국제선형충돌기는 전자와 양전자를 직선 튜브 속에서 가속하여 최대 에너지에 도달했을 때 충돌시키는 장치다. 튜브의 총 길이는 마라톤 코스(약 42킬로미터)와 비슷한데, 건설 비용은 아직 계산되지 않았다(계산은 이미 끝났지만 너무 비싸서 차마 공개하지 못하고 있는지도 모른다).

4,750,000,000달러

대형강입자충돌기의 건설 비용은 대략 4,750,000,000달러(한화 약 6조 5000억 원)다.

1946년 새로 만든 싱크로사이클로트론synchrocyclotron을 점검하고 있는 어니스트 로런스와 밀턴 스탠리 리빙스턴Milton Stanley Livingston의 모습. 이 장비는 덩치가 너무 커서 캘리포니아대학교 버클리 캠퍼스에 대형 건물을 새로 지어야 했다.

25달러

어니스트 로런스가 최초로 만든 사이클로트론의 제작 비용은 25달러(현재 가치로 450달러, 한화 약 60만 원)였다.

대형강입자충돌기의 충돌 결과를 분석하는 입자감지기 ATLAS의 내부 상상도. 광속으로 달리는 두 가닥의 입자 빔이 충돌하면 입자가 샤워처럼 쏟아지는데, 운이 좋으면 새로운 입자가 만들어질 수도 있다(물론 사람은 이곳에 들어갈 수 없다. 그림 속 인물은 크기를 비교하기 위해 그려 넣은 것이다).

배 가까이 높아진다. 유럽입자물리연구소의 물리학자들은 충돌의 여파로 생성되는 다양한 입자를 분석하여 우주의 본질에 한 걸음 더 다가갈 수 있었다.

쿼크의 등장

과학에 새로운 개념이 도입되면 새로운 용어도 만들어야 한다. 물리학자들이 용어를 만드는 방법은 두 가지가 있다. 첫 번째 방법은 이미 통용되는 단어에 새로운 의미를 부여하는 것인데, '일work'이라는 용어가 대표적 사례다. 보통 일이라고 하면 '먹고 살기 위해 어쩔 수 없이 해야 하는 노동'을 떠올리지만, 물리학에서 말하는 일은 '물체에 힘을 가하여 이동시켰을 때 힘에 이동 거리를 곱한 값'을 의미한다. 둘 사이에 공통점이라고는 눈을 씻고 찾아봐도 없다. 두 번째 방법은 '보손boson'이나 '페르미온fermion'처럼 완전히 새로운 단어를 만들어내는 것이다. 이렇게 하면 용어에 선입견이 반영될 여지가 없으므로 개념적 혼란은 줄어들지만, 용어를 모르는 사람이 끼어들 여지도 없어진다. 물리학자들이 미시 세계를 탐구하다가 새로운 단계로 접어들었을 때 그들은 별 망설임 없이 두 번째 방법을 선택했다.

1960년대 말에 소립자*素粒子, elementary particle의 종류가 폭발적으로 증가하면서 물리학자들은 거의 패닉 상태에 빠졌고, 캘리포니아대학교 버클리 캠퍼스의 입자물리학 연구팀은 혼란을 수습하기 위해 수백 개에 달하는 입자 목록을 수시로 업데이트하여 정기 간행물로 출판했다. 심지

---

* 물질이나 장場, field을 구성하는 기본 단위 입자의 총칭.

어 어느 저명한 학술지의 편집자는 "새로 발견된 입자에 관한 논문은 더 이상 보내지 말아달라"고 애원했을 정도였다. 세계 최초로 원자로를 만든 이탈리아의 물리학자 엔리코 페르미Enrico Fermi는 "내가 입자의 이름을 다 외울 정도로 암기력이 좋았다면 진작에 식물학자가 되었을 것"이라고 말했다. 단순함을 추구하던 물리학이 쏟아지는 입자들 때문에 복잡하고 너저분한 과학으로 변한 것이다.

이 혼란스러운 상황은 미국의 물리학자 머리 겔만Murray Gell-Mann과 조지 츠바이크George Zweig 덕분에 어느 정도 수습되었다. 이들이 기본입자 세 개를 이리저리 짜 맞춰서 모든 입자를 재현하는 데 성공했기 때문이다. 겔만은 이 기본입자를 '쿼크quark'라고 불렀는데, 전하는 소문에 의하면 19세기 초 아일랜드의 작가 제임스 조이스James Joyce의 소설 《피네간의 경야》에 나오는 문장 "머스터 마크를 위한 세 개의 쿼크Three quarks for Muster Mark"에서 따온 것이라고 한다.

돌턴이 제안했던 원자론의 핵심이 '원자의 다양한 조합으로 모든 물질이 만들어진다'는 것이었으므로, 쿼크의 다양한 조합으로 모든 입자가 만들어진다는 가설은 원자론과 일맥상통하는 부분이 있다. 세 개의 쿼크는 각각 '위쿼크up quark', '아래쿼크down quark', '기묘쿼크* strange quark'로 명명되었는데, 이들은 전자나 양성자와 달리 분수 전하를 갖고 있다. 즉, 쿼크의 전하는 전자 (또는 양성자) 전하의 3분의 2이거나 3분의 1이다.

그 후에 이어진 후속 실험을 통해 자연에 존재하는 쿼크는 총 여섯 종류로 판명되었고, 다행히 기존의 이름은 그대로 유지되었다(《피네간의 경야》의 개정판도 더 이상 나오지 않았다. 추가된 쿼크는 '맵시쿼크charm quark'와 '꼭대

---

* '야릇한 쿼크'로 번역되는 경우도 있으나 다른 명칭과 통일성이 떨어져서 귀찮은 문제를 야기하기 때문에 이 책에서는 '기묘쿼크'로 표기하기로 한다.

기쿼크top quark' 그리고 '바닥쿼크bottom quark'다). 처음에 물리학자들은 자연에서 혼자 돌아다니는 자유쿼크를 찾거나 가속기에서 쿼크를 만들어내려고 무진 애를 썼지만, 모든 시도가 실패로 돌아가자 '쿼크가 모여서 입자가 만들어지면 그 상태로 영원히 고정된다'는 사실을 뒤늦게 깨달았다. 이것을 '쿼크속박이론quark confinement theory'이라 한다.

이론의 작동 원리는 다음과 같다. 여기, 두 개의 쿼크로 이루어진 입자가 있다. 지금 당신은 이들을 떼어놓으려고 안간힘을 쓰는 중이다. 그런데 두 쿼크가 마치 초강력 고무줄로 연결된 것처럼 당기면 당길수록 결합력이 더욱 강해진다. 하지만 쿼크 못지않게 끈질긴 당신은 온갖 수단을 동원해서 드디어 쿼크 두 개를 분리하는 데 성공했다. 그런데 이 과업을 완수하기 위해 당신이 투입한 에너지는 $E=mc^2$이라는 질량-에너지 환산 공식에 의해 쿼크 두 개의 질량과 정확하게 일치하고, 그 결과 쿼크 두 개가 새로 만들어져서 분리된 쿼크에 하나씩 들러붙는다. 즉, 당신은 쿼크 두 개로 이루어진 입자를 분해한 것이 아니라 에너지를 잔뜩 투입해서 똑같은 입자를 하나 더 만들어낸 것이다. 여기서 또다시 입자를 분해하려 들면 후속 상황은 이하 동문이다.

현재 여섯 개의 쿼크로 구성된 쿼크모형은 가장 근본적인 단계에서 물질의 근원을 설명하는 이론으로 알려져 있다. 그러나 원자에서 시작하여 의외의 세부 구조를 연달아 발견해온 물리학자들은 마음을 놓을 수가 없다. 혹시 쿼크조차 더 작은 단위의 조합인 건 아닐까?

입자물리학 용어

입자의 세계를 깊이 파고들다 보면 별의별 희한한 단어를 수시로 접하

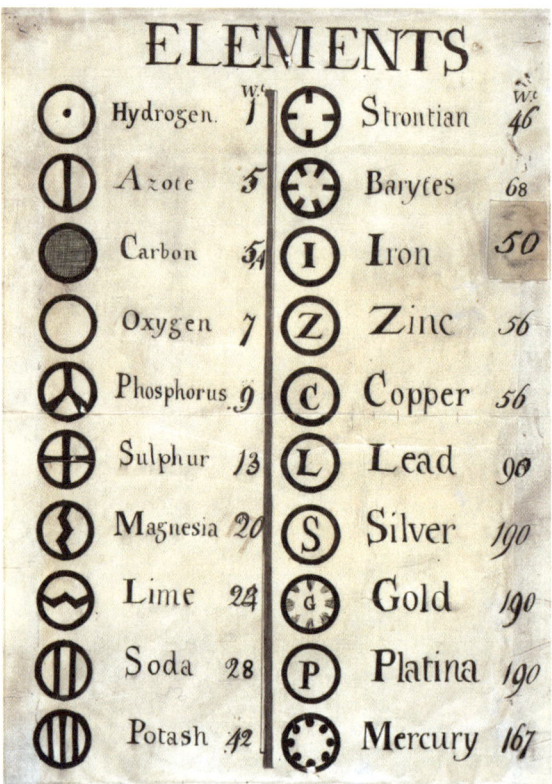

1800년경, 영국의 화학자 존 돌턴이 작성한 원소 목록. 자신이 추정한 무게순으로 나열해놓았다.

게 된다. 비전공자들은 꽤 스트레스를 받겠지만, 사실 모든 이름에는 나름대로 이유가 있다. 그동안 용어가 낯설어서 가까이하기 어려웠다면 이 기회에 친해지기 바란다.

■ **하드론**hadron, 강입자 | 원자핵 안에 존재할 수 있는 수백 가지 입자의 총칭이다.* '강하게 상호 작용하는 입자'라는 뜻이며, 대표적으로 양성자와 중성자 그리고 메손이 있다.

• 또는 두 개 이상의 쿼크로 이루어진 입자.

■ **바리온**baryon, 중입자 | 하드론 중 세 개의 쿼크로 이루어진 입자다. 중입자란 '무거운重 입자'라는 뜻이며, 양성자와 중성자가 여기 속한다.

■ **메손**meson, 중간자 | 쿼크-반쿼크 쌍으로 이루어진 하드론이다. meson은 그리스어로 '중간입자'라는 뜻이다. 최초로 발견된 중간자의 질량은 양성자와 중성자의 중간값이었다.

■ **렙톤**lepton, 경입자 | 원자핵에서는 발견되지 않는 기본입자다. '약하게 상호 작용하는 입자'라는 뜻으로 전자, 뮤온, 타우 그리고 이들 각각에 대응되는 뉴트리노까지 합하여 총 여섯 가지가 있다.

■ **뉴트리노**neutrino, 중성미자 | 전하가 없고 질량이 거의 0에 가까운 렙톤이다. 사전적 의미는 '작은 중성입자'라는 뜻이다. 뉴트리노는 별 내부의 핵융합 반응 과정에서 다량으로 생성되며, 다른 입자와 상호 작용을 거의 하지 않기 때문에 검출이 매우 어렵다. 자연에는 전자 뉴트리노electron neutrino와 뮤온 뉴트리노muon neutrino 그리고 타우 뉴트리노tau neutrino라는 세 종류의 뉴트리노가 존재한다(이들 모두는 전자, 뮤온, 타우와 함께 렙톤에 속한다).

■ **위쿼크와 아래쿼크**up quark and down quark | 양성자와 중성자를 구성하는 쿼크다.**

■ **쿼크의 색전하**quark color charge | 전하와 비슷한 개념이면서 쿼크만 갖고 있는 특징이다. 모든 쿼크는 적red, 녹green, 청blue이라는 세 가지 색전하

** 양성자는 위쿼크 두 개와 아래쿼크 한 개, 중성자는 위쿼크 한 개와 아래쿼크 두 개로 이루어져 있다.

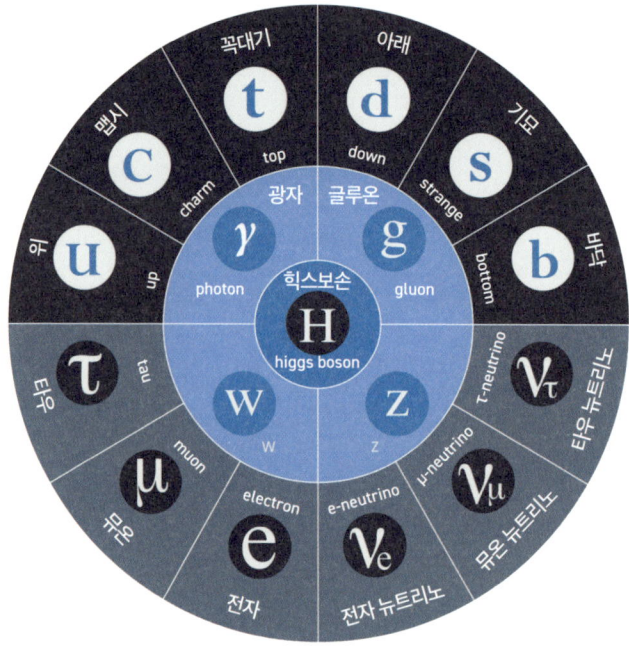

현재 주기율표에는 118개의 원소가 등록되어 있지만, 원소 대신 기본입자로 표를 만들면 훨씬 간단해진다. 위에 열거된 입자들은 모두 실험실에서 발견되었다.

중 하나를 가질 수 있다(입자가 +와 −라는 두 가지 전하 중 하나를 갖는 것과 비슷하다). 빛 스펙트럼에서 이 세 가지 색을 합쳤을 때 흰색이 되는 것처럼 쿼크로 이루어진 모든 입자는 그 안에 있는 쿼크의 색을 합쳤을 때 흰색이 되어야 한다.*

■ **쿼크의 향**quark flavor | '쿼크의 종류'와 동의어다. 쿼크의 종류가 여섯 가지라는 것은 쿼크의 향㨀이 여섯 종류라는 뜻이다. 즉, 위쿼크와 아래쿼크는 향이 다르다.

• 반쿼크의 색전하는 반적색, 반녹색, 반청색이며, 적색과 반적색을 합하면 흰색이 된다. 물론 색전하는 실제 색상과 아무런 관련도 없다.

- **글루온**gluon ｜ 쿼크 사이를 오락가락하면서 결합(상호 작용)을 매개하는 입자다. 쿼크와 마찬가지로 색전하를 갖고 있다.

- **기묘도**strangeness ｜ 전기전하와 비슷한 기묘쿼크의 특징이다. '하드론에 들어 있는 기묘쿼크의 수'로 정의된다. 기묘도가 0이 아닌 입자는 느리게 붕괴되는 특징이 있다.

- **맵시**charm ｜ 기묘도와 비슷한 효과를 주면서 맵시쿼크에만 존재하는 특성이다.

- **바닥과 꼭대기**bottom and top ｜ 기묘도나 맵시와 비슷하면서 바닥쿼크와 꼭대기쿼크에만 존재하는 특성이다.

더 쪼갤 수 있을까

쿼크는 진정 더 이상 쪼갤 수 없는 궁극의 최소 단위인가? 이것으로 우리는 우주의 '0'과 '1'에 도달했는가? 이론물리학자들은 이 질문의 답을 찾기 위해 다양한 시도를 하고 있는데, 그중 대표적인 이론 두 개를 여기 소개한다.

끈이론

이름에서 알 수 있듯이 끈이론string theory은 여섯 종류의 쿼크를 '각기 다른 모드로 진동하는 끈'으로 간주한다. 이 끈은 길이가 매우 짧아서 원자핵의 10억 분의 1에 불과하지만 중요한 것은 길이가 아니다. 문제는 끈이론이 수학적 모순을 야기하지 않으려면 끈이 진동하는 공간이 10차원이나 26차원이어야 한다는 것이다.

우리는 3차원 공간에서 살고 있다. 최근에 당신이 친구와 만나기로 했던 약속을 떠올려보라. 예를 들어 34번가와 파크 애비뉴 교차로에 있는 엠파이어 스테이트 빌딩 84층에서 만나자고 했다면, 세 개의 좌표(위도, 경도, 고도)가 정해진 셈이다. 그러나 약속을 이런 식으로 하면 당신은 친구를 만날 수 없다. 네 번째 좌표인 '시간'을 정하지 않았기 때문이다. 즉, 우리가 사는 곳은 3차원 공간에 1차원의 시간이 추가된 4차원 시공간이다.

끈이론이 서술하듯 우주에서 친구와 만나기 위해 약속을 정하려면 열 개의 좌표를 결정해야 한다. 그런데 주변을 아무리 둘러봐도 우리가 인지할 수 있는 공간은 4차원뿐이다(사실 시간도 보이지 않지만, 시계와 같은 도구를 통해 느낄 수는 있다). 나머지 차원은 어디에 있는 걸까? 끈이론에 의하면 나머지 여섯 개의 차원은 아주 작은 공간에 돌돌 말려 있어서 보이지 않는다.

간단한 예를 들어보자. 정원에 물을 뿌릴 때 사용하는 호스를 멀리 떨어져서 보면 가느다란 선처럼 보인다. 즉, 멀리서 볼 때 호스는 '두께가 없고 길이만 있는' 1차원 물체다. 그러나 가까이 다가가서 보면 호스는 좌-우 굵기도 있고 상-하 굵기도 있다. 즉, 실제 호스는 길이뿐만 아니라 부피도 갖고 있으므로 3차원 물체임이 분명하다. 멀리서 볼 때는 두 개의 차원(좌-우 굵기와 상-하 굵기)이 너무 작아서 보이지 않지만, 그렇다고 차원이 사라진 것은 아니다. 끈이론의 논리로 설명하자면 호스의 굵기는 미세한 공간에 돌돌 말려서 보이지 않는 6차원 공간에 해당한다. 그러므로 끈이론을 검증하는 가장 확실한 방법은 여분의 차원이 숨어 있는 공간으로 비집고 들어가서 그 존재를 확인하는 것이다. 그러나 입자를 가속시켜서 그곳으로 보내기에는 지금의 입자가속기 출력이 턱없이 모자란다. 그래서 끈이론은 아직도 검증 불가능한 이론으로 남아 있다. 아무튼 끈이론에 의하면 다차원 공간에서 진동하는 끈은 우리가 인지할 수 있는 차원에서 우리가 알고 있는 입자의 형태로 나타난다.

고리양자중력

물질의 궁극적 구조를 탐구하는 또 다른 방법은 쿼크의 구조 대신 시공간 자체의 구조를 파고드는 것이다. 대부분의 이론에서 시간과 공간은 연극 무대처럼 사건이 전개되는 배경에 불과하다. 그러나 엄청나게 작은 규모(또는 엄청나게 큰 에너지 수준)에서 보면 시간과 공간은 매끈하고 연속적인 직물이 아니라 불연속의 알갱이(양자)quantum로 이루어져 있을지도 모른다. 이것이 바로 고리양자중력loop quantum gravity의 핵심이다. 이 가설에 의하면 초미세 규모에서 시간과 공간은 마치 사슬로 짠 갑옷처럼 '맞물린' 고리의 형태로 존재한다.

끈이론과 고리양자중력은 다음 두 가지의 중요한 공통점을 갖고 있다.

- ◆ 두 이론 모두 우주의 구조를 설명하는 궁극의 이론, 즉 '만물의 이론 theory of everything'의 유력한 후보다.
- ◆ 둘 다 실험적 검증이 불가능하다.

이로써 우주의 구성 요소를 밝히려는 우리의 노력은 이론과 실험, 양면에서 한계에 도달했다. 그동안 나름대로 고생도 많이 했고 새로 알게 된 것도 많은데, 희한하게도 처음 시작했을 때보다 궁금한 게 훨씬 많아졌다. 역시 알고 싶은 욕구에는 한계가 없는 것일까?

제 6 장

생명이란 무엇일까?

생명의 복잡성: 주사전자현미경으로 확대한 개나리의 꽃가루 입자.

- 모든 것을 바꾼 실험
- 외계에서 배달된 지구 생명의 씨앗
- 생명의 기원, RNA
- 자연선택
- 복잡함은 필연적 결과인가
- 지능과 기술
- 모조 생명체
- 다른 종류의 생명체
- 극한 미생물

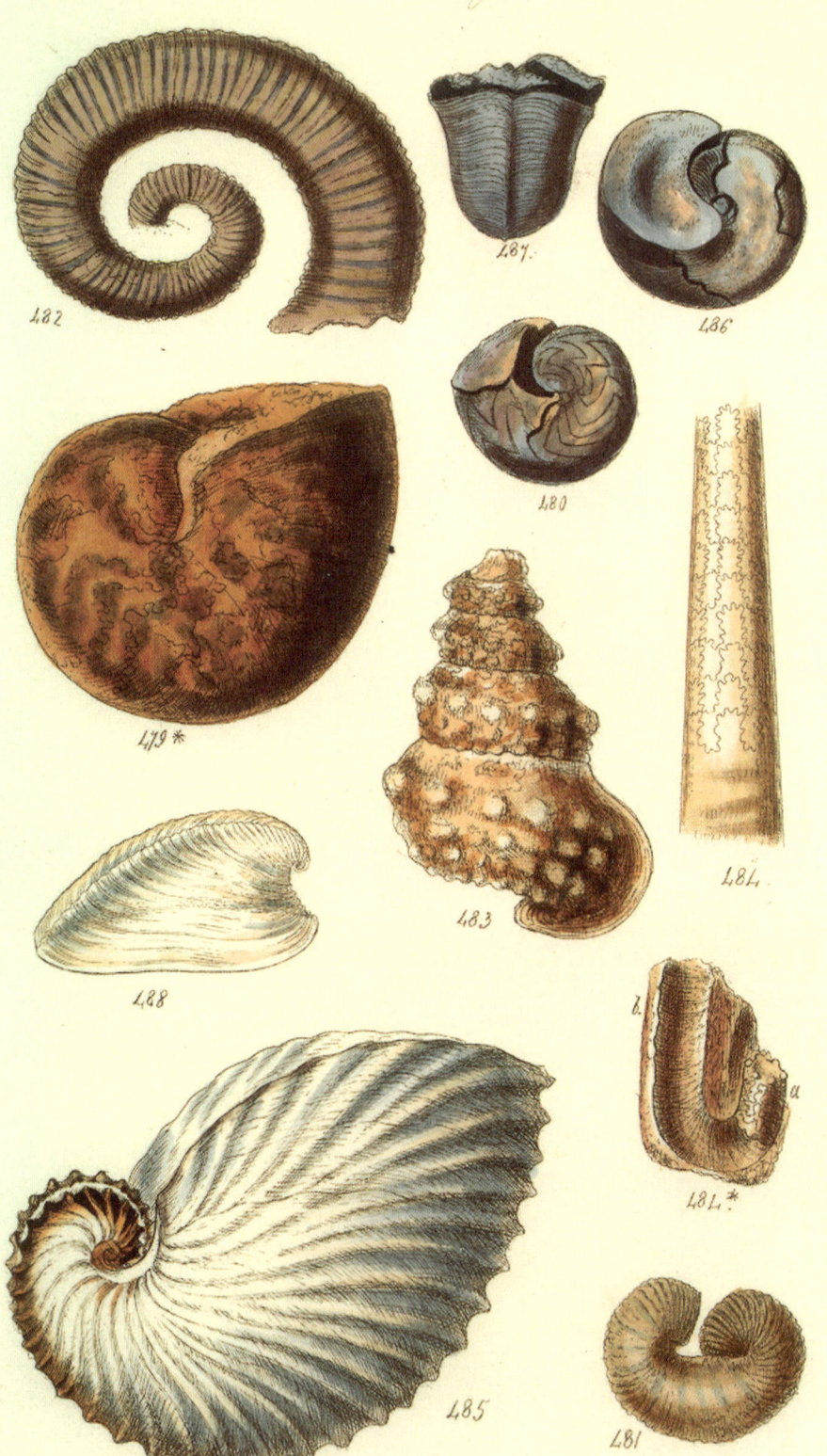

Fig. 179* to 488

지구가 아닌 다른 곳에서 생명체를 찾고 싶다면 먼저 지구에 서식하는 생명체부터 알아야 한다. 대충은 알고 있다고? 그렇게 간단한 문제가 아니다. 최고의 생물학자도 "생명이란 무엇인가?"라는 질문에는 선뜻 답을 내놓지 못한다. 생명은 끊임없이 변하는 개념이어서 아직도 과학의 중심이 아닌 변두리에 머물러 있다. 과학자들은 다양한 방법으로 생명을 정의해왔는데, 그중 중요한 세 가지를 추리면 다음과 같다.

목록에 의한 정의

대부분의 생물학 교과서에는 생명의 특성을 세포로 이루어져 있을 것, 환경 적응 능력이 있을 것, 번식이 가능할 것 등 몇 가지 항목으로 정의한다. 그리고 이런 특성을 모두 또는 대부분 보유한 것을 생명체라 보고 있다.

그러나 이런 식의 정의는 다분히 지구 중심적이어서 외계행성에는 적용되지 않을 가능성이 높고, 처음부터 목록을 치밀하게 정하지 않으면 시간이 흐를수록 예외적인 사례가 쌓이면서 정의 자체가 무색해진다.

역사에 의한 정의

◀ 우아한 곡선과 나선으로 이루어진 조개와 화석의 외형(19세기 도감에서 발췌).

1994년 NASA는 생명을 정의하기 위해 전문가로 이루어진 위원회를 구성했는데, 이들은 몇 차례의 토론을 거친 후 '자연선택natural selection을 통해 진화할 수 있는 자립적인 화학 시스템'을 생명으로 정의했다. 이것도 지구에서는 매우 명확한 정의라 할 수 있지만, 지구 밖의 생명체로 확장하기에는 다소 무리가 있다.

열역학에 의한 정의

질서 정연한 계를 그대로 방치하면 항상 무질서한 상태로 흩어진다. 이것은 열역학 제2법칙을 통해 모든 만물에 주어진 피할 수 없는 운명이다. 예를 들어 얼음 결정은 질서 정연한 상태인데 온도가 올라가서 녹아내리면 무질서한 액체가 된다.

생명체는 고도로 질서 정연한 존재다. 당신의 몸에 있는 세포를 일일이 분해해서 아무렇게나 재조립한다고 상상해보라. 지금과 같은 질서를 복원하기란 거의 불가능하다. 그러나 이 질서는 공짜가 아니다. 얼음이 유지되려면 전기에너지를 잡아먹는 냉동고에 들어가야 하듯이 생명체도 질서를 유지하려면 에너지를 공급받아야 한다. 그러므로 열역학적 의미에서 생명이란 '에너지의 흐름을 통해 질서가 유지되는 계'로 정의할 수 있다.

모든 것을 바꾼 실험

19세기 말에 과학자들은 생명에 대한 낡은 관념을 버리고 새로운 개념을 적극적으로 받아들이기 시작했다. 이런 분위기에서 '무생물이 생물로 변했다'는 자연 발생설은 더 이상 발붙일 곳이 없어졌고, 질병의 원인을 설명하는 세균이론이 대세로 떠올랐다. 그 후 과학자들은 생명의 기반이 화학임을 알게 되었으며, 독일의 생물학자 루돌프 피르호Rudolf Virchow는 "모든 세포는 세포에서 탄생한다Omnis cellula e cellula"고 선언함으로써 현대 생물학의 탄생을 예고했다.

그러나 개념상의 약진에도 불구하고 한 가지 의문은 여전히 풀리지 않은 채 남아 있었다. 생명의 기원은 무엇인가? 모든 세포가 모세포에서 탄생했다면 최초의 모세포는 무엇으로부터 탄생했는가? 생물과 무생물 사이에는 알 수 없는 암흑의 장막이 드리워 있었고, 과학자들은 어떤 연결 고리도 찾지 못했다. 생명체에서 발견된 분자는 무생물의 분자와 비교가 안 될 정도로 복잡한데 이들을 무슨 수로 연관 짓는다는 말인가? 그리하여 생명의 기원에 관한 문제는 철학자와 신학자에게 떠넘겨졌고, 대부분의 과학자는 다른 곳으로 관심을 돌리면서 묵비권을 행사했다.

1952년의 어느 날, 이 모든 것을 한 방에 바꿀 역사적 실험이 시카고 대학교 지하 실험실에서 조용히 진행되고 있었다. 18년 전 노벨화학상을 수상한 미국의 화학자 해럴드 유리Harold Urey와 그의 제자 스탠리 밀러Stanley Miller는 실험실에서 초기 지구 환경을 비슷하게 재현해놓고 잔뜩 긴장한 표정으로 전기 스위치를 켰다. 이 실험에서 커다란 유리 전구 안에는 바다를 대신할 물이 담겨 있고, 태양의 열에너지는 전기 스토브로, 번개는 전기 스파크로 대체되었다. 그리고 유리 전구의 빈 공간은 원시 지구의 대기와 비슷한 기체로 채워졌는데, 주성분은 수증기(H_2O)와 메탄(CH_4), 암모니아(NH_3) 그리고 수소(H_2)였다.

유리와 밀러는 원시 지구의 화학 반응 재현 장치를 몇 주 동안 쉬지 않고 가동하다가, 어느 날 유리 전구 속 물이 탁한 적갈색으로 변한 것을 발견하고 당장 성분 분석에 들어갔다. 과연 어떤 결과가 나왔을까? 놀랍게도 그 물에서 아미노산분자가 발견되었다! 생명 유지에 필요한 화학 반응이 일어나려면 단백질이 필수인데, 단백질의 구성 요소인 아미노산이 무기물로부터 합성된 것이다. 무기물로 시작한 실험에서 생명체의 특징인 복잡한 분자가 만들어졌다는 것은 생명의 징후가 전혀 없던 원시

중년에 접어든 스탠리 밀러가 1952년(그때 그는 22살의 청년이었다) 스승 해럴드 유리와 함께 수행했던 실험을 당시 사용했던 구식 장비로 재현하고 있다. 이 실험에서 유리와 밀러는 원시 지구에서 일어났던 화학 반응을 비슷한 환경에서 재현하여 생명에 필요한 분자를 만들어내는 데 성공했다.

지구에서 생명의 기본 단위가 자연적으로 생성될 수 있었음을 의미한다. 물론 이것으로 생명의 기원이 명확하게 밝혀졌다고 보긴 어렵지만, 생물과 무생물 사이의 아득한 간극이 부분적으로 연결된 것만은 분명한 사실이다.

생물학자들은 유리와 밀러의 실험에서 몇 가지 오류를 찾아냈다. 무엇보다도 원시 대기의 주성분인 질소와 이산화탄소 대신 메탄과 암모니아를 사용했다는 점이 가장 많이 지적되었는데, 몇 가지 후속 검증을 거친 결과 이것은 별로 중요한 문제가 아니었다. 그 후로 수십 년 동안 과학자들은 조건을 조금씩 바꿔가면서 유리와 밀러의 실험을 재현하여 동일한 결과를 얻었을 뿐만 아니라, DNA를 비롯한 복잡한 분자까지 만들어내는 데 성공했다. 더욱 고무적인 것은 우주에서 날아온 운석과 성간기체에서도 아미노산을 포함한 유기분자가 발견되었다는 점이다. 그렇다. 자연에는 생명에 필요한 분자를 다량 생산하는 시스템이 이미 갖춰져 있었다. 주된 이유는 생명에 필요한 분자들이 '우주에서 가장 풍부한 원소들'로 이루어져 있기 때문이다. 이로써 생물과 무생물의 연결 고리가 눈에 보이기 시작했고, 생명의 기원이라는 말만 들어도 손사래를 치던 과학자들이 앞다퉈 이 분야로 뛰어들었다.

생물과 무생물 사이의 간극이 100년 전보다 크게 줄어든 것이다.

외계에서 배달된 지구 생명의 씨앗

20세기 중반부터 과학자들은 운석meteorite(지구를 항해 날아온 소행성이나 혜성이 대기를 통과한 후 남은 암석 및 금속질 잔해)에 생명의 구성 성분인 아미노산이 함유되어 있음을 확인하고, 정보의 보고인 운석을 찾아 전 세계를 돌아다니기 시작했다. 운석은 지구 어디에나 떨어질 수 있지만 효율과 품질면에서는 남극대륙의 운석이 최고다. 외관상 하얀 설원에 박힌 검은 점은 점이어서 찾기 쉽고, 문명의 영향을 받지 않아서 원래 모습이 거의 그대로 보존되어 있기 때문이다. 운석학자들은 태양계가 처음 형성되던 무렵에 만들어진 외계 아미노산이 운석에 실려 지구로 배달되었을 가능성이 높다고 주장한다. 생명의 진화는 지구에서 이루어졌지만, 그 기원은 지구가 아니라는 이야기다.

과학자들이 남극대륙의 운석을 선호하는 또 다른 이유는 운석 자체뿐만 아니라 그 주변의 얼음도 원형 그대로 보존되어 있기 때문이다. 그런

지구 생명체의 씨앗은 정말로 외계에서 운석을 타고 지구로 배달되었을까? 사실 지구와 달은 지금으로부터 약 40억 년 전에 우주에서 날아온 운석에 융단 폭격을 당했고, 대부분의 운석에는 생명의 필수 요소인 아미노산이 함유되어 있었다.

데 운석에 함유된 아미노산과 주변 얼음에 있는 아미노산의 양을 비교해보니 얼음 속에 더 많은 것으로 나타났다. 이는 곧 운석에 함유된 아미노산이 지구가 아닌 우주에서 생성되었음을 의미한다.

이것으로 증명이 끝난 것은 아니다. 아미노산의 원산지가 우주임을 확실하게 입증하려면 운석에 함유된 아미노산이 수십억 년 전에 생성된 골동품이라는 것까지 증명해야 한다.

2007년 이전까지만 해도 과학자들은 지구에 떨어진 후 수십억 년 동안 침식을 이겨내고 살아남은 운석만 연구할 수 있었다. 그러나 NASA의 스타더스트 미션 Stardust mission(혜성의 샘플을 직접 채취하여 지구로 보내온 최초의 우주 탐사선)이 성공리에 마무리된 후로 우주 암석의 '생생한 표본'을 분석할 수 있게 되었다. 지표면의 침식과 무관하게 살아온 혜성은 태양계와 유기분자가 겪어온 파란만장한 역사를 고스란히 간직하고 있다. 태양계 초창기에 생성된 유기물입자를 천연 냉장고(얼음 속)에 간직한 채, 수십억 년 동안 카이퍼 벨트와 오르트 구름 속을 돌아다녔으니 보존 상태는 거의 최상이다.

혜성이 태양에 가까이 접근하면 얼음이 증발하면서 먼지 알갱이가 날아가는데, 이들이 지구에서 보이는 혜성의 꼬리를 형성한다.* NASA의 스타더스트 탐사선은 바로 이 꼬리를 통과하면서 샘플을 채취한 후 지구로 귀환했고, 과학자들은 그 안에서 아미노산을 발견했다(그러나 이번에는 놀라는 사람이 별로 없었다).

그로부터 9년 후, 유럽우주국의 로제타 미션Rosetta mission은 또 다른 혜성의 꼬리에서 글리신glycine(구조가 가장 단순한 아미노산)을 검출하여 생명체 외계 유입설에 더욱 강한 힘을 실어주었다.

생명의 기원, RNA

닭이 먼저일까, 달걀이 먼저일까?

전 세계 아이들을 헷갈리게 만들었던 이 오래된 수수께끼는 생명의 기원을 생각할 때마다 새삼 특별한 의미로 다가온다. 유기체의 생존을 좌우하는 화학 반응은 효소enzyme라는 복잡한 분자에 의해 제어된다. 효

---

* 흔히 비행 물체의 꼬리는 진행 방향의 반대쪽을 향하지만, 혜성의 꼬리는 진행 방향과 무관하게 항상 태양의 반대쪽으로 뻗어 있다.

소란 특별한 반응이 일어나도록 유도하는 단백질의 일종이며, 단백질 생산을 제어하는 암호는 DNAdeoxyribonucleic acid(디옥시리보핵산) 분자에 담겨 있다.

DNA는 생산 공장 사무실에 보관된 업무 지침서와 비슷하다. 지침에 따라 제품이 완성되려면 그 안에 담긴 정보가 생산 시설로 전달되어야 하는데, 이곳의 현장 감독은 RNAribonucleic acid(리보핵산)라는 분자다. DNA 분자에는 RNA를 생산하는 데 필요한 지침도 들어 있다.

언뜻 듣기에는 별 문제가 없는 것 같지만, 사실 여기에는 닭과 달걀 중에 무엇이 먼저인가와 비슷한 재귀형 문제가 도사리고 있다. 생명의 화학적 특성을 조절하는 효소를 만들려면 RNA가 반드시 필요하다. 그런데 RNA를 만들려면 그 안에 담긴 지시 사항을 해독해야 하고, 이 과정에서 효소의 도움을 받아야 한다. 다시 말해서, RNA를 만들려면 효소가 필요하고, 효소를 만들려면 RNA가 필요하다는 뜻이다.

원래의 질문으로 돌아가 보자. 닭이 먼저인가, 달걀이 먼저인가?

1980년대 초, 미국의 생물학자 토머스 체크Thomas Cech와 시드니 올트먼Sidney Altman이 드디어 수수께끼의 실마리를 찾았다(그리고 이 발견으로 1989년 노벨화학상을 공동 수상했다). 이들은 특정 유형의 RNA가 화학 반응에서 효소 역할을 할 수 있음을 발견했는데, 만일 이런 RNA가 유리-밀러 실험과 같은 과정을 거쳐 만들어진다면 화학 반응에서 효소 역할을 하여 반응을 촉진할 수 있을 것이다. 게다가 RNA에는 자기 자신과 단백질 효소를 생산하는 데 필요한 정보도 담겨 있다. 이 시나리오에 의하면 특별한 유형의 RNA는 지구 역사상 최초의

▶ 운석은 남극대륙의 빙퇴석* 氷堆石, moraine 사이에서 종종 발견된다. 혜성 및 소행성의 파편 중 오염이 가장 적은 이 운석에는 지구의 역사와 생명체의 기원이 담겨 있을지도 모른다.

• 빙하의 흐름에 실려 이동한 암석.

복잡한 분자로서 훗날 탄생하게 될 모든 세포의 모태인 셈이다.

RNA 기원설은 생화학자들 사이에서 폭넓은 지지를 받고 있지만, 생명의 기원에 대한 가설은 이것 말고도 또 있다. 예를 들어 일부 과학자들은 점토와 같은 광물이 전하 이동을 통해 표면의 분자를 재배열함으로써 효소가 되었다고 주장한다. 또는 최초의 세포가 효소 없이도 진행될 수 있는 간단한 화학 반응에서 시작되었다고 주장하는 사람도 있다.

아직 통일된 이론은 없지만 한 가지 사실만은 분명하다. 최초의 세포가 언제 어디에서 어떻게 태어났건 간에 그것이 등장한 순간부터 지구는 이전과 완전히 다른 길을 걷게 되었다.

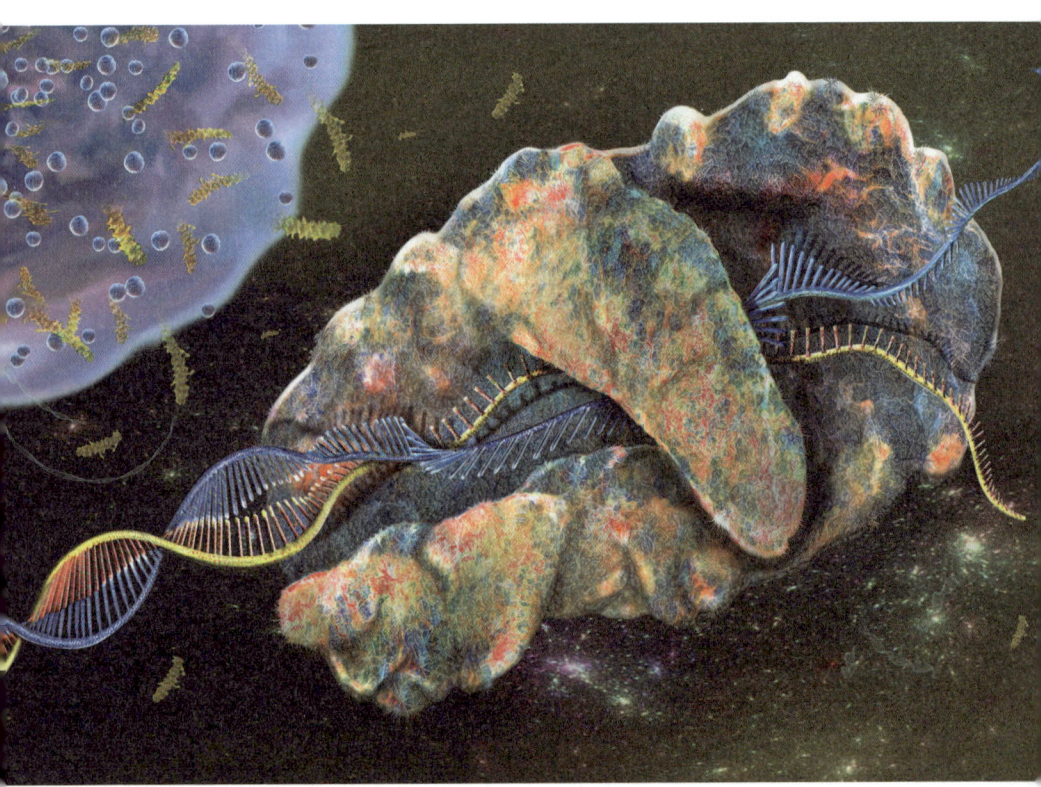

DNA 가닥이 풀리면서 복사 공정을 거쳐 RNA 분자가 만들어지는 과정을 묘사한 상상도. 그림의 왼쪽 위에 있는 것은 이 과정에 핵산을 공급하는 세포핵이다.

> **닐 디그래스 타이슨**
> @neiltyson
>
> 호모 사피엔스 Homo sapiens임을 자랑스럽게 생각하자. 우리에게는 위험한 줄 뻔히 알면서도 모험을 강행하도록 만드는 DNA가 있지 않은가.
>
> 💬 215 🔁 3K ♡ 4.8K   2014년 11월 1일 오후 4:40

자연선택

지금까지 언급된 내용으로 미루어 볼 때, 생명의 구성 요소는 스스로, 자연적으로 조립되었음이 거의 확실하다. 그러나 최초의 원시세포(화학적 상호 작용을 교환하면서 스스로 번식할 수 있는 유기체)가 만들어진 비결은 여전히 미지로 남아 있다. 아무튼 최초의 세포가 등장한 순간부터 '자연선택'이라는 무자비한 원리가 적용되기 시작했고, 이 과정에서 살아남은 세포들이 오늘날 지구에 서식하는 복잡하고 다양한 생명체로 진화했다.

지구에서 가장 외로운 존재였던 최초의 세포는 주변 환경으로부터 분자를 수용하고, (아마도 앞에서 언급한 RNA 전략을 이용하여) 화학 반응을 일으키고, 스스로를 복제했을 것이다. 그리고 지구는 이런 원시생물의 터전이 되어 먹이를 무한정 제공했을 것이다.

어느 정도 세월이 흐른 후, 환경적 요인(방사선이나 열 또는 화학 물질)에 의해 세포를 구성하는 분자들 중 하나가 달라졌다. 소위 말하는 '돌연변이 mutation'가 일어난 것이다. 대부분의 경우 돌연변이는 세포를 손상시키는 쪽으로 일어난다. 변이가 일어난 세포는 부분적으로 기능이 마비되거나 번식이 불가능해지는 등 이전보다 생존에 불리한 쪽으로 변질되기 쉽다. 그러나 아주 가끔은 돌연변이를 통해 환경을 더욱 효율적으로 활

> **적자생존**
>
> 1859년 찰스 다윈이 발표한 《종의 기원》에는 '적자생존'이라는 말이 단 한 번도 나오지 않는다. 이 용어는 영국의 사회학자이자 철학자 허버트 스펜서 Herbert Spencer가 다윈의 책을 읽은 후 만들어낸 것으로, 《종의 기원》 5판부터 원문에 삽입되어 정식 용어로 통용되기 시작했다.

용하는 세포가 탄생하기도 한다. 그리고 이런 세포는 다른 세포보다 살아남을 확률이 높아서 더 많은 후손을 퍼뜨릴 수 있고, 이들에게는 생존에 유리한 특성이 그대로 전달되어 개체 수도 더욱 늘어나게 된다. 그 후로 충분한 시간이 흐르면 결국 세포 집단 전체가 동일한 유전자를 보유하게 되는데, 이 과정을 한 단어로 표현한 것이 바로 '자연선택'이다.

자연선택은 생물의 다양성을 촉진한다. 태풍이 불어서 일부 세포가 북극 해역으로 날아갔다면, 그곳에서 또다시 돌연변이가 일어나 추운 환경에 적응한 세포가 북극의 생태계를 장악할 것이다. 이런 과정이 긴 세월 동안 반복되면 결국 지구에는 각 지역마다 각기 다른 종의 세포가 존재하게 된다.

자연선택은 매우 간단하고 논리적인 과정이어서 지구 이외의 다른 행성에서도 일어날 수 있다. 물론 환경이 다르면 생태계를 장악한 생명체의 형태도 다르다. 예를 들어 지구보다 훨씬 무거운 행성에서는 강한 중력에 적응해야 하므로 작고 다부진 생명체가 주류를 이룰 것이다. 그리고 조석고정행성 tidally locked planet(달처럼 자전 주기와 공전 주기가 같은 행성)은 뜨거운 지역과 차가운 지역으로 양분되어 있어서 기온 차로 인한 강풍이 잦아들 날이 없기에 공기 역학적으로 적합하게 생긴 생명체가 생존에 유리할 것이다.

현재 전 세계 바다에는 약 4,000종의 유공충有孔蟲, foraminifera이 서식하고 있다. 5억 년에 걸쳐 남아 있는 이들의 화석을 살펴보면, 자연선택에 따라 진화해왔음을 확실하게 알 수 있다.

복잡함은 필연적 결과인가

처음 탄생한 후로 거의 25억 년 동안 지구는 정말 그야말로 지루하고 따분한 행성이었다. 이 시기에 외계인이 지구를 방문했다면 그의 눈에 보이는 생명체라고는 바닷가에서 광합성을 하는 녹조류가 전부였을 것이다. 이들은 세포임에도 불구하고 핵이 없었으며, 세포벽 안에는 자유롭게 떠도는 DNA만 존재했다.

지금으로부터 약 20억 년 전에 커다란 세포가 엉겁결에 작은 세포 하나를 삼키고는 '하나일 때보다 둘이 함께 있을 때 만사가 잘 풀린다'는 사실을 깨닫고, 아예 그 상태로 살아가기로 합의했다. 훗날 지구의 생명

> **닐 디그래스 타이슨** @neiltyson
>
> 나는 매번 트위터에 글을 올리기 전에 질소 78퍼센트와 산소 21퍼센트로 만든 기체형 칵테일을 깊이 들이마신다. 긴 세월에 걸쳐 확실하게 검증된 최고의 명약이다.
>
> 💬 383 🔁 4K ❤ 10.9K   2016년 3월 9일 오후 4:04

계를 더없이 복잡하게 만들 '공생共生, symbiosis'이 시작된 것이다. 이들은 그 후로 10억 년 동안 부분적 진화를 겪다가 지금으로부터 8억 년 전에 또 한 번 중요한 변화를 맞이하게 된다. 한 무리의 세포들이 '각자 고립된 채 개별적으로 살아가는 것보다 하나로 뭉쳐서 분업 시스템을 구축하면 만사가 더욱 태평해진다'는 사실을 깨달은 것이다. 다세포 생명체는 단순한 구조에서 시작되었다가 얼마 지나지 않아 복잡다단한 생명체로 진화했는데, 그 변천사는 현대 도로의 발달사와 매우 비슷하다. 아이디어가 아무리 좋아도 기술이 뒷받침되지 않으면 실현할 수 없으니 모든 발전은 기술에 의해 좌우될 수밖에 없다. 도로망이 제 역할을 하려면 누군가는 자동차를 만들어서 팔아야 하고, 누군가는 휘발유를 생산하고 유통해야 하며, 또 누군가는 비지땀을 흘리면서 도로를 포장해야 한다.

다들 알다시피 도로망은 하루아침에 갑자기 만들어진 것이 아니다. 지금 깔려 있는 도로는 먼 옛날에 사냥터였거나 사람들이 도보로 오가는 오솔길이었다. 그 후 마차가 등장하자 오솔길은 비포장 마찻길로 변했고, 20세기 초에 헨리 포드Henry Ford라는 인물이 자동차 대량 생산 시스템을 구축하자 도로가 포장되고, 곳곳에 주유소가 들어서기 시작했다. 이처럼 현대의 복잡한 도로망은 긴 세월 동안 크고 작은 변화를 겪으면서 단계적으로 구축된 것이다. 그런데 생명의 변천사를 되돌아보면 도로의 변천사와 놀라울 정도로 비슷하다.

지능과 기술

누가 뭐라 해도 기술은 지능의 산물이다. 똑똑한 엔지니어의 도움을 받아 과학적 지식을 특정 목적에 활용하면 새로운 기술이 탄생한다. 무거운 물건을 쉽게 옮겨주는 바퀴와 음식을 익혀주는 모닥불 그리고 호모 사피엔스 간 소통을 원활하게 해주는 스마트폰은 지능에서 탄생한 최고의 기술이다.

인간의 기술이 진화하려면 '복잡한 세포'와 '다세포 생명체'라는 두 가지 전제 조건이 충족되어야 하는데, 최초의 단세포가 등장한 후로 이들이 나타날 때까지 무려 10억 년이 걸렸다. 진화가 이토록 어려운 것이라면 기술을 보유한 외계 종족은 우리가 생각하는 것만큼 흔치 않을 것 같다.

그러나 고도로 복잡한 행동을 하기 위해 반드시 커다란 두뇌가 필요한 것은 아니다. 예를 들어 꿀벌은 단춧구멍보다 작은 두뇌로 정교한 수학적 춤을 추면서 멀리 떨어진 먹이의 위치를 동료들에게 정확하게 알려준다. 그리고 원시적 두뇌를 가진 문어는 미로 탈출은 기본이고, 빈틈이 없어 보이는 울타리도 쉽게 빠져나갈 수 있다. 물론 여덟 개의 다리에 촘촘하게 달려 있으면서 각자 독립적으로 작동하는 고성능 빨판도 중요한 역할을 한다.

그러나 다양한 동물의 지능을 비교하는 기준 같은 것은 이 세상에 존재하지 않는다. 정의에 따라 다르겠지만 지능은 진화의 초기 단계부터 존재했을 수도 있다. 포식자를 발견하고 재빨리 도망가는 초보적 능력도 진화에 커다란 이점을 제공한다. 잠깐, 여기서 한 가지 의문이 떠오르지 않는가? 지능이 생존에 그토록 중요한 요소라면 우리는 왜 자신의 지능으로 만든 창조물로 인해 멸종 위기에 몰리고 있는가?

의문은 또 있다. 지능은 항상 기술로 이어지는가? 공룡은 2억 년 넘게

닐 디그래스 타이슨
@neiltyson

만일 문어가 사람을 방 안에 가두고자 한다면, 굳이 문을 잠글 필요 없이 출구에 손잡이만 세 개쯤 달아놓으면 될 것 같다.

💬 2.7K　⟲ 16.1K　♡ 93.1K　　2018년 10월 30일 오후 9:38

세상을 지배했지만 (적어도 우리가 아는 한) 모닥불을 지피지 못했고, 일반상대성이론을 생각해내지도 못했으며, 넷플릭스를 본 적도 없다. 6600만 년 전에 커다란 소행성이 지구에 떨어지지 않았다면 공룡은 훨씬 오랫동안 살아남았을 것이다. 그러고 보니 외계에는 그런 불운을 겪지 않은 공룡이 생태계를 지배하는 행성도 적지 않을 것 같다.

조개껍질을 다리로 감싼 채 해저를 기어가는 인도네시아 코코넛 문어의 모습. 포식자의 눈에는 모래에 덮인 평범한 조개처럼 보인다.

세포소기관

인간을 포함한 다세포생물의 세포는 '세포소기관organelle'이라는 복잡한 내부 구조로 이루어져 있다. 각 기관은 과거에 독립적으로 존재하다가 생명의 진화 과정에서 공생을 위해 뭉친 것으로 추정된다. 세포의 DNA는 세포소기관 중 하나인 핵nucleus에 들어 있고, 세포에 필요한 에너지는 미토콘드리아mitochondria라는 세포소기관에서 생산된다. 그 외의 세포소기관도 각자의 기능을 수행하고 있으며, 이들 중 하나라도 기능을 멈추면 세포는 더 이상 생존할 수 없다.

모조 생명체

혹시 우리가 알고 있는 생명체(화학 반응으로 유지되면서 외부와 차단된 유체 시스템)들은 다른 무언가로 가는 기나긴 여정의 중간 기착지가 아닐까? 유기 생명체가 추구하는 궁극의 목적이 '생물학을 넘어선 생명체(현대 컴퓨터에서 진화한 생명체)를 창조하는 것'이라면 어떨까? 일부 과학자와 미래학자들은 이와 같은 진화가 가능할 뿐만 아니라 필연적 결과라고 주장한다. 공상과학 작가들은 이 최종 결과물에 '호모 실리코넨시스Homo siliconensis'라는 희한한 이름을 붙여놓았다. 컴퓨터의 주요 부품이 트랜지스터고, 트랜지스터의 핵심 요소는 실리콘 칩이기 때문이다.

1965년 인텔Intel사의 공동 설립자인 미국의 엔지니어 고든 무어Gordon Moore는 컴퓨터의 진화 속도를 예측하는 하나의 법칙을 제안했다. 그는 칩에 심어진 트랜지스터의 수(즉, 컴퓨터의 전체적 성능)가 2년마다 두 배로 많아진다고 예측했는데, 이것이 바로 그 유명한 '무어의 법칙Moore's law'

이다(얼마 후 이 기간은 18개월로 단축되었다).

무어의 법칙은 중력법칙 같은 자연의 법칙이 아님에도 불구하고 지난 50년 동안 놀랍도록 정확하게 들어맞으면서 하나의 진리로 자리 잡았다. 트랜지스터의 수가 많아진 것은 컴퓨터가 커졌기 때문이 아니라, 트랜지스터 자체가 작아졌기 때문이다. 과거 한때 냉장고와 몸집을 겨뤘던 컴퓨터는 현재 손바닥에 올라올 정도로 작아졌다. 그러나 오늘날 트랜지스터는 눈에 보이지 않을 정도로 작아져서 머지않아 물리학에서 말하는 근본적 한계*에 직면하게 될 것이다. 즉, 트랜지스터가 작아지는 데는 물리적 한계가 있다.

미국의 미래학자 레이 커즈와일Ray Kurzweil은 꽤 낙관적이다. 그는 미래의 컴퓨터가 무어의 법칙과 실리콘 칩의 물리적 한계를 극복하고 지금처럼 기하급수적으로 발전할 것이라고 장담했다. 그가 이렇게 큰소리를 칠 수 있는 이유 중 하나는 기적의 컴퓨터로 불리는 '양자컴퓨터quantum computer'가 빠르게 발전하고 있기 때문이다. 양자컴퓨터는 '양자적 얽힘quantum entanglement'이라는 현상을 이용하여 복잡한 계산을 병렬로 수행함으로써 기존의 디지털컴퓨터로 수십 년은 족히 걸릴 계산을 단 몇 초 안에 해낼 수 있다.

지금 전 세계의 컴퓨터 공학자들은 양자컴퓨팅 기술을 선점하기 위해 냉전 시대의 군비 경쟁을 방불케 하는 치열한 경쟁을 벌이는 중이다. 무어의 법칙이 미래에도 그대로 적용된다면, 20년 후의 컴퓨터는 지금의 1,000배, 30년 후에는 무려 10억 배의 성능을 발휘하게 된다.

그렇다면 언젠가는 기계의 지능이 인간보다 우월해지는 시점이 찾아

---

* 불확정성 원리 uncertainty principle.
** 이상향 utopia과 정반대인 부정적 모습의 미래 세계.

종이 클립 우주

옥스퍼드대학교의 철학자 닉 보스트롬Nick Bostrom은 특이점과 관련하여 흥미로운 디스토피아**dystopia를 제안했다. 당신이 인공지능AI에 주변에서 재료를 긁어모아 종이 클립을 만들라는 지시를 내렸다고 가정해보자. 인공지능은 임무를 완수하기 위해 점점 더 효율적인 클립 생산용 로봇을 만드는데, 언제 끝내야 할지 몰라 결국 우주 전체가 클립으로 덮여버린다. 물론 인공지능은 악의가 없고 당신을 미워하지도 않는다. 단지 당신의 몸에 있는 원자를 재료 삼아 종이 클립을 만들려고 할 뿐이다.

컴퓨터의 선구자 대니 힐리스Danny Hillis와 그의 동료들이 설립한 싱킹 머신스Thinking Machines Lab사의 슬로건은 좀 더 긍정적이다. "우리는 인간을 자랑스럽게 여길 기계를 만들고 있습니다!"

올 것이다. 그때가 되면 과연 어떤 일이 벌어질 것인가? 기계가 자의식을 갖고 스스로 개선할 수 있다면 세상은 어떻게 달라질 것인가? 우리는 그런 기계를 살아 있는 존재로 인식할 것인가? 아무리 똑똑해도 어디까지나 기계일 뿐인데 그것을 꼭 인간처럼 대해야 할 것인가?

기계가 인간을 능가하는 시점을 '특이점singularity'이라 한다. 원래는 수학과 물리학에서 정의되지 않거나 예측할 수 없는 특이한 지점을 칭하는 용어였는데, 미래학자들의 손을 거치면서 의미가 확장되었다. 천체물리학자들은 블랙홀의 중심부도 특이점이라고 부른다. 기존의 물리법칙이 적용되지 않아서 아무런 예측도 할 수 없고, 오직 가설만 존재한다.

인공 시스템의 사례는 공상 과학물에서 쉽게 찾을 수 있다. 드라마 〈스타트렉: 넥스트 제너레이션〉에 등장하는 안드로이드 데이터Data와 〈스

제6장 생명이란 무엇일까? **207**

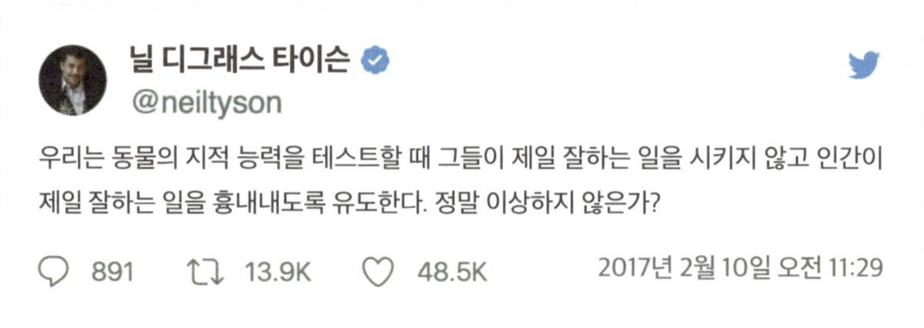

닐 디그래스 타이슨
@neiltyson

우리는 동물의 지적 능력을 테스트할 때 그들이 제일 잘하는 일을 시키지 않고 인간이 제일 잘하는 일을 흉내내도록 유도한다. 정말 이상하지 않은가?

♡ 891　↻ 13.9K　♥ 48.5K　　2017년 2월 10일 오전 11:29

〈스타트렉: 보이저〉에서 홀로그램으로 등장하는 닥터Doctor 그리고 한 시대를 풍미했던 영화 〈터미네이터〉의 막강한 로봇과 〈블레이드 러너〉에 등장하는 복제인간 레플리컨트Replicant 등 영화와 드라마에서는 사람보다 뛰어난 기계가 사방에 넘쳐난다. 이들은 그 자체로 살아 있는 존재인가?

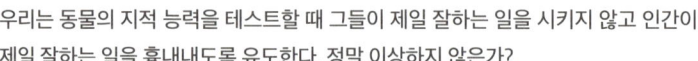

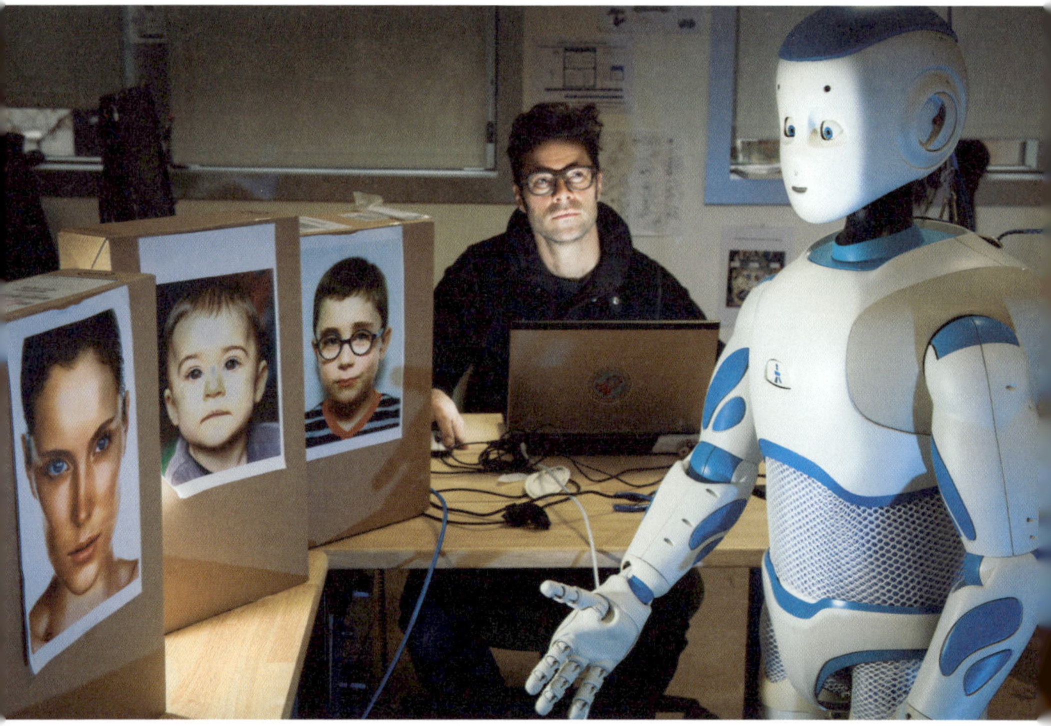

자체 프로그래밍이 가능한 휴머노이드 로봇 로미오Romeo는 평지를 걷고, 계단을 오르내리고, 물건을 쥘 수 있다. 지금은 사람의 얼굴로부터 나이와 감정 상태를 파악하는 방법을 배우는 중이다.

닐 디그래스 타이슨
@neiltyson

로봇이 감정을 느끼도록 프로그램 되지 않는 한, 그들이 세상을 지배하는 끔찍한 사태는 벌어지지 않을 것이다. 적어도 내 생각은 그렇다.

💬 985 ↻ 2.8K ♡ 4.4K   2014년 8월 8일 오후 11:29

아니면 인간이 만든 기계에 불과한가?

가까운 미래에 등장할 가능성이 가장 높은 인공 생명체는 아마도 폰 노이만 탐사선von Neumann probe일 것이다. 헝가리 태생의 미국인 수학자 요한 폰 노이만John von Neumann의 이름을 딴 이 탐사선은 고도의 지능을 갖춘 소형 로봇으로, 외계행성을 거주 가능한 곳으로 만드는 초대형 프로젝트의 선발대에 해당한다. 외계행성에 도착한 탐사선이 제일 먼저 할 일은 행성을 테라포밍* terraforming 하고 후발대를 위한 기반 시설을 건설하는 것이다. 물론 이 방대한 작업을 로봇 혼자 수행할 수는 없다. 그래서 폰 노이만 탐사선은 외계행성에 도착하는 즉시 그곳의 자원을 활용하여 자신의 복제품을 만들고, 복제품은 또 다른 복제품을 만드는 식으로 개체 수를 늘려나가도록 프로그램되어 있다. 세월이 흘러 행성 개조 작업이 완료되면 그 사이에 개체 수가 충분히 많아졌을 것이므로 일부는 다른 외계행성을 향해 새로운 여행을 시작한다. 간단한 계산을 해보면 탐사선이 방문하는 외계행성의 수가 시간이 흐름에 따라 기하급수적으로 늘어난다는 것을 쉽게 알 수 있다. 즉, 폰 노이만 탐사선은 은하 전체로 퍼져나가는 식민지 개척 프로젝트의 선봉장인 셈이다. 자신을 보낸 문명이 어떤 이유로 멸망한다 해도 이들은 주어진 임무를 영원히 수행할 것이다.

• 지구와 유사한 환경과 생태계를 인공적으로 조성하는 작업.

다른 종류의 생명체

지구의 생명체는 몇 가지 근본적 요인에 의해 존재할 수 있는 범위가 제한되어 있다. 그중 대표적 요인은 '온도'와 '시간'인데, 놀랍게도 이 두 가지는 서로 무관하지 않다. 극단적 사례를 제외하고 지구상의 모든 생명체는 물의 빙점(0도)과 비등점(100도) 사이에서만 서식할 수 있다. 빙점보다 낮은 온도에서는 동면에 들어가거나 동사하고, 주변 온도가 비등점보다 높아지면 그냥 죽는다. 그러나 원리적으로 생명체는 이 '생존 범위'를 벗어난 극한 온도에서도 존재할 수 있다. 이런 생명체는 우리의 상상을 초월하여 완전히 다른 형태를 띠고 있을 것이다.

그렇다면 온도와 시간은 어떤 관계일까? 평균적으로 말해서 화학 반응이 진행되는 속도는 온도가 10도 내려갈 때마다 두 배씩 느려진다. 조리대에 방치하면 며칠 만에 상하는 음식이 냉장고 안에서 몇 주, 냉동고 안에서 몇 달 동안 유지되는 것은 바로 이런 이유 때문이다. 결국 부패란 별로 달갑지 않은 화학 반응(또는 생물학적 반응)을 의미한다. 토성의 가장 큰 위성인 타이탄Titan은 평균 기온이 −200도여서 물은 기반암 속에 꽁꽁 얼어붙어 있고, 액화된 메탄가스가 강이 되어 흐르거나 비처럼 쏟아져 내리는 등 지옥을 방불케 한다.

우리가 알기로 생명체는 물이 있어야 생존할 수 있다. 잠깐, 반드시 물이어야 할까? 물 대신 다른 액체가 있어도 생존할 수 있지 않을까? 지구의 유기체가 1분 만에 완료하는 대사 과정을 타이탄에서 실행하려면 몇 달이 걸린다. 이런 극저온에서 타이탄의 생명체가 숨을 한 번 쉬는 데 몇 달 또는 몇 년이 걸린다면, 과연 그것을 살아 있다고 할 수 있을까? 이 정도면 무생물로 취급해도 되지 않을까? 이

▶ 1997년 카시니호에 실려 발사된 하위헌스 탐사선 Huygens probe은 2005년 1월 토성의 위성인 타이탄에 착륙하여 72분 동안 지구로 데이터를 전송했다. 하위헌스는 외태양계에 착륙한 최초의 탐사선이다.

> **닐 디그래스 타이슨**
> @neiltyson
>
> 우리가 동물의 행동을 보고 놀라는 이유는 그들의 지능을 항상 과소평가해왔기 때문이다.
>
> 💬 246   🔁 5.9K   ♡ 10.8K   2015년 8월 24일 오전 11:12

와 반대로 온도가 높으면 입자의 속도가 빨라서 분자는 몇 번의 충돌로 쉽게 파괴된다. 펄펄 끓는 용암 속에서 생명체를 기대하지 않는 것은 이런 이유 때문이다. 지구에 서식하는 생명체의 생명 활동은 몇 초 또는 몇 분 단위로 진행된다. 당신의 호흡 주기나 맥박 주기를 생각해보라. 반면에 앞에서 다뤘던 모조 생명체는 생명 활동의 주기가 훨씬 짧다. 이들은 유기 생명체와 달리 온도에 그리 민감하지 않기 때문이다.

극한 미생물

일반적으로 생명체는 뜨거운 용암이나 차가운 메탄methane 호수에서 생존할 수 없지만, 일부 미생물은 옐로스톤국립공원Yellowstone National Park의 펄펄 끓는 온천이나 안데스산맥의 건조한 소금 평원과 초고염수(염도가 바닷물보다 훨씬 높은 물)에서 멀쩡하게 살아가고 있다. 더욱 놀라운 것은 이들이 극단적인 온도를 오히려 선호한다는 점이다. 이런 생물을 통틀어 극한 미생물extremophile이라 한다. 문자 그대로 '극단적인 환경을 좋아하는' 미생물이라는 뜻이다. 이들은 비정상적으로 높거나 낮은 온도, 높은 산도 및 알칼리도 또는 고압과 저압 등 특별한 환경에서 번성할 수 있다. 극한 미생물은 깊은 땅속뿐만 아니라 깊고 어두운 심해에서도 발견

완보동물은 극지방의 얼어붙은 호수와 펄펄 끓는 심해 열수분출공熱水噴出孔, hydrothermal vent은 물론이고, 방사선이 난무하는 우주에서도 살아남아 최강의 생존자라는 명성을 얻었다. 이 섬뜩하면서도 귀여운 녀석 덕분에 과학자들은 생명체를 더욱 넓은 의미에서 재정의하게 되었으며, 외계 생명체를 찾는 연구도 더욱 활기를 띠게 되었다.

되는데, 이곳의 압력은 해수면의 1,000배(약 100kg/cm²)가 넘는다.

물곰 또는 이끼돼지라는 애칭으로 불리는 초미세형 완보동물tardigrade은 극한 미생물 중에서도 최강의 생존력을 자랑한다(외모는 섬뜩하면서도 귀엽게 생겼다). 다리가 여덟 개 달린 이 수중생물은 지금까지 발견된 생명체 중 가장 죽이기 어려운 것으로 정평이 났다. 당신이 상상할 수 있는 가장 단단한 물건을 던져도 절대 죽지 않는다. 심지어 이 녀석은 우주 여

> **닐 디그래스 타이슨**
> @neiltyson
>
> 통통하고 귀여우면서 살짝 소름 끼치게 생긴 물곰(완보동물)이 추수감사절 퍼레이드에 마스코트 풍선으로 등장하면 인기가 최고일 것 같다.
>
> 💬 869   🔁 7.6K   ♥ 33.9K   2017년 11월 22일 오후 9:47

행도 견뎠다. 여기서 말하는 여행이란 우주선 안에 탑승한 안락한 여행이 아니라, 우주선 바깥에 매달린 채 날아가는 극한의 여행을 말한다. 2007년 유럽우주국은 완보동물을 우주선 외부에 묶어 날려 보냈는데, 지구 저궤도에서 12일 동안 극저온의 진공과 강렬한 우주 방사선에 고스란히 노출되었음에도 불구하고 기어이 살아서 돌아왔다.

더욱 놀라운 것은 완보동물이 물 없이도 수십 년을 버틴다는 점이다. 인간을 비롯한 대부분의 생물은 물이 없으면 세포 내 효소와 DNA가 쪼그라들면서 기능이 저하되고, 이 상태가 7~10일 이상 지속되면 죽는다. 그러나 완보동물은 물이 부족한 상황에 처하면 스스로 가사 상태에 빠지면서 신진대사를 멈춘다. 생명체가 취할 수 있는 가장 깊은 동면에 들어가는 것이다. 그래서 우주 과학자들은 장기 우주여행에서 생존하는 방법을 찾고자 완보동물을 연구하고 있다. 이들의 비법이 밝혀지면 왕복에 적게는 수십, 많게는 수백 년이 소요되는 우주 탐사에 사람을 보낼 수 있다. 외계 생명체를 연구하기 위해 굳이 우주로 나갈 필요는 없다. 지구 생명체만 제대로 이해해도 생명의 본질과 기원에 대한 많은 지식을 얻을 수 있다.

열수분출공

1977년 미국의 해양지질학자 로버트 밸러드Robert Ballard는 갈라파고스제도 근처에서 심해 무인 잠수정이 보내온 사진을 들여다보다가 갑자기 눈이 휘둥그레졌다. "잠깐만요, 저게 뭐죠?" 바로 역사상 최초로 발견된 열수분출공이었고, 그 후로 생명체의 개념은 근본적 변화를 겪었다. 열수분출공은 두 개의 지각판이 만나는 해저 균열 지역에서 주로 발견된다. 이곳에서 바닷물은 벌어진 틈새로 스며들었다가 해저 용암과 섞여서 약 370도까지 가열된 후, 다양한 광물과 화학 물질을 품은 채 다시 틈새 위로 뿜어져 나온다. 여기에는 유황과 이산화탄소가 다량으로 섞여 있는데도(대부분 동물에게는 지옥 같은 환경이다) 그 일대에서 생명체가 발견되었다.

해저는 햇빛이 도달하지 않고 온도가 영하에 가까운 데다 1제곱센티미터당 압력이 수십에서 수백 킬로그램에 달하여 생명체가 도저히 살 수 없는 곳으로 알려져 있었다. 그러나 열수분출공 근처에서 생태계가 발견된 후로 생물학자들은 해저를 완전히 다른 시각으로 바라보게 되었다. 이곳의 박테리아는 햇빛 대신 화학 물질을 에너지원으로 사용하도록 진화하여(화학 합성 chemosynthesis이라 한다) 그 일대의 동식물에게 먹이가 되어주고 있다. 뿐만 아니라 해저에 서식하는 모든 생물은 가장 척박한 환경에서 살아남기 위해 각자 독특한 방식으로 적응해오고 있다.

열수분출공 근처에 서식하는 서관충 tube worm. 온도가 수백 도에 달하는 열수분출공은 산소가 절대적으로 부족하지만 그 일대에 생태계가 번성하고 있다.

제 7 장

우리는 우주에서 유일한 생명체일까?

이 광활한 우주에서 우리는 과연 유일한 생명체일까?
하늘을 바라보며 의문을 품는 것은 인간의 본성이다.

- 희한한 생각
- 단 하나의 사례
- 외계 지성을 찾아서
- 드레이크 방정식
- 기술은 불가피한 것인가
- SETI: 외계 지성 탐사
- 지속적 서식 가능 영역
- 페르미 역설
- 문명의 등급

"생명이란 무엇인가?" "우리는 우주에서 유일한 존재인가?" 이런 의문을 파고들다 보면 누구나 한계에 부딪히기 마련이다. 우리가 아는 한, 생명체는 지구에만 존재하는 것 같다. 외계행성에서 생명체가 발견되기를 바란다면 우리와 비슷할 거라는 기대는 일찌감치 접는 게 좋다. 우리가 본 것이라고는 지구 생명체뿐이기에 자신도 모르는 사이에 어떤 선입견을 쌓았을지도 모른다.

우리와 비슷한 생명체

DNA 염기서열을 분석하고 생명공학이 장족의 발전을 이룩하기 훨씬 전에 과학자들은 생명체를 동물과 식물이라는 두 가지 범주로 나눠서 생각했다. 그 후 단세포 및 다세포생물이 연달아 발견되면서 생명의 놀라운 다양성이 드러났지만, 모든 생명체(동물, 식물, 원생동물, 균류, 고세균, 박테리아 등)는 기본적인 화학 구조를 공유하고 있었다. 지구에 서식하는 생명체는 예외 없이 탄소를 기반으로 한 생체분자로 이루어져 있다. 그러므로 과학자들이 모든 생명체를 '탄소 기반 유기체'로 상상한 것은 당연한 일이었다.

◀ 우리는 언제쯤 목성의 위성인 유로파로 떠나는 관광 여행 포스터를 볼 수 있을까? 그곳의 지하 바다에는 생명체가 살고 있을지도 모른다.

인간과 외계인이 함께 등장하는 할리우드판 공상과학 영화에는 생명에 대한 선입견과 함께 역시 인간이 최고라는 자신감이 극명하게 드러나 있다. 외계인이 치아와 어

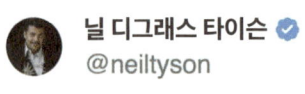

> **닐 디그래스 타이슨** @neiltyson
>
> 할리우드의 영화 제작자를 위한 조언:
>
> '외계인은 인간과 DNA를 공유하지 않는다'는 설정에도 불구하고 영화에 등장하는 외계인은 인간과 너무 닮았다. DNA를 공유하지 않는다면 외계인과 인간의 차이는 지구의 생명체 중 '가장 다른 두 개의 종' 사이의 차이보다 훨씬 커야 한다.
>
> 💬 2.8K   🔁 4K   ❤ 41.9K   2020년 6월 24일 오후 3:18

께, 심지어 손가락까지 갖고 있으니 과도한 얼굴 분장 외에 별다른 이질감이 느껴지지 않는다. 사실 외계인은 지구의 어떤 동물이나 식물과도 비슷할 이유가 없다. 외계인과 인간의 차이가 인간과 대장균의 차이보다 크다면, 당신은 그 외계인의 모습을 상상할 수 있겠는가?

우리와 다른 생명체

우리와 다른 생명체가 발달할 수 있는 방법 중에서 대표적인 두 가지를 생각해보자.

생명체는 탄소 이외의 다른 원자를 기반으로 만들어질 수도 있는데, 공상과학 작가들이 선호하는 재료 중 하나가 바로 실리콘(Si, 규소)이다.

실리콘은 전자의 배열 상태가 탄소와 비슷해서 탄소를 대체하기에 적절한 재료이긴 하다. 주기율표에서 탄소 바로 아래 위치한 실리콘은 최외곽전자가 네 개여서 다른 원자와 쉽게 결합할 수 있으므로, DNA 같은 복잡한 분자를 만들기에 유리한 조건을 갖추고 있다. 그러나 실리콘 결합은 탄소 결합보다 훨씬 강하기 때문에 복잡한 분자로 자라나기가 쉽지 않으며, 따라서 실리콘에 기초한 복잡한 생명체가 존재할 가능성도 별로 크지 않다.

지구 생명체의 사례

우주에 존재하는 탄소의 총량은 주기율표에서 탄소와 가장 가까운 사촌지간인 실리콘보다 열 배나 많다. 또한 탄소는 다른 원소와 친화력이 뛰어나서 엄청나게 다양한 분자를 형성할 수 있다. 이런 점을 고려할 때, 굳이 실리콘에 기초한 생명체를 상상하는 것은 다소 억지라는 느낌이 든다. 외계 생명체가 우리와 완전히 다르다고 어떻게 장담할 수 있겠는가? 지구는 범우주적인 생명체 실험실일지도 모른다. 생각해보라. 지구에 적용되는 물리법칙은 우주 어디에서나 똑같이 적용되고, 지구에서 발견된 화학원소도 우주 전역에서 발견된다. 우주에서 날아온 암석이나 광물도 지구에 있는 것과 크게 다르지 않다. 그런데 왜 유독 생명체만 화끈하게 달라야 하는가?

두 번째 방법은 물이 아닌 다른 액체에서 생명체가 발생하는 것이다. 우리는 물은 없지만 호수가 존재하는 천체 하나를 알고 있다. 바로 토성의 가장 큰 위성인 타이탄이다. 태양계에서 지구 외에 액체가 흐르는 천체는 타이탄이 유일하다. 앞서 말한 대로 타이탄의 극지방에는 −180도의 액체 메탄과 액체 에탄이 웅덩이를 이루거나 강처럼 흐르고 있다. 참고로 지구에서 측정된 가장 낮은 기온은 −89도(남극대륙)다.

이와 반대로 펄펄 끓는 용암 수프 속에서 생명체가 번성하는 행성이 존재할 수도 있다(222쪽 그림 참조). 이런 극한의 온도에서는 어떤 화학 반응이 얼마나 복잡하게 일어나고 있을까? 우리의 예상을 완전히 벗어난 무언가가 탐험가에게 발견되기를 기다리고 있을지도 모른다.

조석고정 상태에서 모항성 주변을 공전하는 외계행성 55 Cancri e의 상상도. 모항성을 향한 면이 용암으로 덮여 있을 것으로 추정된다.

우리와 완전히 다른 생명체

지금까지 우리는 화학에 치중하여 생명체의 가능성을 타진해왔다. 하지만 상상력이 풍부한 과학자들은 기본 구조부터 완전히 다른 생명체를 제시한다. 예를 들면 전기장과 자기장의 상호 작용이나 성간구름 속 먼지입자들 사이 정전기력의 도움으로 살아가는 생명체도 존재할 수 있다. 화학 기반이 아닌 '물리학 기반 생명체'인 셈이다. 제아무리 상상력이 뛰어난 사람이라 할지라도 이런 생명체의 외형을 떠올리기란 거의 불가능에 가깝다.

무수히 많은 외계행성에 존재할 수 있는 '모든 가능한 생명체'를 상상하다 보면 생명체는 지능이 있건 없건 지구에만 존재하지 않으며, 다른 곳에서도 얼마든지 발생할 수 있다는 결론에 도달하게 된다. 지구의 생명체가 엄청나게 낮은 확률을 뚫고 기적처럼 탄생했다 해도 우주에는 그 작은

닐 디그래스 타이슨
@neiltyson

관측 가능한 우주에서 생명체가 존재하는 곳이 오직 지구뿐이라고 생각하는가? 그렇다면 이 점을 생각해보라. 우주에는 수천억 개의 은하가 있고, 하나의 은하에는 수천억 개의 별이 있다. 그리고 거의 모든 별은 행성을 거느리고 있으므로 은하 하나에 존재하는 행성의 수도 수천억 개에 달한다. 이렇게 많은 행성 중에서 생명체가 존재하는 곳이 지구뿐이라면 우리보다 외로운 존재가 또 어디 있겠는가?

상상만 해도 외로움이 뼛속까지 사무친다.

💬 2K   🔁 12K   ♥ 64.8K   2020년 6월 24일 오전 8:01

확률을 가볍게 극복할 정도로 충분히 많은 행성이 존재하기 때문이다.

희한한 생각

"우주에는 우리밖에 없다." 인간은 이런 느낌을 별로 좋아하지 않는다. 고대부터 인간은 신, 악마, 외계 방문객 등 살아 있는 존재들로 하늘을 가득 채워놓았다. 인간의 상상력에는 한계가 없었기에 그들을 닮은 생명체는 어디에나 존재할 수 있었다. 외계 생명체의 존재 여부를 과학으로 검증할 수 있게 된 것은 20세기에 들어선 후의 일이다.

18세기 일부 천문학자들은 태양 내부에 탄소 기반 생명체가 살고 있다고 주장했다. 뜨거운 것은 태양의 표면이고, 내부는 안락하다고 생각했기 때문이다. 심지어 망원경의 초점을 태양의 흑점에 맞추면 사람이 사는 도시를 볼 수 있을 것이라고 주장하는 사람도 있었다. 그들이 열역학을 알았다면 이런 터무니 없는 주장을 펼치지 않았을 것이다. 열역학에 의하면 태양의 열원이 표면에만 존재한다 해도 그 안에 있는 것은 도

1964년 개봉한 〈달의 첫 인간〉은 1901년 출간된 허버트 조지 웰스의 동명 소설을 영화화한 것으로, 달에 착륙한 인간이 인간을 닮은 곤충 셀레나이트와 조우하면서 겪는 사건들이 흥미진진하게 펼쳐진다.

시건 바다건 모두 증발해버린다.

세월이 흐르면서 태양 거주설은 잦아들었지만 외계인을 향한 애착을 끊지 못한 사람들은 더욱 이상한 이야기를 만들어냈다. 1837년 영국의 성직자 토머스 딕Thomas Dick은 《천상의 풍경 또는 경이로운 행성계: 완벽한 신과 다양한 세상이 존재하는 것을 보여주다Celestial Scenery or the Wonders of the Planetary System Displayed: Illustrating the Perfections of Deity and a Plurality of Worlds》라는 거창한 제목의 책을 출간했는데, 여기서 그는 토성의 고리에 사람이 살고 있다고 주장했다.

20세기 초에도 적지 않은 사람들이 달과 화성 그리고 금성에 생명체가 존재한다고 믿었다. 《우주 전쟁》으로 널리 알려진 영국의 작가 허버트 조지 웰스Herbert George Wells가 1901년 발표한 공상과학 소설 《달의 첫 인간First Men in the Moon》은 호흡할 수 있는 대기와 셀레나이트Selenite

8,141,963,826,080

토머스 딕은 토성의 고리에 거주하는 인구 수를 8,141,963,826,080명으로 추산했다.

라는 종족을 찾기 위해 달을 방문한 영국 신사들의 이야기다. 그로부터 몇 년 후, 미국의 저명한 천문학자 퍼시벌 로웰Percival Lowell이 화성 관측에 관한 책을 연달아 발표하여 외계인에 대한 대중들의 관심을 더욱 고조시켰다. 그는 과거 한때 화성에 극지방과 적도를 잇는 운하 연결망이 있었고 그런 초대형 시설을 건설할 정도로 뛰어난 문명이 존재했다고 주장했는데, 사실 편견에 치우쳐 데이터를 과대 해석한 결과였다.

오늘날 우리는 화성에 인간 수준의 생명체가 없다는 사실을 잘 알고 있다. 그나마 미생물이라도 존재할 가능성이 있는 곳은 유로파(목성의 위성)의 지하 바다와 화성의 대수층*帶水層 정도다.

로웰이 본 것은 무엇이었을까

물론 화성에 운하 같은 것은 없다. 로웰이 저배율 망원경으로 무리한 관측을 시도하여 잘못된 결론에 도달했다는 것이 천문학계의 중론이다. 작은 피사체를 무리하게 확대하면 시야에 작은 점이 무작위로 들어올 수 있는데, 로웰이 이 점들을 선으로 연결하여 운하로 해석했다는 것이다. 이런 현상은 로르샤흐 테스트** Rorschach test에서도 빈번하게 나타난다.

1905년 로웰이 직접 그린 화성의 운하 네트워크.

단 하나의 사례

생명을 연구하는 과학자는 다른 분야의 과학자와 비교할 때 여러모로 불리한 점이 많다. 대부분의 사람은 공개된 자리에서 지구 생명체는 참으로 다양하다며 경탄을 자아내지만, 자기 방으로 들어가서 문을 걸어 잠근 후에는 그 많은 것이 '단 하나의 기원'에서 비롯되었다는 사실에 긴 한숨을 내쉰다(살짝 모멸감을 느낄 때도 있다).

태양계에 존재하는 구형 천체(위성 포함)는 100개가 넘는다. 이 많은 데이터 속에서 지구는 그저 하나의 사례일 뿐이다. (그래서 요즘 대학교에는 지질학과가 사라졌다. 지구보다는 행성이 일반적인 개념이어서 행성학과로 개명했기 때문이다.)

그러나 생물학자는 이런 사치를 누릴 수 없다. 지구의 모든 생명체는 DNA 분자의 지휘에 따라 똑같은 화학 반응을 일으킨다. 이는 곧 모든 생명체가 수십억 년 전 바다에 등장한 단세포 선조의 후손임을 보여주는 명백한 증거다. 그러므로 생물학자는 단 하나의 사례밖에 연구할 수 없다. 다른 행성에 다른 조상 세포로부터 진화해온 생명체가 존재한다면 지구 생명체와 비교할 수 있겠지만, 그런 사례는 (적어도 태양계 안에서는) 눈을 씻고 찾아봐도 없다.

비교 사례가 없는 것이 뭐 그리 대수냐고? 다른 과학은 몰라도 생물학이라면 심각한 문제다. 예를 들어 당신이 생물학자인데 지금까지 본 수중생물이 금붕어뿐이라고 가정해보자. 당신은 모든 수중생물이 주황색

- 지하수를 머금은 침투성 지층.
- 피험자에게 무작위로 퍼진 잉크 얼룩을 보여주고 그가 떠올리는 단어로부터 심리 상태를 분석하는 실험.

척추동물이고, 민물을 좋아하며, 식물과 곤충이 주식이라고 생각할 것이다. 그러던 어느 날, 당신은 생전 처음으로 해변가에 갔다가 백상아리와 해파리 그리고 게를 발견했다. 이제 어떻게 해야 할까? 당신이 알고 있던 모든 지식을 담수생물학의 일부로 재편성하고 해양생물학이라는 분야를 추가해야 한다. 게다가 이런 변화가 한 번으로 끝난다는 보장도 없다.

미래의 어느 날 외계 생명체가 발견된다면 생명에 대한 우리의 개념은 어떤 변화를 겪게 될까?

일단 지구의 모든 생명체는 액체 상태의 물속에서 탄소가 다른 원자와 결합하는 화학 반응을 일으켜야 한다. 이제 곧 알게 되겠지만 우리는 외계 생명체를 상상할 때 그들도 우리처럼 물과 탄소에 의존한다는 가

NASA의 화성 정찰 위성 Mars Reconnaissance Orbiter이 촬영한 화성 표면. 협곡과 물줄기의 흔적은 과거 한때 화성에 생명체가 존재했음을 강하게 시사하고 있다.

정을 은연중에 깔고 있다. 이것을 '금붕어 가설'이라 하자.

　외계 생명체를 상상하는 것은 금붕어 외에 다른 수중생물을 본 적 없는 사람이 다른 세계의 금붕어를 떠올리는 것과 비슷하다. 그는 생명체가 물속에서 살아남는 방법을 상상할 수는 있지만, 새우와 산호 또는 50톤짜리 고래를 떠올리려면 더 많은 정보와 시간 그리고 상상을 초월하는 상상력을 필요로 한다. 정보가 부족하면 자신에게 친숙한 쪽으로

캘리포니아의 외계지성탐사연구소Search for Extra-Terrestrial Intelligence Institute, SETI Institute에서 운용 중인 앨런망원경Allen Telescope Array. 태양계 바깥에서 지적 생명체의 흔적을 찾기 위해 끊임없이 하늘을 스캔하고 있다.

> 닐 디그래스 타이슨
> @neiltyson
>
> 가끔 이런 생각이 든다. "혹시 우리 우주는 어떤 외계인의 거실 장식장에 놓인 스노우 글로브snow-globe(스노우볼)가 아닐까?"
>
> 💬 1.5K   ↻ 18.3K   ♡ 36.6K   2016년 3월 11일 오전 9:22

논리가 진행되어(인간의 본성이 원래 그렇다) 편향된 결론에 도달하기 쉽다.

외계 생명체가 발견되었을 때 특히 경계해야 할 편견이 있는데, 그중 몇 가지를 여기 소개한다.

- **탄소에 대한 편견** | 생명은 반드시 탄소를 기반으로 형성되어야 하는가? 과학자와 공상과학 작가들은 오래전부터 실리콘 같은 대체 원소로 이루어진 생명체를 생각해왔다.

- **물에 대한 편견** | 물은 생명을 유지할 수 있는 유일한 액체인가? 암모니아와 액체 메탄도 가능성이 있다. 화학자들은 온천 주변에서 썩은 달걀 냄새를 유발하는 황화수소(H_2S)를 새로운 생명체 기반으로 제시했다.

- **표면에 대한 편견** | 생명체는 반드시 행성의 표면에 서식해야 하는가? 목성과 토성의 위성에는 물이 지표면이 아닌 지하에 고여 있다. 이런 위성은 다른 곳에도 존재할 것이다. 그리고 거대가스행성의 경우, 생명체는 대기권 바깥에 서식할 수도 있다.

- **별에 대한 편견** | 생명체는 별 주위를 공전하는 행성에만 존재할 수 있는가? 천문학자들의 계산에 의하면 우리은하에는 별에 속박된 행성보다

관점 바꿔서 생각하기

지구가 교실에 있는 지구본 크기라면 달은 약 9미터쯤 떨어져 있다. 화성까지의 거리는 1.6킬로미터이고, 제일 가까운 별까지는 거의 100만 킬로미터나 된다. 외계인이 이런 초장거리 여행을 거쳐 지구를 방문한다면, 그들의 문명은 우리와 비교가 안 될 정도로 발달했을 것이다. 지구라는 행성은 과연 그들에게 이런 공을 들일 정도로 가치가 있을까? 여행 중에 굳이 들러서 인사를 건넬 만큼? 행여 인사를 건넨다 해도 우리가 알아들을 수 있을까?

지렁이가 당신이 건네는 인사를 알아듣던가?

성간공간을 부유하는 떠돌이행성이 훨씬 많다. 그렇다면 생명체가 태양 같은 에너지원 없이도 살아갈 수 있을까? 햇빛 대신 내부 방사선에서 에너지를 얻을 수도 있지 않을까?

▶ NASA의 큐리오시티 로버 Curiosity rover는 2012년부터 화성 표면을 탐사하여 유기 화학의 기본 요소를 발견했다. 이는 약 30억 년 전에 생명체가 존재했을 가능성을 시사한다.

■ **화학에 대한 편견** | 생명체는 반드시 화학에 의존해야 하는가? 생명을 유지하기 위해 에너지가 반드시 흘러야 한다면, 전기장과 자기장의 상호 작용에서 발생한 에너지도 동일한 효과를 발휘하여 복잡한 생명계를 낳을 수 있다.

앞서 열거한 편견에서 하나씩 벗어날 때마다 생명체가 존재할 가능성은 폭발적으로 증가한다. 당신은 어디까지 벗어날 수 있는가?

갓 태어난 지구는 잦은 화산 활동으로 인해 생명체가 살 수 있는 곳이 아니었다. 그러나 우주에서 날아온 혜성과 운석이 생명의 기본 요소인 유기물과 물을 부지런히 배달해준 덕분에 훗날 생명으로 가득 찬 행성이 될 수 있었다.

외계 지성을 찾아서

대규모 탐사 프로그램을 가동하려면 우선 탐사 대상부터 정확하게 파악해야 한다.

사람들은 종종 '외계 생명 탐사search for extraterrestrial life'와 '외계 지성 탐사search for extraterrestrial intelligence, SETI'를 혼동하곤 한다. 일단 사고 실

> **닐 디그래스 타이슨** ✓
> @neiltyson
> 우주의 역사를 축구장 길이에 비유할 때, 동굴 원시인이 등장한 시기는 엔드 라인으로부터 잔디 잎의 두께만큼 못 미친 지점에 해당한다.
>
> 💬 236   🔁 4.3K   ♡ 2.2K   2013년 11월 5일 오후 6:45

험*에서 시작해보자. 과거에 외계인이 지구를 방문했다면 지구는 각 연대에 따라 그들에게 어떤 모습으로 비쳤을까?

탄생 후 처음 5억 년 동안 지구는 대기도 없이 뜨겁게 달궈진 채 우주 공간을 표류하는 구형 천체에 불과했을 것이다. 이 시기에는 지능은커녕 생명도 존재하지 않았다.

그 후 20억 년 동안 지구에는 단순한 생물들이 태양에너지로 연명하면서 바다를 떠다녔으니, 외계인의 눈에는 초록색의 거대한 쓰레기 집하장에 불과해 보였을 것이다. 이 시기에 지구에는 생명체가 존재했지만, 지성과는 거리가 먼 미생물이었다.

지난 수억 년 사이에 지구를 방문한 외계인들은 더욱 복잡한 생명체와 조우했을 것이다. 그런데 이들을 지적 생명체라 부를 수 있을까? 그 여부는 지능을 어떻게 정의하느냐에 따라 달라진다. 가장 수준이 낮은 지적 생명체는 무엇일까? 벌레? 물고기? 공룡? 영장류? 집고양이?

지능의 커트라인 같은 모호한 문제는 뒤로 젖혀두고, 일단은 외계 생명체를 어떻게 찾을 것인지 그리고 이들의 지능을 우리와 어떻게 비교할 수 있는지 생각해보자.

과학자들은 외계 생명체를 찾을 때 주로 행성의 대기를 분석한다. 대

• 현실 세계에 구현할 수 없어서 생각으로 진행하는 실험.

기에서 생체 신호(생명 활동의 폐기물로 배출되어 대기 중에 섞인 분자)가 감지되면 생명체가 존재할 가능성이 높다. 광합성의 산물인 산소와 혐기성 미생물*에서 배출된 메탄이 대표적 사례다. 그러나 이 방법에는 한 가지 문제가 있다. 생체 신호에 해당하는 분자가 무생물의 화학적 과정이나 광물학적 과정에서도 생성될 수 있다는 점이다. 예를 들어 지구의 대기 분자가 태양의 자외선에 의해 분해될 때도 산소가 생성된다.

현재 우주에서 지적 생명체를 찾는 유일한 방법은 외계에서 날아온 전자기파 신호를 감지하는 것이다(누군가 의도적으로 보낸 신호라면 좋겠지만,

원시 미생물의 분비물이 쌓여 형성된 암석 구조물인 **스트로마톨라이트**stromatolite. 지금은 드물지만 35억 년 전 지구에서는 가장 흔하게 발견되는 생명의 흔적이었다.

• 산소를 사용하지 않거나 소극적으로 활용하는 미생물.

우연히 지구로 날아와도 상관없다). 그러나 이런 식으로 찾을 수 있는 생명체는 '전파망원경을 만들 만큼 똑똑한 생명체'로 제한된다. 또한 우주 어디에선가 우리와 같은 방법으로 외계 생명체를 찾는 외계인이 있다면, 호모 하빌리스Homo habilis 시대인 200만 년 전부터 19세기 사이에 생존했던 지구인은 그들의 전파망원경에 포착되지 않았을 것이다. 지구의 복잡한 생명체(다세포생물)는 5억 5000만 년 전에 처음 등장했으므로, 전파 신호를 송출할 수 있는 지적 생명체가 지구에 존재한 기간은 생명의 역사에서 극히 일부(0.00002퍼센트)에 불과하다.

그런데도 우리의 전파망원경에 아무런 신호도 잡히지 않는다고 해서 우주에 지적 생명체가 없다고 단언할 수 있을까?

과학자들은 탐사선과 로버를 부지런히 화성으로 파견하면서도 다른 한편으로는 화성의 미생물 존재 여부를 놓고 열띤 논쟁을 벌이는 중이다. 지금까지 알려진 사실을 놓고 볼 때 우리은하는 녹색 쓰레기 행성으로 가득 차 있을지도 모른다. 잘하면 공룡이 사는 행성도 몇 개 있겠지만, 그들에게 우리가 감지할 만한 신호를 보낼 능력이 없으니 확인할 길도 없다.

드레이크 방정식

1960년대 초, 미국의 천문학자 프랭크 드레이크Frank Drake는 외계에 지적 생명체가 존재할 확률을 계산하는 방정식을 제안하여 지적 생명 탐사의 새로운 장을 열었다. 이 방정식을 이용하면 우주에 존재하는 문명의 수를 가늠할 수 있는데, 구체적 형태는 다음과 같다.

$$N = R f_p n_e f_l f_i f_c L$$

N= 현재 우리와 통신을 원하는 외계 문명의 수

R= 1년 동안 생성되는 별의 수*

f_p= 별이 행성을 거느릴 확률

n_e= 하나의 행성계에 존재하는 지구형행성의 수

f_l= 그런 행성에서 생명이 발생할 확률

f_i= 그 생명이 지적 생명체로 진화할 확률

f_c= 그 지적 생명체가 탐지 가능한 신호를 보낼 수 있을 정도로 발전할 확률

L= 위의 모든 조건을 만족하는 생명체(문명)의 존속 기간

방정식을 왼쪽에서 오른쪽으로 읽을 때 우변에 등장하는 처음 세 항목은 천체물리학으로부터 알 수 있는 값이다. 그다음 세 항목은 진화생물학에 해당하는데, 뒤로 갈수록 점점 더 모호해진다. 그리고 마지막 항 L의 값을 결정하려면 외계사회학exosociology(지구인과 외계 문명 간의 상호 작용을 연구하는 학문)적 분석이 필요하다.

드레이크 방정식은 오른쪽 끝에 있는 변수 몇 개가 워낙 불확실해서 최종 결과는 선택한 변숫값에 따라 N=1(우주에 존재하는 고도 문명은 우리밖에 없다!)부터 N=수백만(더 늦기 전에 빨리 은하 클럽에 가입하자!)까지 천차만별로 나올 수 있다. 물론 공상과학 작가와 영화 제작자의 입장에서 볼 때 N은 클수록 좋다. 그래야 영화 〈스타워즈〉의 한 장면처럼 사람을 닮은 수십 종의 외계인들이 우주 바space bar에 모여 재즈를 들으면서 담소를

---

* 은하에 존재하는 별의 수를 은하의 나이로 나눈 값.

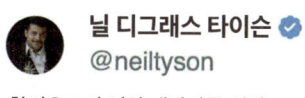

> **닐 디그래스 타이슨** ✓
> @neiltyson
>
> 할리우드의 영화 제작자를 위한 조언:
>
> 외계인은 인간처럼 오감(시각, 청각, 후각, 미각, 촉각)을 갖고 있을 이유가 없다. 그들의 감각은 우리보다 훨씬 예민할 수도 있고, 오감과는 완전히 다른 형태의 정보를 수집하여 상황을 판단할 수도 있다.
>
> 💬 1.8K   ↻ 2.8K   ♡ 30.2K   2020년 6월 24일 오후 8:19

나눌 수 있을 테니 말이다.

재미 삼아 드레이크 방정식에 숫자 몇 개를 대입해서 어떤 결과가 나오는지 확인해보자.

지금까지 관측된 바에 의하면 우리은하에서는 매년 약 열 개의 별이 태어나고 있으므로 R=10이고, 우리는 은하 전역에서 행성을 찾고 있으므로 그 안에 있는 별들 중 적어도 절반이 행성을 거느린다고 가정하면 f_p=0.5가 된다. 그다음으로 우리 태양계에는 행성과 위성 그리고 대형 소행성을 포함하여 약 100개의 구형 천체가 존재하는데, 이들 중 지구를 닮은 행성은 지구 자신밖에 없으므로 n_e=0.01이라 하자.**

지구는 지금까지 언급한 조건이 모두 충족된 상태에서 얼마 안 가 생명체가 등장했으므로 f_l=1이라 하고, 원시세포가 지적 생명체로 진화할 확률에 대해서는 아무런 정보가 없으므로 이것도 f_i=1이라 하자. 기술에 대해서는 이번 장의 뒷부분에서 논할 예정인데, 자세한 내용은 뒤로 미루고 일단 결과만 가져오면 f_c=0.1이다.

이제 드레이크 방정식에서 가변성이 가장 큰 문명의 존속 기간, 즉 L

** 여기서 저자가 약간의 실수를 범했다. n_e는 '확률'이 아니라 '개수'이므로 1이어야 옳다.

영화 〈스타워즈〉에 등장한 우주 바는 은하 전역의 지적 생명체들이 서로 교류하는 외계사회학의 생생한 현장이다.

만 남았다. 처음에 지질학자들은 문명이 유지되는 시간을 지질학적 연대와 비슷할 것으로 추정하여 L=수백만 년을 대입했다. 그래서 문명의 수 N이 백만 단위로 나온 것이다.* 그러나 인간은 1900년경 전파 송출을 시작한 후로 200년이 채 지나기 전에 케이블과 위성 통신으로 대체했으므로, 머지않아 우리의 전파 신호는 더 이상 우주로 유출되지 않을 것이다. 이 점을 고려할 때 L은 100~200년이 적당할 것 같다.

자, 대충 계산이 되었는가? L을 수백만 년으로 잡으면 N은 거의 백만

• 저자의 말대로 n_e=0.01이면 N은 수백만이 아니라 수만 개가 된다.

단위가 되고, L을 100~200년으로 잡으면 N은 1에 가까운 값이 된다. 즉, L을 어떻게 선택하느냐에 따라 문명의 수는 한 개에서 수백만 개까지 달라질 수 있다. 우주에서 자신의 위치를 파악하는 우리의 능력이 이 정도밖에 안 된다. 실망스럽겠지만 엄연한 현실이므로 받아들여야 한다.

기술은 불가피한 것인가

지구 생명체는 미생물에서 다세포생물을 거쳐 기술을 보유한 고등생물로 발전하는 동안 점점 더 복잡해졌다. 그런데 이런 발전은 필연적 결과일까? 한번 등장한 생명체는 항상 지성을 가진 고등생물로 진화할 수밖에 없는 것일까?

과학자들은 외계행성을 찾으면서 우주에는 정말 많은 세상이 존재한다는 것을 확실하게 깨달았다. 어찌나 많은지 당신이 제아무리 희한한 세상을 상상해도 우주 어딘가에 있을 가능성이 매우 높다. 용암으로 뒤덮인 행성? 당연히 있다. 다이아몬드로 이루어진 행성? 지구에서 40광년만 날아가면 된다(55 Cancri e 행성). 훗날 우주를 항해하는 종족으로 진화하게 될 미생물이 쓰레기 집하장처럼 널려 있는 행성? 과거 수십억 년 동안 지구가 바로 그런 곳이었다. 지구에 다세포생물이 등장한 것은 지금으로부터 약 5억 5000만 년 전이었는데, 이것은 그 무렵 빙하가 사라지면서 대기 중 산소 농도가 높아졌기 때문이다. 이런 극적 변화가 없었다면 지구는 여전히 녹색 쓰레기 연못으로 남았을 것이고, 지적 생명체도 탄생하지 않았을 것이다.

그리고 복잡한 생명체가 등장한 이후, 지능과 관련된 특징(먹이 구하기,

포식자 피하기 등)은 진화 과정에서 확실한 이점으로 작용했다. 그런데 이런 특징이 반드시 기술 문명으로 이어진다고 장담할 수 있을까?

그 답은 지구의 역사에서 찾을 수 있다. 과거에 공룡은 2억 년 가까이 지구의 지배자로 군림했는데, 그 비결은 큰 덩치와 빠른 기동력이었다. 티라노사우루스 렉스Tyrannosaurus rex는 이 두 가지를 완벽하게 갖췄기에 굳이 도끼나 화살 같은 도구를 만들 필요가 없었다(인류의 조상도 200만 년 전 호모 하빌리스가 등장하기 이전까지는 도구를 만들지 못했다). 커다란 소행성이 지구로 떨어져서 공룡이 멸종하는 초대형 사고가 일어나지 않았다면 지구는 여전히 공룡 행성으로 남았을 것이고, 아이폰이나 자율주행 자동차도 발명되지 않았을 것이다.

와우 시그널

1977년 8월 15일, 미국 오하이오주립대학교의 빅이어전파망원경Big Ear radio telescope에 이례적 신호가 감지되었다. 출처를 알 수 없는 그 신호는 강도가 매우 높아서 지구 자전으로 인해 더 이상 수신이 불가능해질 때까지 무려 72초 동안 계속되었으며, 며칠 후 출력된 데이터 기록지에 확실한 흔적을 남겼다.

당시 데이터 분석을 담당했던 천문학자 제리 에먼Jerry Ehman은 기록지에 인쇄된 신호를 보고 너무 놀란 나머지 그 옆에 붉은 펜으로 "와우!"라는 감탄사를 휘갈겼고, 그 후로 이 신호는 '와우 시그널wow signal'로 불리게 되었다. 신호의 패턴이 그 정도로 특이하면서 외계에서 날아오기를 기대했던 신호와 거짓말처럼 일치했기 때문이다.

그 후로 50년 동안 와우 시그널은 두 번 다시 감지되지 않았다. 게다가 1977년에는 빅이어보다 큰 전파망원경이 있었음에도 불구하고 와우 시그널을 감지한 망원경은 빅이어전파망원경뿐이었고, 그것도 빅이어를 구성하는 두 개의 망원경

중 하나에만 감지되었다. 천문학자들은 찜찜한 마음으로 몇 가지 가능성을 제시했는데, 지구궤도를 선회 중인 우주 쓰레기에 반사된 신호라는 의견도 있고 새로 등장한 혜성에서 방출된 복사선이라고 주장하는 사람도 있었지만, 누구나 인정할 만한 설명은 아직 나오지 않았다.

혹시 외계인이 보낸 신호였을까?

와우 시그널이 발견되고 20년이 지났을 때 제리 에먼은 이런 말을 남겼다.

"반쯤 엄청난 데이터에서 완전히 엄청난 결론을 도출하면 안 된다."

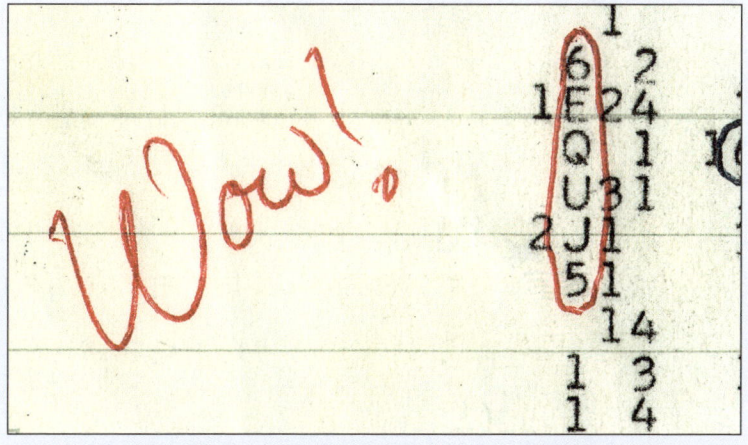

1977년 빅이어전파망원경에 72초 동안 수신된 와우 시그널이다. 외계인이 보낸 신호로 의심되었지만 그 후로 더 이상 수신되지 않았다.

SETI: 외계 지성 탐사

공상과학 영화나 소설 등 우주와 관련된 대중문화에서 가장 극적인 소재는 아마도 '우리와 소통 가능한 외계 문명과의 조우'일 것이다. 사실 영화에서는 이런 플롯을 하도 많이 써먹어서 다소 식상해진 감이 있지

> **닐 디그래스 타이슨**
> @neiltyson
>
> 모든 나라가 지구의 생명체를 죽이는 것보다 외계 생명체를 찾는 일에 더 열심이라면 세상은 지금보다 훨씬 좋아질 것 같다.
>
> 💬 566 🔁 17.7K ♥ 22.4K   2015년 9월 30일 오후 1:19

만, 현실 세계에서 일어난다면 이야기가 달라진다. 이 역사적이고 엄청난 사건을 맞이하기 위해 시작된 프로그램이 바로 외계 지성 탐사, 즉 SETI다.

SETI는 1959년 영국의 저명한 과학 저널 〈네이처Nature〉에 실린 한 논문에서 시작되었다. "이제 우리는 전파망원경을 만들 수 있으므로, 우주에서 날아온 신호도 감지할 수 있다." 다시 말해서, 전화를 만들었으니 걸려온 전화를 받을 수도 있다는 뜻이다. 그리고 몇 년 후 개최된 학회에서 프랭크 드레이크가 드레이크 방정식을 제안하면서 외계 신호를 찾기 위한 프로젝트가 본격적으로 시작되었다.

SETI의 연구원들이 직면한 문제는 '어디Where를 찾을 것인가?'와 '무엇What을 찾을 것인가?'라는 두 개의 질문으로 요약된다.

첫 번째 질문은 별로 어렵지 않다. 무조건 가까운 곳부터 뒤지는 게 상책이다. 태양 이외의 가까운 별을 공전하는 행성들 중 지구와 비슷한 행성을 찾아서 전파망원경의 초점을 맞추면 된다. 어려운 것은 두 번째 질문이다. 외계 문명이 어떤 주파수를 선호할지 알 수 없기 때문이다. 원래 〈네이처〉에 실렸던 논문에서는 수소분자에서 방출되는 특정 마이크로파에 집중할 것을 제안했다. 수소는 우주에서 가장 흔한 원소이고, 거기에서 가장 흔하게 방출되는 것이 마이크로파이기 때문이다. 그 후 몇 년 동안 주파수가 이리저리 바뀌면서 '최적 주파수'를 놓고 한바탕 논쟁이 벌

초저온왜성(왼쪽 끝)을 중심으로 공전하는 트라피스트-1 TRAPPIST-1 행성계의 상상도. 지구로부터 40광년 떨어진 이 행성계에는 지구와 비슷한 행성이 포함되어 있어서 '생명의 행성'의 유력한 후보로 알려져 있다.

어졌고, 결국 SETI는 '전천탐사 all-sky search(전파의 모든 주파수를 탐색하는 프로그램)'라는 험난한 길로 접어들게 된다.

이 방대한 작업을 수행하려면 엄청난 컴퓨팅 파워 computing power가 뒷받침되어야 한다. 그래서 시작된 것이 바로 'SETI@home' 프로그램이다. 캘리포니아대학교 버클리 캠퍼스의 천체물리학자들이 기획한 이 프로젝트는 평범한 사람들이 과학자로 기여할 수 있는 기회를 제공해준다. 개인용 컴퓨터가 유휴 idle 상태일 때 메인 컴퓨터에 자동으로 접속되어 SETI의 데이터 분석을 돕는 식이다.* 지금도 전 세계 사무실에서는 화면 보호 모드로 들어간 컴퓨터들이 SETI의 데이터를 열심히 분석하고 있다.

그러나 개인용 컴퓨터 수백만 대의 도움을 받아가며 지난 몇 년 동안

• 이것을 '분산 컴퓨팅 distributed computing'이라 한다. 이 프로그램에 참여하려면 자신의 컴퓨터에 관련 소프트웨어를 설치해야 한다.

여러 개의 망원경으로 하늘을 이 잡듯이 뒤졌음에도 불구하고 우리은하에 고도의 문명이 존재한다는 증거는 아직 발견되지 않았다. 물론 천재지변이 일어나지 않는 한 탐색은 앞으로도 계속 진행될 것이다. 괜한 낭비 같다고? 아니다. SETI는 결과가 어떻게 나와도 의미 있는 프로젝트이기 때문이다. 생각해보라. 우주에 외계 문명이 존재한다는 것도 놀랍지만, 그런 문명이 우주 전역에 걸쳐 우리밖에 없다는 것도 그 못지않게 놀라운 결과다. 모든 과학 분야를 통틀어 성패와 무관하게 의미 있는 실험은 손가락으로 꼽을 정도로 드물다.

외계지성탐사연구소의 명예 소장 질 타터Jill Tarter는 〈스타트렉〉의 한 에피소드를 언급하면서 다음과 같이 말했다. "외계의 지적 생명체를 찾기 위해 우리가 뒤져야 할 공간의 크기와 주파수 대역 그리고 시간대를 모두 더한 양이 지구를 덮고 있는 바닷물의 양과 같다고 하자. 그러면 지난 50년 동안 우리가 뒤진 영역은 350그램쯤 된다. 이 정도면 와인 잔으로 바닷물을 한 번 뜬 셈인데, 그 안에 물고기가 없다고 해서 바다에 물고기가 없다고 장담할 수 있을까? 과학을 하려면 치밀함뿐만 아니라 인내와 끈기도 발휘할 줄 알아야 한다."

지속적 서식 가능 영역

지구와 태양 사이의 거리가 지금보다 조금 더 가까웠다면 지구는 금성처럼 뜨겁고 메마른 사막이 되었을 것이고, 반대로 조금 더 멀었다면 꽁꽁 얼어붙은 얼음행성이 되었을 것이다. 다행히도 지구는 태양과의 거리를 적당한 수준에서 유지해왔기에 생명체가 번성할 수 있었다. 생명체에게 가장 절실하게 필요한 것은 '액체 상태의 물'이기 때문이다. 이 점을 고려하면 임의의 별 주변에 수십억 년(단순한 생명체가 고등생물로 진화하는 데 필요한 시간) 동안 물이 액체 상태로 존재하는 영역을 설정할 수 있는데, 이것을 가리켜 별의 '지속적 서식 가능 영역continuously habitable zone, CHZ'이라 한다.

행성이 이 영역 안에 있으면 너무 뜨겁지도 차갑지도 않으면서 액체 상태의 물을 꾸준히 공급받을 수 있다. 무엇이건 과하지도 부족하지도 않다는 뜻에서 '골디락스 존˚Goldilocks zone'이라고도 한다.

모든 별은 지속적 서식 가능 영역을 갖고 있으며, 별의 덩치가 작을수록 가까운 곳에 형성된다. 물론 행성에 생명체가 번성하려면 지속적 서식 가능 영역 안에 있으면서 여러 부가 조건(대기가 존재할 정도로 중력이 커야 하고, 대기의 구성 성분이 적절해야 하는 등)까지 만족해야 한다. 그러나 어떤 조건이 추가되건 간에 지속적 서식 가능 영역은 황당할 정도로 드넓은 우주에서 생명체를 효율적으로 추적하는 가이드라인을 제공한다.

지속적 서식 가능 영역에는 '물(바다)이 있어야 생명체도 존재할 수 있다'는 가정이 기본적으로 깔려 있다. 물론 이것은 지구 생명체밖에 본 적 없는 우리가 은연중에 쌓아온 편견일지도 모른다. 그러나 바다라고 해서 반드시 행성 표면에 있어야 한다는 법은 없다. 목성의 꼬마 위성 유로파에는 얼음으로 덮인 표면 아래에 지구의 오대양을 모두 합한 것보다 많은 물이 출렁이고 있다. 그러므로 외계 생명체를 찾기 위해 물을 따라가기로 했다면, 태양계 안에 있는 지하 바다(지속적 서식 가능 영역의 바깥에 존재할 수도 있다)도 탐사 대상에 포함시켜야 한다.

그럼에도 불구하고 외계 생명체와 외계 문명을 찾는 천문학자들의 연구 대상은 골디락스 존을 선점한 외계행성에 집중되어 있다. 지속적 서

• 동화 〈골디락스와 곰 세 마리〉에 등장하는 주인공 소녀의 이름에서 따온 용어.

식 가능 영역에서 새로운 행성이 발견될 때마다 떠들썩했던 언론을 독자들도 기억할 것이다. 특히 2016년 한 무리의 천문학자들이 트라피스트-1 항성 근처에서 일곱 개의 행성(그중 세 개가 지속적 서식 가능 영역에 아늑하게 자리 잡고 있다)을 발견했을 때, 전 세계의 언론은 마치 외계인이라도 발견한 듯 흥분을 감추지 못했다.

물론 지속적 서식 가능 영역이 우리처럼 탄소의 수중 화학 반응에 의존하여 살아가는 생명체를 찾기에 최적의 장소라는 데는 의심의 여지가 없다. 그러나 지구 중심적인 편견을 버리지 않으면 완전히 다른 종류의 생명체를 놓칠 가능성이 크다.

페르미 역설

1950년의 어느 날, 이탈리아의 물리학자 엔리코 페르미와 그의 동료들은 미국 뉴멕시코주에 있는 로스앨러모스국립연구소Los Alamos National Laboratory에서 오전 일과를 마치고 식당을 향해 걸어가고 있었다. 얼마 전 그 일대에 나돌았던 UFO 목격담에 각자 의견을 피력하던 중, 어느새 대화 주제가 외계 문명의 존재 여부로 옮겨갔다. 그리고 얼마 후, 식사를 끝낸 페르미는 아무도 답을 알 수 없는 간단한 질문을 던졌다. "외계인? 외계 문명? 다 좋다 이거야. 그런데 대체 다들 어디 숨었길래 코빼기도 안 보이는 거야?"

페르미가 던진 질문의 진가를 이해하기 위해 1950년대 사람들의 우주관을 잠시 들여다보자. 노벨물리학상 수상자인 페르미는 세계 최초의 원자로 건설 프로젝트를 이끈 석학이자 '외계 문명은 몇 개나 있을까?' 같은 난해한 질문에도 곧바로 답을 찾아내는 뛰어난 순발력의 소유자였

1951년 엔리코 페르미가 초기 입자가속기 중 하나인 싱크로사이클로트론의 제어실에서 계기판을 점검하고 있다.

다. 확실하진 않지만 페르미가 질문을 던지기 전에 무슨 생각을 했을지는 대충 짐작할 수 있다. 드레이크가 그 유명한 방정식을 떠올리기 10년 전, 아마도 페르미는 우리은하에서 문명을 꽃피운 행성의 수를 재빨리 헤아린 후, 그 문명이 은하계 전체를 정복하는 데 걸리는 시간까지 계산했을 것이다.

이 과정에서 페르미는 다음 두 가지를 깨달았을 것 같다. 첫째, 외계 문명이 엄청나게 많을 수도 있다. 둘째, 고도의 문명을 보유한 외계 종족이 은하 전체를 식민지화하는 데는 수십만 년이면 충분하다(천문학적 시간

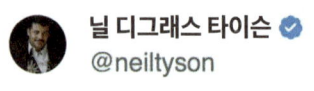

> **닐 디그래스 타이슨** ✔
> @neiltyson
>
> 아재 개그 한 토막.
>
> 질문: 아직 알에서 부화하지 않은 외계인은?
> 답: 에그스트라-테레스트리얼 ˙ Eggstra-terrestrial
>
> ♡ 710   ⇄ 2.3K   ♥ 21.7K   2020년 7월 7일 오후 3:56

대로는 찰나에 불과하다).

그렇다면 연이어 떠오르는 의문이 있다. 은하계가 고도의 문명으로 가득 차 있다면 그들은 대체 어디에 있는가? 우리에게는 왜 접촉을 시도하지 않는가? 그리고 식민지 개척이 그토록 짧은 시간 안에 완료된다면 태양계는 왜 제외되었는가? 이 모든 의문을 일거에 해결해주는 답이 있으니, 바로 "외계 문명은 존재하지 않는다"이다. 그렇다. 외계인이 보이지 않는 것은 애초부터 존재하지 않기 때문이다. 이것이 바로 페르미 역설Fermi paradox의 핵심이다.

그 후로 몇 년 동안 페르미의 질문에 다양한 답이 제시되었는데, 그중 몇 가지를 여기 소개한다.

■ **동물원 가설 zoo hypothesis** | 외계인은 존재하지만 무슨 이유에서인지 지구 생명체의 삶에 간섭하지 않기로 결정했다. 〈스타트렉〉의 한 에피소드 '일급 지령 Prime Directive'에도 원시 문명과 접촉을 금지하는 장면이 나온다. 문명인과 원시인이 섞이면 생물학적 또는 문화적 진보가 느려질 수 있기 때문이다. 이런 세상에서 지구는 동물원이나 자연보호구역 같은 특

• 외계인의 영어 단어인 extraterrestrial을 변형한 것.

구 特區로 분류된다.

- **희귀지구 가설**rare earth hypothesis | 지구에 지적 생명체가 탄생한 것은 너무도 희귀한 사건이어서 두 번 일어날 가능성이 거의 없다. 그러므로 지구는 은하계에서 문명을 꽃피운 유일한 행성이며, 우리와 수준이 비슷한 외계인은 존재하지 않는다. 이 가설은 지구를 특별하고 신성한 장소로 여기는 종교 단체에서 인기가 좋다.

- **종말 시나리오**doomsday scenario | 생명체가 진화 전쟁에서 승리하려면 호전성을 어느 정도 갖춰야 한다. 그런데 호전적인 생명체가 첨단 과학 기술을 획득하면 스스로를 제어하지 못하여 자멸할 가능성이 높다. 아마도 고도로 진보한 외계 생명체는 다른 종족과 접촉을 시도하거나 식민지 개척에 나서기 전에 이 고비를 넘지 못하고 멸망했을 것이다.

그래서 다들 어디에 있을까? 정말 궁금하다.

문명의 등급

러시아의 천문학자 니콜라이 카르다셰프Nikolai Kardashev(미국 드라마 〈카다시안 패밀리〉와는 무관한 인물이다)는 1963년 시작된 소련 최초의 외계 지성 탐사 프로젝트에 차출되었다. 소련의 SETI에 합류한 그는 관련 연구를 수행하던 중 우리보다 훨씬 진보한 문명(그리고 미래에 우주에서 우리와 마주칠 가능성이 있는 문명)을 여러 단계로 세분하여 등급을 매겨놓았는데, 이것은 훗날 '카르다셰프 등급Kardashev scale'으로 알려지게 된다.

다이슨 구

거의 모든 지구 생명체는 태양에너지에 의존하여 살아간다. 그러나 태양에서 방출되는 에너지 중 지구에 도달하는 것은 극히 일부에 불과하며, 대부분은 텅 빈 공간 속으로 낭비되고 있다. 태양뿐만 아니라 다른 별도 마찬가지다. 우리가 별을 볼 수 있는 이유는 별을 에워싼 영역에서 빛이 방출되기 때문인데, 그중 아주 가느다란 한 줄기만 우리 눈에 도달하고 나머지는 사방팔방으로 흩어진다.

1960년 미국의 물리학자 프리먼 다이슨Freeman Dyson은 "우리보다 훨씬 발달한 외계 문명이 존재한다면, 그들의 별 주변에 거대한 구형 집열기를 건설하여 별에서 방출되는 에너지를 알뜰하게 활용할 것"이라고 주장했다. 정말 엄청난 아이디어다. 훗날 '다이슨 구Dyson sphere'로 명명된 이 초대형 장비를 건설하려면

태비의 별Tabby's Star로 알려진 KIC 8462852 항성은 밝기가 수시로 변하는 이상한 별이다. 그래서 과학자들 중에는 이 별의 일부가 다이슨 구로 에워싸여 있다고 주장하는 사람도 있다. 물론 대부분의 천문학자는 좀 더 현실적인 설명을 선호한다.

> 상상을 초월하는 기술이 필요하다. 아니, 기술은 둘째치고 그 많은 건설 자재를 어디에서 구해야 할까? 별을 통째로 에워싸려면 자신이 거주하는 행성을 탈탈 털어도 모자랄 것 같다.

현재 통용되는 카르다셰프 등급에 의하면 문명의 수준은 에너지 생산 능력과 소비량에 따라 세 단계로 분류된다.

- **1단계** | 행성에서 얻을 수 있는 모든 에너지를 활용하는 수준.
- **2단계** | 모항성(태양)에서 생성되는 모든 에너지를 활용하는 수준.
- **3단계** | 한 은하에 속한 모든 별의 에너지를 활용하는 수준.

이 분류에 따르면 인류는 아직 1단계 문명에 도달하지 못했다. 카르다셰프 분류법에 지구의 현재 상황을 대입하면 0단계보다 높지만 1단계는 턱도 없다. 200만 년 전에 살았던 호모 하빌리스가 0.1단계였으니, 0.1~1 사이의 어딘가에 있을 것이다.

카르다셰프 등급 따라잡기

1테라와트시(TWH, 10억 와트시) = 1890년도 지구의 총에너지 생산량.

18테라와트시 = 현재 지구의 총에너지 생산량.

108테라와트시 = 지구가 카르다셰프의 1단계 문명으로 올라가는 데 필요한 에너지.

다시 말해서, 지구가 카르다셰프 등급에서 1단계 문명으로 승격되려면 에너지 생산량을 현재의 여섯 배로 늘려야 한다.

일부 미래학자들은 인류 문명이 앞으로 수백 년 안에 1단계에 도달할 것으로 예측하고 있다. 아직 완성되지 않은 상온핵융합 기술을 고려한 결과일 것이다. 2단계 문명은 자유로운 우주 비행이 가능한 수준으로, 모항성에서 방출되는 에너지를 100퍼센트 활용할 수 있다. 이런 문명이 존재한다면, 아마도 모항성 주변에 다이슨 구를 설치했을 것이다. 물론 우리에게는 수천 년 후에나 가능한 일이다. 3단계 문명은 그야말로 상상을 초월한다. 은하의 모든 별에 다이슨 구를 설치하거나, 아예 은하 전체를 다이슨 구로 에워싸야 이 단계에 도달할 수 있다.

이 시점에서 한 가지 의문이 떠오른다. 은하 어딘가에 2단계나 3단계

지구로부터 140광년 떨어진 곳에서 새로운 거대가스행성이 발견되었다. 만일 얼음으로 덮인 위성이 그 행성 주변을 공전하고 있다면, 위성에서 바라본 풍경은 아마도 이런 모습일 것이다.

문명이 존재한다면, 그들이 설치한 다이슨 구는 우리에게 날아오는 모든 신호를 철저하게 차단하고 있다는 말인가? 그렇지 않고서야 그 찬란한 문명의 흔적이 어떻게 우리에게 단 한 번도 감지되지 않을 수 있겠는가?

제 8 장

우주는
어떻게
시작되었을까?

자연을 관측하고, 계산하고, 시각화하다 보면
자연스럽게 떠오르는 질문이 있다.
"이 모든 것은 어떻게 시작되었을까?"

- 만물의 최소 단위
- 양자역학 101
- 단순화와 통일
- 쿼크 속박
- 힘의 통일
- 강력의 통일
- 반물질 문제
- 거대한 시나리오
- 지식의 끝

우주의 역사를 통틀어 가장 흥미로운 사건들은 빅뱅 후 0.001초라는 짧은 시간 안에 모두 일어났다. 이렇게 머나먼 과거로 되돌아가서 우주의 기원을 이해하려면 완전히 무관해 보이는 두 분야, 즉 '우주론'과 '입자물리학'을 하나로 합쳐야 한다. 그렇다. 우리가 상상할 수 있는 가장 큰 세계와 가장 작은 세계는 어떻게든 만날 수밖에 없는 운명이었다.

우주는 근 140억 년 동안 끊임없이 팽창하면서 냉각되어 왔다. 지금보다 훨씬 작고 뜨거웠던 초기 우주에서는 구성입자들 사이의 충돌이 워낙 격렬해서 원자나 분자처럼 복잡한 구조물은 도저히 형태를 유지할 수 없었으며, 더 작고 단단한 기본입자(소립자)들만 간신히 충격을 견뎌내고 살아남았다. 그러므로 초기 우주의 역사는 '소립자 진화의 역사'라 할 수 있다.

앞에서 우리는 우주 진화의 첫 번째 이정표에 대해 논한 적이 있다. 빅뱅이 일어나고 38만 년쯤 지났을 무렵, 우주의 온도가 어느 정도 진정되어 한번 형성된 원자들이 형태를 유지할 수 있게 되면서 빈 공간이 드디어 투명해졌다. 그전까지만 해도 우주의 물질은 양전하를 띤 원자핵과 음전하를 띤 전자가 따로 분리된 플라스마 상태로 존재했고, 이들은 공간을 자유롭게 떠돌면서 전자기파를 흡수하고 방출하기를 반복했다. 그 후 온도가 내려가면서 원자가 형성되고 공간은 깨끗해졌는데, 이 무렵에 방출된 복사

◀ 초은하단을 중심에 놓고 컴퓨터 시뮬레이션을 실행하면 거미줄처럼 엮인 우주의 거대 구조가 모습을 드러낸다.

한눈에 보는 우주의 일생. 빅뱅(왼쪽 끝)에서 원자와 별, 은하를 거쳐 최후를 맞이한다.

는 오늘날에도 우주마이크로파 배경복사의 형태로 남아 있다. 그리고 원자로 이루어진 일반적인 물질은 암흑물질이 파놓은 중력의 우물로 떨어져서 별과 은하가 되었으며, 바로 이곳에서 인간의 지능이 탄생했다.

   시간을 조금 더 되돌려서 최초의 원자핵이 생성되었던 '빅뱅 후 3분'으로 가보자. 이보다 전에는 양성자와 전자만 있었을 뿐, 이보다 복잡한 구조는 형성될 수 없었다. 그러나 3분이 지났을 때부터 물질은 우리에게 익숙한 형태를 띠기 시작했고, 이들은 지금 우리 주변에서 볼 수 있는 입자로 이루어져 있었다. 그리고 이 무렵 입자들 사이에 작용했던 힘도 지금 우리가 알고 있는 것과 동일한 힘이었다. 그러고 보니 '빅뱅 후 3분'도 지금과 크게 다르지 않은 것 같다. 좀 더 생소한 우주를 보고 싶은가? 그렇다면 우주의 나이가 0.001초도 되지 않은 태초의 순간으로 돌아가야 한다.

만물의 최소 단위

우주가 어떻게 지금과 같은 상태로 진화해왔는지 이해하려면 '지금의 상태'부터 정확하게 알아야 한다. 우리에게 친숙한 일상적인 물질은 단 몇 종류의 기본입자로 이루어져 있다. 이들을 우주의 '기본 블록brick'이라고 생각해보자. 제5장의 '입자물리학 용어'에서 설명한 대로 양성자와 중성자는 바리온(중입자)에 속하고, 바리온은 세 개의 쿼크로 이루어져 있다. 또한 쿼크는 향에 따라 위, 아래, 맵시, 기묘, 바닥, 꼭대기의 여섯 종류로 구분된다.

쿼크는 더 이상 쪼갤 수 없으니 일단 여섯 종류의 블록이 확보된 셈이다. 그 외에 렙톤(경입자)이라는 입자도 있다. 여기에는 우리에게 가장 친숙한 전자를 비롯하여 '전자와 비슷하면서 훨씬 뚱뚱한' 뮤온(μ)과 타우(τ)가 있고, 이들에게 대응되는 세 종의 뉴트리노도 있다. 즉, 렙톤은 모두 여섯 종류이며, 이들도 더 이상 분해되지 않으므로 우주의 기본 블록에 해당한다. 전자를 제외하면 한결같이 생소한 것들이지만, 이들은 입자가속기에서 수시로 생성되는 '흔한 입자'다.

그러므로 우주의 최소 단위인 '기본 블록'은 여섯 개의 쿼크와 여섯 개의 렙톤이다. 믿기지 않겠지만 엄연한 사실이다. 우주는 기본입자 12개의 다양한 조합으로 이루어져 있다.

그렇다면 이 입자들은 어떤 식으로 상호 작용을 교환하고 있는가? 그리고 이들을 결합하거나 분리하는 힘은 무엇인가? 오늘날 자연에는 네 종류의 힘이 가동되고 있다. 기본입자를 블록에 비유하면 힘은 블록을 이어 붙이는 모르타르mortar와 비슷하다. 이들 중 두 개는 당신이 일상적으로 느끼는 중력과 전자기력electromagnetic force이고, 비교적 생소한 나머지 두 개는 주로 원자핵 안에서 작용하는 약력weak nuclear force(약한 핵

> 닐 디그래스 타이슨
> @neiltyson
> 과학자는 어린 시절 품었던 호기심을 어른이 될 때까지 간직해온 사람들이다.
> 💬 825   🔁 13.1K   ❤ 67.3K   2018년 4월 14일 오후 12:40

력)과 강력strong nuclear force(강한 핵력)이다. 잠시 시간을 내서 두 개의 생소한 힘에 대해 간략하게나마 알아보고 넘어가자.

일단 강력에서 시작해보자. 원자핵 속에 있는 양성자들은 전하의 부호가 모두 같으므로 전기적 척력이 작용하고, 이 힘 때문에 양성자들은 서로 흩어지려는 경향이 있다. '전하의 부호가 같은 물체끼리는 서로 밀어낸다'는 것을 초등학교 때 배웠을 테니 이 정도는 상식에 속한다. 그런데

화학 실험에 열중하는 마리 퀴리의 모습. 그가 발견한 방사선은 훗날 아원자입자의 붕괴를 설명하는 데 결정적 역할을 했다.

6 더하기 6은?

쿼크는 왜 여섯 개이며, 렙톤은 왜 또 여섯 개일까? 좋은 질문이다. 나도 답을 알고 싶다.

어찌 된 영문인지 원자핵 속의 양성자들은 30년 만에 만난 형제들처럼 서로 꽉 끌어안은 채 떨어질 줄을 모른다. 이들 사이에 전기적 척력이 작용한다는 것은 분명한 사실이므로, 전기력보다 훨씬 강한 힘이 이들을 서로 끌어당긴다고 생각하는 수밖에 없다. 이 힘이 바로 20세기 물리학의 핵심 연구 과제였던 강력이다.

그런데 원자핵 속의 입자들이 강력으로 단단하게 뭉쳐 있음에도 불구하고 일부 원자핵은 자발적으로 방사성 붕괴radioactive decay를 일으키면서 다른 원자핵으로 변한다('방사성 붕괴'는 노벨상을 두 번이나 수상한 폴란드 출신의 화학자 마리 퀴리가 창안한 용어다). 방사성 붕괴가 일어나는 이유는 원자핵이 '약력'의 자극을 받아 방사선의 형태로 에너지를 방출하기 때문이다.*

이것으로 강력과 약력의 간단한 소개를 마치고 본론으로 돌아가자. 빅뱅이 일어나고 0.001초가 채 지나기 전에 여섯 개의 쿼크와 여섯 개의 렙톤 그리고 네 종류의 힘이 등장했다. 그렇다면 그전에는 어땠을까? 애초부터 우주에 무엇이 부여되었길래 이런 특별한 우주로 자라날 수 있었을까?

---

* 복사선 輻射線과 방사선 放射線은 한자 의미가 비슷하고 영어로 표기해도 radiation으로 동일하다. 다른 분야는 차치하고, 물리학에서 radiation은 전자기파가 방출되는 현상을 뜻하는데, 그중 에너지가 작은 적외선이나 전파가 방출될 때는 '복사선'이라 하고, 에너지가 큰 X-선이나 감마선이 방출될 때는 '방사선'으로 표기한다. 전자기파 외에 불안정한 원자핵에서 방출되는 알파선(헬륨원자핵)과 전자(또는 양전자)도 방사선이라 한다. 물론 모든 물리학자가 이 규칙을 따른다는 보장은 없다.

양자역학 101

시간을 거스르는 여정을 계속하려면 원자 속으로 들어가야 한다. 그곳은 양자역학quantum mechanics이라는 낯선 물리학이 적용되는 이상한 세계다. 양자quantum는 라틴어로 '덩어리' 또는 '다발'이라는 뜻이고, 역학mechanics은 '물체의 운동을 서술하는 과학'을 뜻한다. 그러므로 양자역학은 '원자 내부에 존재하는 덩어리들(입자)의 운동을 서술하는' 과학이라 할 수 있다. 원자는 뉴턴 역학으로 서술되는 일상적인 세상과 완전히 다른 희한한 세상이다. 자, 준비되었는가? 심호흡을 한 번 깊게 하고, 양자역학의 세계로 들어가 보자.

양자역학에 대해서는 할 이야기가 산더미처럼 많지만 독자들의 정신 건강을 위해 지금 우리에게 꼭 필요한 내용만 짚고 넘어가자. 바로 독일의 물리학자 베르너 하이젠베르크Werner Heisenberg가 창시한 '불확정성 원리'다. 이는 몇 가지 버전으로 서술할 수 있는데, 지금 우리에게 필요한 것은 시간과 에너지 사이의 불확정성이다. 즉, 물리계가 갖고 있는 에너지의 양을 정확하게 알수록 물리계가 그 에너지를 갖고 있는 시간은 부정확해진다.

어린 시절에 먹먹한 가슴으로 읽어내려 갔던 동화 〈신데렐라〉를 예로 들어보자. 화려한 드레스를 차려입은 신데렐라가 황금 마차를 타고 궁전에 도착했다. 물론 우리는 이 모든 것이 요정의 마술이라는 것을 알고 있지만, 자정까지 집에 들어가기만 하면 아무도 눈치채지 못한다(다른 것은 자정이 지나는 순간 모두 원래대로 되돌아갔는데, 신데렐라가 흘리고 간 유리구두 한 짝만은 왜 끝까지 유리로 남았는지 아직도 궁금하긴 하다). 잿빛 투성이였던 신데렐라가 갑자기 공주로 변한 것처럼 양자 세계에서는 없던 입자가 갑자기 나타날 수 있다. 단, 이 입자는 불확정성 원리가 정해준 시간 안에 다

> **닐 디그래스 타이슨** @neiltyson
>
> 당신은 물질이다. 거기에 빛의 속도를 제곱한 값을 곱해보라. 다 되었는가? 오케이, 이제 당신은 에너지가 되었다.
>
> 💬 2.7K   🔁 66.1K   ♡ 279.4K   2020년 1월 9일 오후 4:03

시 사라져야 한다. 이런 식으로 나타났다가 사라지는 입자를 '가상입자virtual particle'라 한다.

양성자는 무도회에 나타난 신데렐라처럼 아주 짧은 시간 동안 '양성자와 다른 입자'로 변신할 수 있다. 추가로 나타난 입자의 질량은 결국 에너지이므로($E=mc^2$을 기억할 것!), 짧은 시간 안에 사라지면 아무런 흔적도 남지 않는다. 하이젠베르크의 불확정성 원리가 이런 야바위를 덮어주고 있다. 즉, 갑자기 나타난 입자가 불확정성 원리가 정해준 시간 안에 사라지기만 하면, 우리는 그 입자가 '존재하는 계'와 '존재하지 않는 계'의 차이를 절대로 알 수 없다.

1930년대에 일본의 물리학자 유카와 히데키湯川秀樹는 한 입자에서 방출된 가상입자가 다른 입자에 흡수될 수도 있음을 깨달았다. 이는 곧 두 개의 입자가 가상입자를 교환하면서 서로 상대방에게 힘을 가할 수 있다는 뜻이다. A와 B라는 두 사람이 스케이트를 신은 채 빙판 위에 서 있다고 가정해보자. 여기에 C가 나타나 A와 B를 특정 방향으로 떠밀면, 이들은 그 방향으로 대책 없이 밀려나게 된다. 또는 (A는 왼쪽, B는 오른쪽에 있을 때) A가 B를 향해 묵직한 볼링공을 던지면 A는 왼쪽으로 밀려나고 공을 받은 B는 (공의 운동량 때문에) 오른쪽으로 밀려난다.

입자의 경우도 마찬가지다. 양자 세계에서 (실험 도구로는 감지할 수 없는) 가상입자가 교환되면 힘이 생성되며, 힘이 작용하는 방식은 교환되는 가

누구에게나 어려운 양자역학

양자역학의 최고 대가이자 노벨물리학상 수상자인 미국의 이론물리학자 리처드 파인먼은 캘리포니아공과대학교(흔히 칼텍Caltech이라고 부른다)에서 양자역학을 강의하다가 학생들의 일그러진 표정을 보고 이런 말을 남겼다. "의기소침할 필요 없습니다. 이게 왜 이렇게 되는지는 나도 몰라요. 나뿐만 아니라 아무도 모릅니다. 장담하건대 양자역학을 이해하는 사람은 이 세상 어디에도 없습니다!"

그러므로 앞서 서술한 내용이 어렵게 느껴진다면, 당신은 이미 양자역학의 세계로 들어선 것이다. 끝까지 이해를 못 해도 상관없다. 우주에 대한 통찰은 양자역학을 이해해서 생긴 것이 아니라, 그것을 이해하려고 노력하는 과정에서 생긴 것이기 때문이다. 모차르트의 인생을 완전히 꿰뚫어 보지 않아도, 그의 음악은 얼마든지 좋아할 수 있지 않은가? 그래서 오스트리아계 미국인 물리학자 빅터 바이스코프 Victor Weisskopf는 이렇게 말했다. "나에게 삶을 풍요롭게 만들어주는 건 딱 두 가지, 모차르트와 양자역학이다."

상입자의 종류에 따라 다르다.

가상입자의 교환으로 생성되는 힘 중에서 실험으로 확인된 것은 강력과 전자기력 그리고 약력인데, 이들의 특징을 요약하면 다음과 같다. 강력은 글루온이라는 입자를 교환할 때 발생하는 힘이다. 눈치챘겠지만 글루온은 접착제를 뜻하는 'glue'에 입자를 뜻하는 접미사 'on'을 붙여서 만든 용어다. 전자기력은 광자를 교환할 때 발생하는 힘이며, 약력은 벡터보손* vector boson을 교환할 때 발생한다.

---

* 위크보손weak boson이라고도 한다.

이번 장의 서두에서 말한 대로 자연에는 네 가지 힘이 존재하는데, 이들 중 '가상입자의 교환을 통한 메커니즘'이 실험으로 확인된 것은 위에서 언급한 세 가지다(강력, 전자기력, 약력). 제일 친숙한 중력은 왜 빠졌냐고? 중력도 가상입자를 교환하면서 발생하는 것으로 예측되지만, 그 입자가 아직 발견되지 않았다. 그냥 '중력자graviton'라고 이름만 붙여 놓았을 뿐이다. 이제 곧 알게 되겠지만 중력은 이론물리학에서 아직 정복되지 않은 미개척지로 남아 있다.

단순화와 통일

우주가 어렸을 때는 지금보다 훨씬 뜨거우면서 단순했고, 더 어렸을 때는 더욱 뜨겁고 단순했다. 세월이 흘러서 우주의 나이가 38만 년쯤 되었을 때 원자처럼 질서 정연한 구조가 등장했는데, 이 무렵의 우주는 하전입자들이 무작위로 떠다니던 플라스마 시대보다 훨씬 복잡했다. 나이를 먹을수록 복잡해지는 것이 사람과 비슷하다. 이런 현상은 빅뱅 직후에도 똑같이 나타난다. 우주 탄생 후 3분 만에 형성된 원자핵은 그 이전에 존재했던 소립자보다 훨씬 복잡했다.

건물을 철거할 때 벽돌과 지지대를 분리하면 토대만 남는 것처럼 우주의 역사를 거슬러 올라가면 기본 토대에 도달하게 된다. 그러나 양자역학의 세계에서는 우주를 다른 식으로 단순화할 수도 있다. 한 가지 단점은 일상적인 세계에서 이와 유사한 사례를 찾을 수 없다는 것이다. 이 단순화 과정에는 모르타르에 해당하는 네 가지 힘, 즉 강력과 전자기력, 약력 그리고 중력이 등장한다.

이상한 질문에서 시작해보자. 우주를 건설하려면 몇 종류의 힘이 필요

할까? 아무런 힘도 작용하지 않는 우주에서는 아무런 일도 일어나지 않겠지만, 우리의 우주는 그런 곳이 아니었다. 우주를 건설하려면 한 가지 이상의 힘이 필요하다. 그렇다면 두 가지? 세 가지? 아니다. 가장 단순한 우주는 달랑 한 가지 힘만 작용하면 된다. 시간을 거슬러 갈수록 우주가 단순해진다면, 언젠가는 힘이 하나로 줄어드는 시점에 도달할 것이다. 이곳에서는 다른 힘이 사라지면서 하나만 남는 게 아니라 모든 힘이 하나로 합쳐진다. 이 순간을 서술하는 이론은 아직 완성되지 않았지만, 모든 힘을 하나로 통일한다는 아이디어에 흠뻑 매료된 이론물리학자들은 '대통일이론Grand Unified Theory, GUT'이라는 이름부터 붙여놓고 과학 역사상 가장 거대한 통일을 이루기 위해 고군분투하고 있다.

양자 세계에서 힘은 가상입자가 실제입자 사이를 오락가락하면서 발생한다. 앞에서는 이것을 빙판 위에서 무거운 볼링공을 주고받는 두 명의 스케이터에 비유했다. 이 비유를 조금 수정해서, 추운 겨울날 두 쌍의 스케이터가 각자 자신의 파트너를 향해 미끄러지듯 나아가고 있다고 가정해보자(각 쌍을 A팀과 B팀이라고 하자). A팀의 여성 스케이터는 부동액이 첨가된 물통을 들고 있고, B팀의 여성 스케이터는 순수한 물통을 들고 있다. 그런데 날씨가 추워서 B팀의 물통에 들어 있는 물은 얼어붙었고, A팀의 물통은 부동액 덕분에 액체 상태로 남아 있다.

이들이 각자 파트너를 향해 다가가다가 들고 있던 물통을 파트너에게 던지면 어떻게 될까? A팀의 남성 스케이터는 물벼락을 맞으며 뒤로 밀려나고(내가 말 안 했던가? 물통에는 뚜껑이 없다!), B팀의 남성 스케이터는 얼음덩어리를 받으며 뒤로 밀려날 것이다. 두 팀 모두 자신의 파트너에게

▶ 빅뱅의 순간을 묘사한 상상화. 이 그림은 일상적인 폭발(고정된 공간 속에서 물질이 팽창하는 사건)을 연상시키지만, 실제 빅뱅은 '공간 자체'가 팽창하는 사건이었다. 그러므로 빅뱅을 2차원 캔버스 위에 표현하는 것은 원리적으로 불가능하다.

닐 디그래스 타이슨
@neiltyson

우리은하는 앞으로 약 50억 년 후에 안드로메다은하와 충돌할 예정이다. 하지만 걱정할 것 없다. 그보다 한참 전에 태양이 크게 부풀어 올라서 지구를 바삭하게 튀겨버릴 것이기 때문이다.

💬 5.4K ⟲ 17.9K ♡ 110.2K   2020년 9월 10일 오후 10:07

물통을 던졌지만, 내용물이 다르니 결과도 다르다. 사실 이들은 똑같은 실험을 6개월 전 여름에도 진행했는데, 그때는 부동액을 첨가하지 않은 B팀의 물도 액체 상태였기에 양 팀의 결과가 똑같았다. 온도가 높았던 여름에는 다른 점이 없었는데 온도가 내려가면서 차이가 발생한 것이다.

우주에 작용하는 힘도 이와 비슷한 과정을 겪었다. 오늘날 자연에는 네 종류의 힘이 작용하고 있지만, 빅뱅 후 0.001초보다 먼 과거로 가면 온도가 더욱 높아지면서 네 가지 힘이 하나둘씩 합쳐지기 시작한다. 과거로 갈수록 힘의 종류가 줄어들다가 그렇게 계속 가다보면 결국 하나로 통일되는 시점이 찾아온다. 그렇다. 빅뱅의 순간에는 모든 힘이 하나로 통일되어 있었다.

자, 지금부터 창조의 순간으로 가는 여정이 본격적으로 시작될 참이니 안전벨트를 단단히 매기 바란다.

쿼크 속박

시간을 거스르는 우리의 여정에서 두 번째로 마주치게 될 중요한 사건은 빅뱅 후 10마이크로초, 즉 10^{-5}초 만에 발생했다. 그전까지 혼자 자유롭게 돌아다니던 쿼크들은 이 시기*에 파트너를 찾아서 입자가 되었는데, 그중에는 우리에게 친숙한 입자도 있다. 쿼크로 이루어진 입자는 두 가지 유형으로 나뉜다. 쿼크 세 개가 결합하면 양성자와 중성자 같은 바리온(중입자)이 되고, 쿼크 두 개(쿼크와 반쿼크. 물론 이들은 향이 다르다)가 결합하면 메손(중간자)이 된다.

언뜻 보면 이 사건은 한참 후에 일어났던 원자핵이나 원자가 형성된 사건과 비슷하게 보이지만 결정적으로 다른 점이 있다. 쿼크 사이에 작용하는 힘은 글루온을 교환하면서 생성되는데, 이 힘은 한 가지 면에서 전자기력이나 중력과 근본적 차이를 보인다. 전자기력과 중력은 거리가 멀수록 약해지는 반면, 쿼크 사이의 힘은 거리가 멀수록 오히려 강해진다. 길게 늘어날수록 복원력이 강해지는 고무줄과 비슷하다. 즉, 쿼크 사이의 거리가 멀수록 두 개의 쿼크를 완전히 분리하려면 더욱 강하게 당겨야 한다(더 많은 에너지를 투입해야 한다)는 뜻이다.

이제 한 가지 사고 실험을 해보자. 여기 양성자 한 개가 주어져 있고, 당신은 자연의 신으로부터 양성자 안에 있는 쿼크 한 개를 떼어내라는 명령을 받았다. 다행히 당신의 몸집도 양성자와 비슷해서(사소한 문제는 따지지 말고 넘어가자) 그 안에 손을 집어넣어 쿼크 하나를 움켜쥐고 잡아당겼다. 처음에는 의외로 쉽다. 쿼크를 잡아당기는 데 별로 큰 힘이 들지 않는다. 그러나 쿼크들 사이의 거리가 멀어질수록 떼어내기가 더욱 어려워져서 당신은 슈퍼맨에게 도움을 청했고(따지지 말자고 했다), 그는 이름에 걸맞게 초인적 힘을 발휘하여 기어코 쿼크 한 개를 떼어내는 데 성공했다. 그런데 아뿔싸, 슈퍼맨이 투입한 에너지가 두 개의 쿼크로 변신하

---

* 시기라고 부르기 민망할 정도로 짧은 시간이지만 짧은 간격으로 줄지어 일어난 일련의 사건을 확실히 구별하기 위해 이런 어휘를 선택했다.

> **작은 숫자 표기법**
>
> 빅뱅 직후에는 여러 사건이 워낙 짧은 시간 간격으로 일어났기 때문에 빅뱅을 향해 시간을 되돌릴 때는 십진수가 아닌 지수를 이용하여 시간을 표기한다. 예를 들어 1,000분의 1초는 십진 표기법으로 0.001초인데, 이보다는 지수를 이용하여 '10^{-3}초'로 쓰는 것이 훨씬 간편하다. 별 차이가 없어 보인다고? 그렇다면 이건 어떠한가? 10억 분의 1초를 십진수로 표기하면 0.000000001초이고, 지수로 표기하면 10^{-9}초다. 참고로 인플레이션(급속 팽창)은 빅뱅 후 10^{-34}초부터 시작되었다.

여 메손이 되어버렸고, 양성자는 멀쩡한 상태로 싱글벙글 웃고 있다. 잔뜩 열받은 당신이 자연의 신에게 따지듯 물었다. "아니, 슈퍼맨까지 불러서 쿼크 하나를 간신히 떼어냈는데, 이게 뭡니까? 지금 장난해요?" 그러자 자연의 신이 대답한다. "그게 말이지……. 생각해보니까 쿼크 사이의 거리를 더 늘리는 것보다, 자네들이 투입한 에너지로 새 쿼크를 만드는 게 더 쉽겠더라고. $E=mc^2$이잖아. 자네도 알지?"

짜증 나는 실험이었지만 그래도 교훈은 있었다. 아무리 강한 힘을 발휘해도 자유쿼크 free quark (혼자 고립되어 자유롭게 돌아다니는 쿼크)는 생성되지 않는다는 것이다.

힘의 통일

지금까지 우리는 빅뱅의 순간을 향해 시간을 거꾸로 거슬러 가면서 중요한 시점 세 개를 통과했다. 바로 최초의 원자가 형성된 '빅뱅 후 38만

유럽입자물리연구소의 강입자충돌기가 잠시 가동을 멈춘 동안 한 기술자가 입자감지기 CMS Compact Muon Solenoid에 필요한 부품을 설치하고 있다.

년'과 원자핵이 형성된 '빅뱅 후 3분' 그리고 쿼크가 모여서 하드론이 형성된 '빅뱅 후 10^{-5}초'다. 이들은 물질이 근본적 단계에서 변화를 겪었다는 공통점을 갖고 있다. 빅뱅 후 38만 년에 처음으로 나타난 원자는 빅뱅 후 10^{-5}초 이전부터 존재했던 쿼크와 렙톤의 바다에서 태어났지만, 그 사이에 힘은 아무런 변화도 겪지 않았다. 벽돌만 변하고 모르타르는 그대로인 셈이다. 어쩌다 물질이 기본입자로 산산이 분해되어도 이들 사이에 작용하는 힘은 오늘날 작용하는 힘과 똑같았다.

그러나 시간을 조금 더 거슬러 올라가면 상황이 달라진다.

우리의 시간 역행 여행길에서 네 번째로 등장하는 주요 시점은 빅뱅 후 10^{-10}초(0.1나노초)다. 바로 이 시점부터 네 개의 힘이 합쳐지기 시작한다. 10^{-10}초 이전에 우주에는 중력과 강력 그리고 약전자기력electroweak force이라는 세 개의 힘이 존재했다. 그러다 빅뱅 후 10^{-10}초가 지났을 때 약전자기력이 전자기력과 약력으로 분리된 것이다. 놀랍게도 스위스에

> ### 아인슈타인의 실패한 연구
>
> 알베르트 아인슈타인은 말년에 통일장이론 unified field theory을 연구하면서 대부분의 시간을 보냈지만, 결국 끝을 보지 못하고 세상을 떠났다. 20세기 최고의 물리학자였던 그가 실패하다니, 어찌 된 영문일까? 근본적 이유는 '통일의 대상'을 잘못 골랐기 때문이다. 아인슈타인은 중력과 전자기력의 통일을 시도했는데, 이것은 70년이 지난 지금도 해결되지 않은 난제다. 그러나 당시는 약력과 강력이 발견되지 않아서 알려진 힘이라고는 중력과 전자기력뿐이었기에 아인슈타인에게는 다른 선택의 여지가 없었다.

있는 대형강입자충돌기는 빅뱅 후 10^{-10}초의 우주를 재현할 수 있다. 물론 재현되는 영역은 양성자 크기 정도밖에 안 되지만, 충돌기 안에서 양성자 두 개를 초고속으로 충돌시키면 그 일대의 물리적 상태가 빅뱅 후 10^{-10}초의 상태와 비슷해진다. 여기서 충돌에너지를 높이면 빅뱅에 더욱 가까운 상태를 만들 수 있겠지만, 아쉽게도 지금의 충돌기(입자가속기)는 그 정도의 출력을 낼 수 없다. 지금의 기술로 되돌아볼 수 있는 과거는 전자기력과 약력이 하나의 힘으로 존재했던 '빅뱅 후 10^{-10}초'가 한계다.

강력의 통일

내친김에 계속 과거로 가보자. 그다음으로 마주치는 중요한 순간은 무려 '빅뱅 후 10^{-35}초'다. 너무나 짧아서 말로 표현할 수 없고, 비유를 들 만한 사례도 없다. 그냥 '빅뱅이 일어나고 상상을 초월할 정도로 짧은 시간

1930년의 닐스 보어 Niels Bohr(왼쪽)와 막스 플랑크 Max Planck(오른쪽). 두 사람은 양자역학의 발전에 기여한 공로로 노벨물리학상을 수상했다.

이 지난 후'라고 생각하면 된다. 그러나 최신 물리학이론에 의하면 우주의 기본 구성 요소는 바로 이 시기에 형성되었다. 그렇다. 여섯 개의 쿼크와 여섯 개의 렙톤이 바로 이 시기에 처음으로 등장했다.

빅뱅 후 10^{-35}초가 지난 우주에 대해 누가 어떤 가설을 내놓아도 우리에게는 그것을 검증할 방법이 없다. 그렇다고 완전히 무력한 상황은 아니다. 우리에게는 첨단 가속기로 도달할 수 있는 에너지 수준에서 물질의 거동을 훌륭하게 설명해주는 표준모형* standard model이 있다. 그러나 제아무리 낙천적인 물리학자라 해도 빅뱅 후 10^{-35}초가 채 지나지 않은 우주에 대한 이론을 밀어붙이기에는 관련 정보가 너무 부족하다. 그래서 이 분야의 전문가들은 빅뱅 후 10^{-35}초를 '이해할 수 있는 과거의 한계'로 받아들이고 있다.

- 기본입자와의 상호 작용을 설명하는 표준물리학이론.

닐 디그래스 타이슨 ✓
@neiltyson

우주에 대해 우리가 알고 있는 (그리고 이해하는) 모든 것은 강한 핵력과 약전자기력 그리고 중력이라는 세 종류의 힘으로부터 유래되었다.

💬 136   🔁 375   ♡ 174   2012년 4월 24일 오후 12:05

빅뱅 후 10^{-35}초는 우주 역사의 커다란 전환점이었다. 그 이전에는 강력과 약전자기력이 하나로 통합되어 두 종류의 힘(통합된 힘과 중력)만이 존재했다. 이쯤 되면 독자들도 과거로 갈수록 단순해지는 패턴이 눈에 들어올 것이다. 이 시간 이후로 복잡한 사건들이 연달아 일어나면서 현재의 우주로 진화하는 기틀이 마련되었다.

창의력이 부실한 이론물리학은 렌즈 없는 안경이자 오아시스 없는 사막이다. 시간을 더 거슬러 올라갈 만한 좋은 아이디어가 없다고 해서 아이디어가 아예 없는 것은 아니다. 실제로 이론물리학자들은 다양한 아이디어를 제안했는데, 자세한 내용은 다음 제9장에서 다룰 예정이다. 아무튼 학자들의 중론에 의하면 과거로 가는 우리의 여정에서 마지막 결정적 사건은 10^{-43}초에 일어났다. 이보다 전에는 모든 힘이 하나로 통일되어 있다가 바로 이 시기에 중력과 (강+약+전자기)력으로 분리되었기 때문이다.

10^{-43}초는 물리적 의미를 갖는 가장 짧은 시간으로 양자역학의 창시자인 독일의 물리학자 막스 플랑크의 이름을 따서 '플랑크 시간Planck time'이라 부른다. 플랑크 시간 이전에는 우주를 다스리는 힘이 단 하나뿐이었을 것으로 추정된다(즉, 빅뱅 후 단일 힘이 다스리던 우주는 '3일 천하'가 아니라 '10^{-43}초 천하'였다). 일반상대성이론의 연구 대상이었던 거대한 우주가 양자역학의 연구 대상인 초미세 영역으로 쪼그라들었으니, 이런 극단

적인 상태를 논리적으로 다루려면 양자중력이론quantum theory of gravity이 절실하게 필요하다.

마지막 발걸음을 내딛기 전에 난처한 문제 하나를 짚고 넘어가는 게 좋겠다. 바로 긴 세월 동안 물리학자들을 무던히도 괴롭혀온 반물질 문제antimatter problem다.

반물질 문제

물질은 왜 존재하는가?

고에너지 빛(X-선과 감마선)이 $E=mc^2$에 따라 질량으로 변하면 자발적으로 입자-반입자 쌍이 생성된다. 이것은 이론적으로 확실하게 정립되었을 뿐만 아니라 실험을 통해 수도 없이 확인된 사실이다. 그 후에 두 입자가 자신의 반입자 쌍을 만나면 질량은 다시 사라지고 원래의 순수한 에너지만 남는다.

X-선과 감마선이 에너지 스펙트럼의 대부분을 차지할 정도로 우주가 뜨거웠던 시기에는 에너지와 물질을 위한 양방향 고속도로(에너지가 물질로 변하는 차선과 물질이 에너지로 변하는 차선)가 시원하게 뚫려 있었다. 그러나 공간이 팽창함에 따라 온도가 내려가면서 입자-반입자 쌍은 더 이상 자발적으로 생성되지 않았다(만일 이때도 생성되었다면 질량이 엄청나게 작았을 텐데 그 정도로 가벼운 입자는 예측된 적도 발견된 적도 없다).

이상하지 않은가? 우주에 존재하는 모든 질량이 X-선과 감마선에서 생성된 물질-반물질 쌍(입자-반입자 쌍)에서 비롯되었다면, 우주가 식어서 X-선과 감마선이 사라진 후에는 더 이상 물질이 생성되지 않았을 것이고, 그전에 생성된 물질은 반물질과 만나서 사라졌을 테니 우주에는

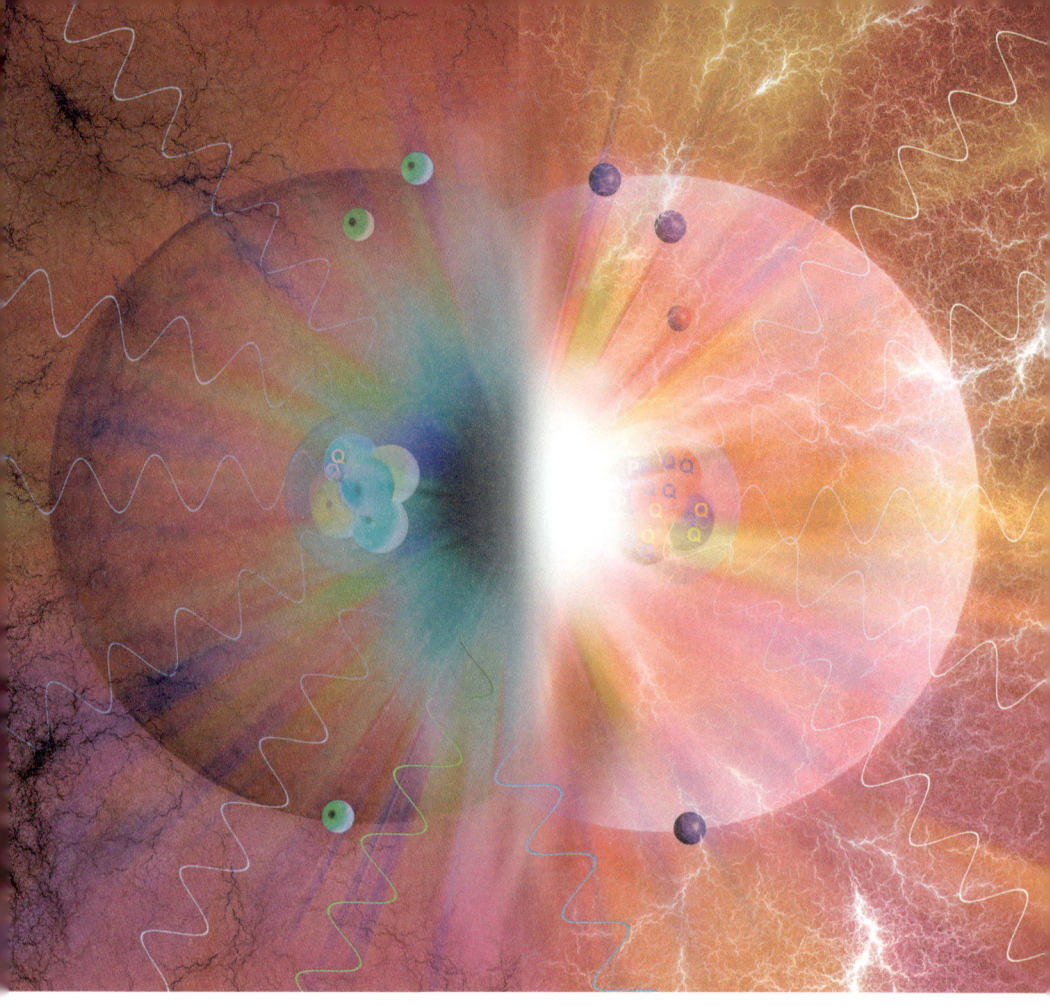

입자와 반입자가 만나서 빛을 남기고 사라지는 장면을 표현한 상상도. 왼쪽의 입자(전자, 쿼크 등)들이 오른쪽의 반입자(반전자, 반쿼크 등)와 거울처럼 대칭을 이루고 있다.

물질이나 반물질 없이 빛만 남았어야 한다.

정말로 그렇다. 현대 물리학이론에 의하면 우주에는 어떤 종류의 물질도 존재할 수 없다. 그러나 현실은 어떠한가? 당신과 나를 포함하여 지구, 행성, 별, 은하, 은하단 등 우주에는 물질이 곳곳에 넘쳐난다. 게다가 이 모든 것은 반물질이 아닌 물질로 이루어져 있다. 이 난처한 상황을 어떻게 설명해야 할까? 어차피 잃을 것도 없으니 대담한 가설을 제안해보자. 우주 초창기의 어느 시점에 어떤 이유로 X-선과 감마선 중 일부가 입자-반입자 쌍이 아닌 '입자'만 만들어냈고, 이것 때문에 입자와 반입자 사이의 균형에 심각한 비대칭이 초래되었다. 오늘날 존재하는 물질의 양에 기초하여 약간의 계산을 수행하면 '고독한 입자'만 생성되는 빈도수를 추정할 수 있는데, 1억 번당 한 번꼴로 이런 비정상적인 사건이 발생했다면 지금 존재하는 물질의 양을 설명할 수 있다. 아마도 이것은 우주 초기에 일어난 신비롭고도 실질적인 변화 중 하나였을 것이다.

이것이 우리가 선택한 가설이다. 당장은 다른 대안이 없으니 그냥 밀고 나가기로 하자.

거대한 시나리오

마침내 우리는 우주의 역사를 이론이 더 이상 적용되지 않는 시점까지 재구성할 수 있게 되었다. 지금까지 완성된 시나리오를 시대순으로 아니, 시간순으로 정리해보자.

빅뱅 후 10^{-43}초

이 시기(빅뱅부터 플랑크 시간까지)는 확실하게 알려진 것이 없다. 실험 데이터는 말할 것도 없고 이론조차 전무하다. 그저 이 시기에 단 하나의 힘만 존재했다고 어렴풋이 추측할 뿐이다. 일부 이론물리학자는 입자도 한 종류만 존재했을 것으로 예측하고 있다. 만일 이것이 사실이라면 우주는 한 종류의 입자가 단 하나의 힘을 통해 상호 작용을 주고받는 '가장 단순한 상태'에서 시작되었을 것이다.

빅뱅 후 10^{-35}초

이 시기에 우주는 수많은 변화를 겪게 된다. 그중에서도 가장 큰 변화는 인플레이션(급팽창)이었고, 반물질보다 물질이 조금 더 많이 생성되었다(반입자 100,000,000개당 입자 100,000,001개가 생성되었을 것으로 추정된다). 이 무렵에 입자-반입자 쌍이 만나 소멸되면서 방출한 복사는 오늘날 우주 마이크로파 배경복사로 남아 있다. 또한 이 시기에 힘이 분리되어 중력과 강력 그리고 약전자기력이 입자의 상호 작용을 주도했다.

빅뱅 후 10^{-10}초

약전자기력이 약력과 전자기력으로 분리되어 우주에 네 가지 힘(중력, 강력, 전자기력, 약력)이 존재하게 되었다.

빅뱅 후 10^{-5}초

우리에게 익숙한 입자와 원자 구조가 등장했다. 쿼크끼리 결합하여 원자핵의 기본 단위인 양성자와 중성자가 만들어졌는데, 이때 한번 결합한 쿼크는 두 번 다시 분리되지 않았다(쿼크 속박).

빅뱅 후 3분

양성자와 중성자가 결합하여 단순한 원자핵이 만들어졌으며, 온도가 충분히 낮아진 후여서 이들끼리 충돌해도 양성자와 중성자로 분리되는 사고는 발생하지 않았다. 잠시 동안 소량의 수소와 헬륨 그리고 리튬원자가 만들어지긴 했지만, 공간 팽창과 함께 입자들 사이의 거리가 너무 멀어져서 더 이상 원자핵이 생성될 수 없었다.

이 시기에 물질과 방사선은 플라스마 형태로 존재했고, 물질이 뭉치려 해도 고에너지 방사선 때문에 곧바로 흩어졌다. 그러나 암흑물질은 복사에너지의 영향을 받지 않고 중력으로 뭉치면서 곳곳에 '중력우물'을 만들어놓았다.

빅뱅 후 38만 년

전자가 원자핵에 포획되어 원자가 형성되고, 빛이 공간을 자유롭게 통과하면서 우주가 드디어 투명해졌다. 이 복사(빛)는 오늘날 우주마이크로파 배경복사의 형태로 남아 있다. 그리고 암흑물질이 집중된 곳(중력우물)에 일상적인 물질이 모여들어 별과 은하가 형성되기 시작했다.

간단히 말해서, 모든 것은 가장 단순한 형태에서 시작되었으며, 시간이 흐를수록 복잡한 구조로 자라나서 지금과 같은 우주로 진화하게 되었다.

지식의 끝

과거로 가는 우리의 여정은 여기가 끝이다. 빅뱅의 순간에 더 가까이 다가가고 싶어도 장벽이 너무 높아서 도저히 뚫을 수가 없다. 장벽 너머의 세계에 대해서는 가설과 추론만 난무할 뿐이다. 빅뱅의 순간에 가까워질수록 궁금한 것은 더욱 많아지는데 질문을 어떻게 해야 할지조차 모른다는 게 문제다.

'빅뱅 후 10^{-35}초'라는 이정표 앞에서 더 먼 과거를 기웃거리다 보면 쉽게 넘을 수 없을 것 같은 커다란 산봉우리 두 개가 시야에 들어온다. 첫 번째 산을 넘으려면 빅뱅 후 플랑크 시간(10^{-43}초) 이전에 어떤 일이 일어났고 어떤 일이 일어나지 않았는지를 알아야 한다. 앞서 말한 대로 플랑크 시간대에서 중력과 강력 그리고 약전자기력은 하나로 합쳐질 것이고, 이론물리학자들은 궁극의 통일이론을 구축하기 위해 계속 노력할 것이다.

양자 세계에서 입자는 가상입자를 교환하면서 강력과 약력 그리고 전자기력을 교환한다. 그러나 중력은 아직 양자 세계에 확실하게 영입되지 않은 채 홀로 남아 있다. 아인슈타인의 일반상대성이론에 의하면 중력은 물질의 질량이 시공간을 왜곡시키면서 나타난 결과이며, 가상입자와는 아무런 관련도 없어 보인다. 그러므로 네 종류의 힘을 완전하게 통일하려면 양자 세계에서 작동하는 중력이론이 반드시 필요하다. 양자역학과

용골자리성운 Carina Nebula의 거대한 별들이 자신의 모태였던 기체와 먼지구름을 갈가리 흩어놓고 있다(허블망원경으로 찍은 사진 여러 장을 이어 붙인 것).

> **닐 디그래스 타이슨**
> @neiltyson
>
> 밤하늘을 올려다볼 때마다 자신이 미미한 존재라고 느껴지는가? 그럴 필요 없다. 누가 뭐라 해도 당신은 거대한 존재다. 왜냐? 당신의 몸을 구성하는 모든 원자는 별에서 온 것이기 때문이다. 그렇다. 우리는 별의 후손이다. 비유적인 말이 아니라 사실이 그렇다. 우리는 우주 안에 있고, 우리 안에 우주가 있다.
>
> 💬 2.3K　⇆ 33.6K　♥ 146.6K　　2020년 8월 23일 오후 2:19

일반상대성이론을 조화롭게 엮어야 네 개의 힘이 하나로 존재했던 우주 탄생의 순간을 서술할 수 있기 때문이다.

그러나 이 문제를 해결한다 해도 넘어야 할 산이 또 하나 남아 있다. 바로 빅뱅이라는 사건 자체의 본질이다. 빅뱅이 일어난 후부터 시간이 비로소 흐르기 시작했다면 '빅뱅 이전에는 무엇이 있었는가?'라는 질문은 아무런 의미가 없다. 그리고 우주의 본질은 고정된 물리법칙에 얽매이지 않고 상황에 따라 다양한 형태로 존재할 수도 있다. 다시 말해서, 우주는 하나가 아니라 여러 개일 수도 있으며, 개개의 우주는 각기 다른 물리법칙을 따를 수도 있다는 뜻이다(아무리 그래도 이들이 초공간에서 만나는 사건은 일어나지 않을 것 같다).

자, 안전벨트를 다시 한번 확인하고, 이제부터 알려지지 않은 미지의 세계로 들어가 보자.

제 9 장

우주는 어떻게 종말할까?

지구와 소행성이 떨어지는
장면을 묘사한 상상도.

- ■ 지구의 최후
- ■ 예측할 수 없는 재앙: 화산
- ■ 예측할 수 없는 재앙: 충돌
- ■ 충돌하는 은하
- ■ 열린 우주, 닫힌 우주 또는 평평한 우주
- ■ 우주의 성분 비율
- ■ 우주 종말 시나리오
- ■ 시간지도의 가장자리
- ■ 우주 종말 관람하기

우주의 종말을 상상할 때 우리는 본능적으로 가까운 태양계에서 일어나는 대형 사고를 먼저 떠올린다. 심리적으로 자연스러운 반응이기도 하고, 현실적으로 생각해도 태양의 종말이 곧 지구의 종말을 의미하기 때문이다. 다른 별들과 마찬가지로 우리의 태양도 중력에 대항하기 위해 다양한 전략을 펼쳐왔다. 그리고 개개의 전략은 '태양의 죽음'이라는 대서사시의 한 챕터를 장식한다.

앞서 말한 대로 태양의 일생은 중력으로 모여든 성간구름에서 시작되었다. 구름이 뭉치면 중심부의 압력이 높아지고, 압력이 높아지면 자연스럽게 뜨거워진다. 그리하며 중심부의 온도가 충분히 높아졌을 때 천연 핵융합로가 가동되어 수소가 헬륨으로 변하기 시작했다. 이 과정에서 네 개의 양성자가 변신을 시도하여(베타 붕괴) 양성자 두 개와 중성자 두 개로 이루어진 헬륨원자핵이 되었고, 이 과정에서 방출된 다량의 에너지가 중력에 대항해준 덕분에 태양은 안정한 상태를 유지할 수 있었다.

그 후로 지금까지 약 45억 년 동안 태양은 중심부에서 수소를 연료 삼아 천연 핵융합로를 줄기차게 가동해왔다. 그러나 앞으로 약 50억 년 후에는 중심부의 수소가 고갈되어 핵융합 반응이 중단될 것이고, 근 100억 년 동

◀ 앞으로 약 50억 년이 지나면 태양이 적색거성 red giant으로 변하여 내행성(수성과 금성)을 집어삼킬 것이다. 이 그림처럼 커져 버린 태양을 상상해보라. 이미 바싹 구워진 지구도 태양에 삼켜질 날만 기다리고 있다. 태양을 배경 삼아 외롭게 떠 있는 달도 지구와 운명을 함께할 것이다.

안 억제되어 왔던 중력이 작용하여 태양을 사정없이 붕괴시킬 것이다.

그러나 태양에는 아직 두 가지 에너지원이 남아 있다. 바로 중심부의 가장자리를 에워싼 소량의 수소와 핵융합 반응의 부산물로 중심부에 누적된 헬륨이다. 수소는 마지막 남은 힘을 짜내어 기존의 핵융합 반응을 일으키고, 헬륨은 핵융합 제2라운드의 연료로 재활용된다. 헬륨원자핵에는 두 개의 양성자가 있으므로 헬륨 세 개가 결합하면 여섯 개의 양성자를 가진 탄소원자핵이 될 수 있다.

태양이 노년기에 접어들면 전술한 두 가지 전략을 동시에 펼치는데 여기에는 몇 가지 부작용이 따른다. 가장 심각한 부작용은 첫째, 태양풍이 엄청나게 거세져서 질량의 3분의 1이 날아가고, 둘째, 태양의 외피가 크게 팽창하고 차가워지면서 적색거성으로 변한다는 것이다. 이때가 되면 수성과 금성은 부풀어 오른 태양에 잡아먹히고, 종국에는 지구도 이들과 같은 운명을 맞이한다.

만일 인류가 이때까지 생존한다면 지구를 미련 없이 버리고 외계행성으로 이주하는 게 상책이다(은하의 에너지를 제어하는 3단계 문명에 도달했다면 그냥 옆 동네로 이사 가는 정도일 것이다).

그 후 태양은 계속 팽창하여 질량의 대부분이 성간공간으로 날아가고, 원래 자리에는 죽은 별만 남게 된다.

태양과 체급이 비슷한 별은 제2라운드인 핵융합이 마지막이다. 여기서 탄소를 연료 삼아 핵융합 제3라운드로 진입하기에는 질량이 턱없이 부족하기 때문이다. 따라서 우리의 태양은 중력에 의한 붕괴를 피할 길이 없다. 그렇다면 하나의 점만 남을 때까지 안으로 무한정 붕괴될 것인가? 그렇지는 않다. 바로 이 시점에서 새로운 캐릭터가 등장한다. 태양 초기부터 원자에서 분리되어 수십억 년 동안 플라스마 속을 떠돌던 전자가 드디어 존재감을 발휘할 때가 된 것이다.

> **우주달력**
>
> 138억 년에 걸친 우주의 역사를 1년으로 축약하면 1월 1일 0시 정각에 빅뱅이 일어났고 은하수는 3월 중순에, 태양계는 9월 초에 탄생했다. 인류의 조상이 출현한 시기는 12월 31일 오후 3시쯤 된다. 신입이면 신입답게 좀 겸손할 필요가 있지 않을까?

양자역학의 법칙에 의하면 전자구름은 무한정 압축될 수 없다.* 전자는 자신의 정체성을 지키기 위해 최소한의 공간을 확보하려는 경향이 있기 때문이다. 그래서 붕괴모드로 접어든 태양이 지구만 한 크기까지 압축되면 전자의 영역 수호 본능을 이기지 못하고 그 상태에서 영원히 멈추게 된다. 이것이 바로 하늘에서 서서히 식어가는 마지막 불씨이자 태양의 최종 종착지인 '백색왜성 white dwarf'이다.

지구의 최후

태양이 중력 붕괴에 대항하여 사투를 벌이는 동안 지구는 어떤 일을 겪게 될까?

가장 눈에 띄게 일어나는 변화는 '태양의 밝기'다. 지난 45억 년 동안 지구에 에너지를 공급해온 태양의 천연 핵융합로는 앞으로도 50억 년 동안 줄기차게 가동되겠지만, 이 과정에서 태양의 밝기가 점점 더 밝아지고 있다. 태양은 탄생 초기에 지금보다 30퍼센트쯤 어두웠다가 점점

• 볼프강 파울리 Wolfgang Pauli의 배타원리 exclusion principle 때문이다.

> **닐 디그래스 타이슨** ✓
> @neiltyson
>
> 앞으로 50억 년 후, 태양의 수명이 다하면 외피층의 플라스마가 빠르게 부풀어서 수성과 금성을 집어삼키고, 한때 생명의 오아시스였던 지구는 뜨거운 열에 기화되어 우주로 날아갈 것이다. 그럼, 오늘도 즐거운 하루!
>
> 💬 7.2K   🔁 55.7K   ♡ 204K   2018년 3월 12일 오전 7:56

밝아져서 현재에 이르렀고, 수소가 고갈되는 시점에 이르면 지금보다 65퍼센트쯤 더 밝아질 예정이다. 그렇다면 지구는 이 살인적인 온난화를 견뎌낼 수 있을까? 결론부터 말하면 불가능하다. 우리가 아는 생명체는 이런 고온에서 살아남을 수 없다. 구조가 완전히 다른 외계 생명체라면 모를까 지구 생명체는 그냥 멸종이다. 참고로 우리가 지금 겪고 있는 온난화는 태양의 변화와 아무런 관련도 없다.

미래의 인류가 지구에 미칠 영향을 무시한다면 앞으로 수백만 년이 흘러도 지구는 지금과 크게 다르지 않을 것이다. 빙하기는 지구의 자전 및 공전궤도의 영향을 받아 나타나는 현상이어서 앞으로도 계속 찾아오겠지만, 태양이 점점 뜨거워지고 있으므로 빙하기의 주기는 점차 길어질 것으로 예상된다. 지구 맨틀의 대류_{對流}로 인한 대륙 이동도 단기적으로는 태양의 영향을 크게 받지 않을 것이다. 지질학자들은 앞으로 2억 5000만 년 후에 지구의 모든 대륙이 하나로 합쳐질 것으로 예측하고 있다. 2억 5000만 년 전에 존재했던 판게아_{Pangaea}대륙이 재현되는 것이다.

앞으로 10억 년이 지나면 지구의 평균 기온이 사람의 체온보다 높아질 것이다. 기온이 올라가면 증발률도 높아지므로 바다와 호수에서 다량의 수증기가 증발하고, 대기에 유입된 H_2O 분자는 태양에서 날아온 자외선에 의해 수소원자와 산소원자로 분해된다. 이런 식으로 바다가 모두 증발하면 가볍고 빠른 수소원자가 대기권 밖으로 날아가면서 지구는 더욱 건조해질 것이다. 화산 활동도 꾸준히 일어나서 깊은 곳에 저장된 물과 이산화탄소가 대기 중에 방출될 텐데, 이산화탄소를 흡수해줄 바다가 없으므로 온난화가 더욱 빠르게 진행된다. 그리고 태양 자외선이 대기 중 물분자를 파괴하면 물에 의한 윤활 작용도 중단되어 대륙 이동이 멈춘다. 이렇게 30~40억 년이 지나면 극심한 온실효과로 지표면 온도가 상승하여 암석 표면이 용암의 바다로 변할 것이다.

태양이 마지막 단계에 접어들어 적색거성이 되면 지구의 공전궤도까지 삼킬 정도로 부풀어 오른다. 그러나 이 시기의 태양은 덩치만 커졌을 뿐, 질량의 상당 부분이 강렬한 태양풍에 실려 날아가서 중력 자체는 약해지기 때문에 지구는 지금보다 훨씬 큰 궤도로 진입하게 된다. 수성이나 금성처럼 태양에 잡아먹히지는 않을 수도 있다는 이야기다. 그러나 이미 지구는 새카맣게 탄 재가 되었으므로, 마지막 파티를 끝내고 백색

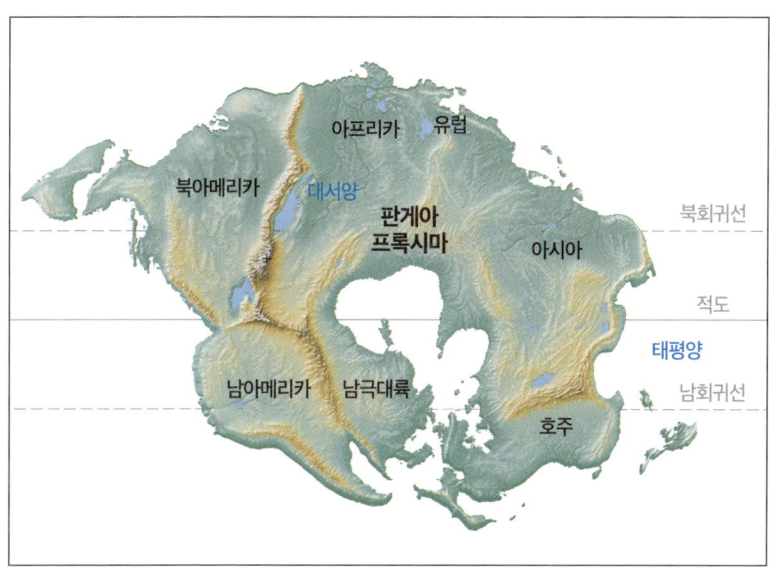

지구의 대륙은 끊임없이 움직이고 있다. 지질학자들은 현재 남극대륙을 포함한 일곱 개 대륙이 2억 5000만 년 후에 판게아 프록시마Pangaea proxima라는 하나의 대륙으로 합쳐질 것으로 예상하고 있다.

> **판게아**
>
> 지금으로부터 약 2억 5000만 년 전, 지구의 모든 육지는 판게아라는 하나의 초대륙으로 연결되어 있었다(판게아는 그리스어로 모든 지구 all-Earth라는 뜻이다). 그 후 지각 아래에 고여 있던 마그마가 솟아오르면서 초대륙에 균열이 발생하여 오늘날과 같은 일곱 개 대륙으로 갈라졌다. 멀리 떨어진 대륙의 해안에서 동일한 퇴적층과 화석이 발견되는 것도 판게아설을 뒷받침하는 확실한 증거다.
>
> 지질학자들은 앞으로 2억 5000만 년 후에 일곱 개 대륙이 다시 하나로 합쳐질 것으로 예측하면서 미래에 등장할 초대륙에 판게아 프록시마라는 거창한 이름까지 붙여놓았다.

왜성이 된 태양 주변을 하릴없이 공전할 것이다.

이런 상상을 하다 보니 NASA의 우주 개발 계획이 어디까지 진척되었는지 문득 궁금해진다.

예측할 수 없는 재앙: 화산

지구 생명체를 위협하는 것은 태양뿐만이 아니다. 지구에 껌딱지처럼 붙어사는 우리 입장에서는 화산도 태양 못지않게 위험하다.

지구는 과거 한때 뜨거운 용암으로 덮여 있다가 천천히 식는 중이다. 흔히 마그마로 불리는 액화된 바위가 지표면으로 열을 운반하여 호수를 데우면 온천이 되고, 만만한 출구를 찾아서 뿜어져 나오면 화산이 된다. 대부분의 화산 분출 사건은 (제아무리 멋진 장관을 연출한다 해도) 가까운 주

> **닐 디그래스 타이슨**
> @neiltyson
>
> 아름다운 풍광을 자랑하는 옐로스톤국립공원은 언제 폭발할지 알 수 없는 초화산 위에 놓여 있다. 지구가 생명체의 낙원이 아님을 일깨워 주는 대표적 사례다. 지구 곳곳에는 당신이 죽기를 기다리는 '자연'이 존재한다.
>
> 💬 432 🔁 1.7K ♡ 12.7K   2018년 10월 21일 오후 5:35

변 지역에 영향을 주고 끝나지만, 가끔은 지구 전역에 걸쳐 영향을 미칠 때도 있다. 1815년 인도네시아의 탐보라산이 폭발했을 때는 화산재가 성층권에 골고루 퍼져서 햇빛을 차단하는 바람에 다음 해인 1816년을 '여름 없는 해'로 만들어버렸다.

또는 지구 내부에서 올라온 마그마가 밖으로 분출되지 않고 지각 아

초화산 위에 놓여 있는 옐로스톤국립공원의 모습(당시의 폭발 장면을 재현한 상상도). 이 화산은 지금으로부터 66만 5,000년 전에 마지막으로 폭발하여 주변 생태계에 심각한 위험을 초래했고, 오늘날 지하 지진으로 인해 증기와 황화수소의 양이 급속하게 증가했다.

래에 고일 때도 있다. 이런 경우에는 압력이 서서히 높아지다가 대규모 폭발이 일어나서 드넓은 지역을 용암으로 덮어버리기도 한다. 이때 용암 분출량이 1,000세제곱킬로미터(한 변의 길이가 10킬로미터인 정육면체의 부피)를 초과하면 '초화산supervolcano'이라 하는데, 이 정도면 텍사스주 전체(남한 면적의 약 일곱 배)를 1.5미터 두께의 용암으로 덮을 수 있다. 현재 알려진 20개의 초화산 중 가장 유명한 것은 아마도 미국 옐로스톤국립공원에 있는 초화산일 것이다. 지질학적 연대 분석에 의하면 이 초화산은 66만 5,000년 전에 마지막으로 폭발했는데, 이와 비슷한 폭발이 지금 일어난다면 북아메리카대륙 대부분이 화산재로 덮일 것이다.

지질학자들의 연구에 의하면 과거에 초화산이 폭발한 사례는 47회가 넘는다. 가장 최근 폭발은 인류가 동굴에 기거하던 2만 6,500년 전에 뉴질랜드에서 일어났다. 공상과학 영화에서 초대형 재난이 닥치면 대부분 종말로 이어지지만, 차기 초화산이 폭발해도 지구 생명체의 상당수는 살아남을 것이다(특히 재난을 항상 염두에 두고 살아가는 생명체라면 생존할 확률이 매우 높다).

시간을 더 거슬러 올라가서 지금으로부터 수백만 년 전에는 거대 화성암 지역large igneous province으로 알려진 대규모 화산이 지구 생명체를 위험에 빠뜨린 적이 있다. 이때 분출된 용암은 무려 수십만 세제곱킬로미터에 달한다. 수만 년 전에 터진 초화산과는 스케일이 다르다. 예를 들어 데칸 트랩Deccan Traps(인도 중서부의 데칸고원에 있는 거대한 용암지대)은 6500만 년 전에 형성되었고, 시베리아 트랩Siberian Traps(러시아 북부에 있는 용암지대)은 2억 5000만 년 전까지 거슬러 올라간다. 게다가 이 두 사건이 일어난 시기는 지구에 대량 멸종이 일어난 시기와 거의 정확하게 일

크라카타우산의 대재앙

에드바르 뭉크Edvard Munch의 유명한 그림 〈절규〉의 붉은 배경은 1883년 인도네시아 크라카타우산이 폭발하면서 분출된 화산재가 바람을 타고 유럽으로 건너갔을 때 나타났던 하늘을 묘사한 것으로 알려져 있다. 당시 크라카타우산은 둘로 갈라져 있었는데 그 틈새로 바닷물이 유입되어 엄청난 폭발을 일으켰다. 3,200킬로미터 떨어진 호주에서도 폭발음이 들렸다고 하니 그 규모를 짐작할 수 있을 것이다. 이 폭발음은 관측 역사상 '가장 큰 소리'로 기록되었다.

치한다. 즉, 화산 폭발이 국지적 재앙으로 끝나지 않고 지구 전체를 위험에 빠뜨릴 수도 있다는 뜻이다.

예측할 수 없는 재앙: 충돌

5만 년 전의 어느 평범했던 날, 소행성 벨트에서 튕겨 나온 16층 건물만 한 소행성이 지구 대기권에 진입하여 미국 애리조나주 하늘에 나타났다. 주성분이 철(Fe)이었던 이 소행성은 대기와의 마찰로 인해 대부분 증발했지만, 끝까지 남은 덩어리가 지표면에 충돌하여 폭이 1.6킬로미터나 되는 거대한 운석공隕石孔*을 만들었다. 오늘날 관광지로 유명해진 이곳은 한때 땅 소유주의 이름을 따서 배링거 크레이터Barringer Crater로 불리다가 지금은 메테오르 크레이터Meteor Crater라는 이름으로 정착되었다. 사진상으로는 그저 커다란 웅덩이일 뿐이지만 직접 가서 보면 모골이 송연해진다. 지구가 결코 안전지대가 아니라는 사실이 피부로 느껴지기 때문이다.

대부분의 소행성은 화성과 목성 사이에 있는 소행성 벨트에 모여 있다(메테오르 크레이터에서 알 수 있듯이 천문학자는 사물에 이름을 붙일 때 꽤 신중을 기하는 편이다). 가끔은 소행성끼리 충돌하거나 다른 행성의 중력에 끌려 대열에서 이탈할 수도 있지만, 이들 중 대부분은 지구에 아무런 영향도 미치지 않는다. 소행성은 작고, 공간은 엄청나게 크기 때문이다. 그러나 어

---

* 운석이 떨어져서 생긴 구덩이를 운석공이라 한다. 영어로는 crater인데 화산의 분화구도 crater여서 운석공을 분화구로 표기하는 경우가 종종 있다. 그러나 분화구는 '불이 뿜어져 나오는 구멍'이라는 뜻이므로 분명히 잘못된 표현이다. 참고로 우주에 떠다니는 바위는 소행성asteroid이고, 소행성이 지구 대기에 진입하여 떨어지는 동안에는 유성shooting star이며, 유성이 지표면에 충돌한 후 남은 돌멩이가 운석meteorite이다.

쩌다 지구가 떠돌이 소행성의 길을 가로막으면(즉, 잘못된 시간에 잘못된 장소에 있으면) 애리조나주에 떨어진 철 덩어리처럼 날벼락을 맞을 수도 있다.

이런 사건은 과거에 실제로 일어났다. 지금으로부터 6500만 년 전, 직경 10킬로미터짜리 소행성(에베레스트산과 크기가 비슷하다)이 초속 16킬로미터(마하 47)라는 살인적인 속도로 멕시코 유카탄반도의 칙술루브chicxulub에 떨어졌는데, 이때 발생한 파괴력은 인류가 보유한 핵무기를 모두 합한 것보다 1,000배 이상 강력했다. 이 운석의 가공할 운동에너지는 지면과 충돌하는 순간 열에너지로 변환되어 지름이 160킬로미터가 넘는 운석공을 만들었고, 그 여파로 지구 생명체의 3분의 2가 사라졌다. 지름이 12,700킬로미터나 되는 지구에 고작 지름 10킬로미터짜리 돌멩이가 떨어졌을 뿐인데 어찌 그리 큰 피해를 입었을까? 사실, 충돌로 즉사한 생명체는 극소수에 불과하다. 그러나 충돌과 동시에 초대형 쓰나미와 화재가 발생하여 광범위한 지역을 초토화시켰고, 대기로 유입된 먼지가 골고루 퍼져서 대기 상층부를 담요처럼 덮는 바람에 향후 몇 년 동안 지구는 컴컴한 냉골행성이 되었다. 당시 지구의 주인이었던 공룡도 추위와 굶주림에 시달리다가 서서히 멸종한 것으로 추정된다.

이 시점에서 떠올리기 싫지만 마냥 무시할 수도 없는 질문 하나를 던져보자. 지금도 지구를 노리는 소행성이 있을까? 6500만 년 전과 같은 대규모 멸종 사건이 또 일어날 수도 있을까?

안타깝게도 답은 '그렇다'이다. 지구의 역사를 돌아볼 때, 소행성이 지구로 떨어지는 사건은 규모에 상관없이 주기적으로 일어났다. 이럴 때 믿을 건 역시 NASA뿐이다. 다행히 NASA는 지구를 위협하는 천체를 미리 발견하기 위해 다양한 프로그램을 추진해왔는데, 가장 유명한 것은 하와이주 할레아칼라산 정상에서 일련의 망원경으로 운용되는 판스타스 시스템Panoramic Survey Telescope and Rapid Response System, Pan-STARRS이다. 그

> **닐 디그래스 타이슨**
> @neiltyson
>
> 애리조나주에는 땅에 파인 구멍이 유난히 많다. 그중 수백만 년에 걸쳐 서서히 형성된 그랜드캐니언과 단 몇 초 만에 만들어진 메테오르 크레이터가 제일 유명하다.
>
> 💬 119　⟳ 1.2K　♡ 2.7K　　2015년 2월 1일 오후 8:06

◀ 애리조나주의 운석공 메테오르 크레이터. 5만 년 전에 운석이 충돌하면서 흔적을 남겼다.

외에 여러 프로젝트가 NASA의 주도하에 실행되어 오면서 지금까지 수십만 개의 소행성을 발견했으며, 이들 중 지구와 충돌할 가능성이 있는 소행성에는 '지구 근접 천체Near-Earth Object, NEOs'라는 딱지를 붙여놓고 특별 관리 중이다. 판스타스 시스템이 성공적으로 완료되면 축구장보다 큰 모든 소행성의 현재 위치와 속도, 크기 그리고 예상되는 경로가 완벽하게 파악될 것이다.

그런데 소행성이 정말로 지구를 향해 다가온다면 어떤 조치를 취해야 할까? 할리우드 영화처럼 하늘에서 폭탄으로 날려버리는 것은 별로 좋은 생각이 아니다. 묵직한 총알을 여러 개로 쪼개면 산탄 총알이 되고, 게다가 폭탄의 에너지 때문에 총알의 속도가 더욱 빨라진다. 이보다는 소행성을 조금씩 옆으로 밀어내어 충돌궤도에서 벗어나게 만드는 것이 훨씬 안전하다.

충돌하는 은하

에드윈 허블이 발견한 대로 우주는 빠르게 팽창하고 있다. 이는 곧 모든 별과 은하들 사이의 거리가 일제히 멀어지고 있다는 뜻이기도 하다. 그러나 두 은하 사이의 중력이 우주팽창을 압도할 정도로 강력하다면 이들은 서로 가까워질 수도 있다. 하지만 두 사람이 가까워지면 친구가 되지만 두 은하가 가까워지면 우주적 대형 사고가 일어난다. 오래전부터 천문학자들은 우리은하(은하수)와 가장 가까운 이웃인 안드로메다은하가 수십억 년 안에 서로 충돌할 것이라고 예견해왔다.

소행성이 지구에 떨어져도 그 난리인데, 은하끼리 충돌하면 어떤 참사가 벌어질지 상상조차 하기 어렵다. 다행히도 가이아 위성(제4장 '우주 거리 사다리' 참조)이 보내온 데이터 덕분에 은하수와 안드로메다의 충돌 사건을 좀 더 현실적으로 그릴 수 있게 되었다. 2013년에 유럽우주국에서 발사한 가이아 위성의 주요 임무는 무려 10억 개에 달하는 별의 위치를 최고의 정확도로 측정하여 3차원 은하수지도를 완성하는 것이지만, 탑재된 망원경이 워낙 뛰어나서 안드로메다은하에서 날아온 별빛도 관측 가능하다. 그 덕분에 천문학자들은 '은하 충돌 시나리오'를 실제와 비슷하게 구현할 수 있었다.

앞으로 약 45억 년 후, 두 은하는 비스듬한 각도로 스쳐 지나가듯 충돌할 것이다. 좋게 말하면 충돌이 아니라 접촉 사고에 가깝다. 그러나 문제는 은하를 통째로 에워싸고 있는 거대한 암흑물질이다. 은하수와 안드로메다은하가 스쳐 지나가면 암흑물질의 중력 때문에 두 은하의 속도가 점점 느려지다가 방향을 바꿔서 2차 충돌을 일으킨다.

다행히 은하는 속이 꽉 찬 고체가 아니라 '점(별)들의 집합'이어서 대부분의 공간이 텅 비어 있다. 그래서 은하 간 충돌은 한번 들이받고 퍼지는 교통사고와 많이 다르다. 한 번 스쳐 지나간 은하는 충돌 지점으로 끌리듯 되돌아가 다시 한번 스쳐 지나가는데, 이런 식으로 왕복 운동을 하면서 진폭이 점점 줄어들다가 결국 하나의 은하로 합쳐진다. 천문학자들은 은하수와 안드로메다은하가 합쳐진 은하에 밀코메다Milkomeda라는 이름을 붙여놓았는데, 왠지 이번 작명은 창의성이 좀 부족해 보인다.

은하수는 얼마나 빽빽한가

미국 전역에 걸쳐 호박벌 30만 마리가 제멋대로 날아다닌다고 했을 때 이들 중 두 마리가 우연히 부딪힐 확률은 얼마나 될까? 자세한 계산은 해봐야 알겠지만 엄청나게 낮을 것 같다. 그런데 이 확률은 두 은하가 충돌할 때 그 안에 있는 별끼리 충돌할 확률보다 훨씬 높다. 은하라는 것이 그 정도로 텅 비어 있기 때문이다. 태양이 이 문장 끝에 찍힌 마침표 크기라면 가장 가까운 별은 그로부터 약 6.4킬로미터 떨어진 곳에 있다. 이 정도면 감이 오는가?

열린 우주, 닫힌 우주 또는 평평한 우주

이제 스케일을 왕창 키워서 우주가 어떤 종말을 맞이할지 생각해보자. 우주 전체의 앞날을 예측하려면 일단 우주의 기하학적 구조부터 알아야 한다. 지표면에서 공을 위로 던지면 어떻게 될까? 슈퍼맨이나 캡틴 마블이 아닌 이상 한번 던진 공은 다시 땅으로 떨어지기 마련이다. 지구가 아닌 초경량급 소행성에서 같은 속도로 공을 던진다면 우주로 영원히 날아가 버릴 것이다. 만일 누군가가 정교한 계산을 실행한 후 '중력을 정확하게 상쇄시키는 속도'로 공을 던진다면 궤도에 안착하여 위성처럼 공전할 수도 있다.* 그러므로 공의 운명은 처음 출발할 때의 속도와 방향 그리고 공에 작용하는 중력에 따라 달라진다.

---

* 단, 처음부터 비스듬한 각도로 던져야 한다. 우주로켓도 처음에는 수직으로 올라가는 것처럼 보이지만 잠시 후 방향을 틀어서 비스듬한 각도로 공전궤도에 진입한다.

80톤에서 100톤 매일 80톤에서 100톤에 달하는 우주물질이 지구 대기로 유입되고 있다.

팽창하는 우주에 대해서도 이와 비슷한 논리를 펼칠 수 있다. 만일 우주의 총 질량이 충분히 커서 멀어지는 은하들을 다시 가까워지도록 만들 수 있다면(위로 던진 공이 다시 아래로 떨어지는 것과 비슷한 상황이다) 언젠가 공간은 팽창을 멈추고 수축되기 시작할 것이다. 이것을 '닫힌 우주closed universe'라 한다. 반면에 우주의 질량이 충분하지 않다면 영원히 팽창할 텐데 이것이 바로 '열린 우주open universe'다. 그리고 질량이 정확하게 이들 사이의 경곗값이라면 우리의 우주는 '평평한 우주flat universe'가 된다(알맞은 속도로 공을 던져서 궤도에 진입시킨 경우에 해당한다).

그러므로 우주의 미래를 예측할 때는 첫째, 우주에 존재하는 일상적인 물질의 양, 둘째, 암흑물질의 양, 셋째, 암흑에너지의 양을 고려해야 한다. 이들 중 처음 두 개 항목은 중력을 발휘하여 팽창을 늦추는 쪽으로 작용하고, 마지막 암흑에너지는 진공에서 작용하는 일종의 반중력anti-gravity(밀어내는 중력)으로 팽창을 더욱 빠르게 가속시킨다.

그러나 중력을 따지지 않고 오직 기하학만을 이용하여 우주의 미래를 예측하는 방법도 있다. 우주는 공간의 기하학적 구조에 따라 닫혀 있을 수도 평평할 수도 있으며 열려 있을 수도 있다.

그렇다면 우리의 우주는 어떤 형태일까? 이론만으로 답할 수 있는 질문이 아니다. 우주의 기본 형태를 파악하려면 현실 세계에서 얻은 데이터가 있어야 한다.

고등학교 시절에 배웠던 기하학을 떠올려보자. 두 개의 평행선은 영원히 만나지 않는가? 다음의 그림을 보면 답을 알 수 있다. 한 쌍의 평행선

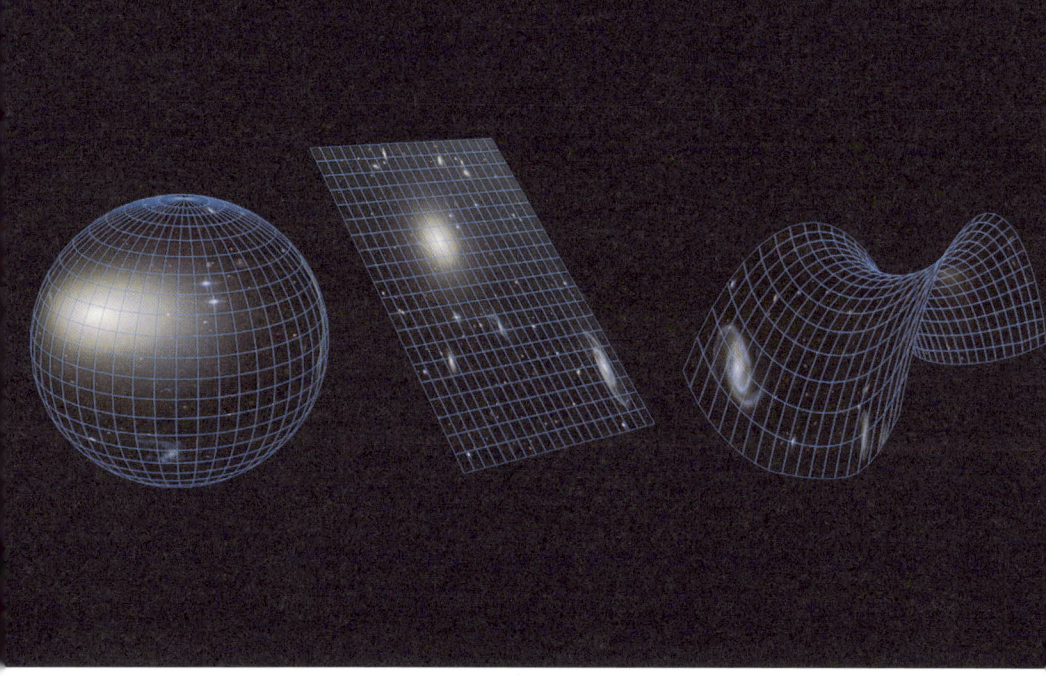

우주는 기본 구조에 따라 각기 다른 종말을 맞이하게 된다. 우리의 우주는 닫힌 우주인가? 평평한 우주인가? 아니면 열린 우주인가? 지금까지 수집된 데이터에 의하면 평평한 우주일 가능성이 높다.

이 만나지 않는 것은 '평면 기하학'만의 고유한 특성이다. 닫힌 기하학(닫힌 우주)에서 평행선은 지표면의 경도선처럼 어딘가(예를 들면 극점)에서 만난 후 다시 멀어진다. 그렇다면 이것을 실험으로 확인 수 있을까? 언뜻 생각하면 지구에서 두 줄기의 레이저빔을 평행하게 발사한 후, 엄청나게 먼 거리에서 둘 사이의 간격이 어떻게 달라지는지 확인하면 될 것 같다. 그러나 우주가 워낙 크기 때문에 변화가 감지되려면 수십 광년은 족히 날아가야 한다. 물론 지금의 기술로는 턱도 없는 이야기다. 다른 방법은 없을까? 있다. 130억 년 동안 우주 공간을 가로질러 온 광자, 즉 우주마이크로파 배경복사를 이용하면 된다. 천체물리학자들은 이 방법을 이용하여 공간의 기하학적 구조를 추적한 끝에 '우리의 우주는 평평하다'는 결론에 도달했다.

결론 자체는 아주 단순하지만 우주의 종말에 결정적인 영향을 미친다.

닐 디그래스 타이슨 ✓
@neiltyson

'지구를 살리자'는 구호는 좀 어색하게 들린다. 엄청난 소행성에 얻어맞아 생명체의 3분의 2가 멸종했을 때도 지구 자체는 멀쩡하게 살아남지 않았던가. 그러므로 우리가 아무리 험악한 물건을 던져도 생명체만 피해를 볼 뿐, 지구는 멀쩡할 것이다.

💬 2.7K   🔁 40.6K   ♥ 140.3K   2018년 4월 22일 오후 2:49

우주의 성분 비율

일단 우주가 평평하다는 것을 사실로 받아들이자. 즉, 우주의 총 질량은 평평한 공간을 휘어지게 만들 만큼 충분하지 않다는 뜻이다. 그렇다면 당장 떠오르는 질문이 하나 있다. 우리(물질 또는 질량)는 우주에서 얼마만큼의 몫을 차지하고 있는가? 지금부터 각 항목에 따라 '우주 파이'를 잘라보자.

바리온 물질: 5퍼센트

바리온 물질은 우리에게 친숙한 입자(양성자, 중성자 등)로 이루어진 물질이다. 별과 행성을 비롯하여 소행성, 혜성, 성간 먼지구름, 블랙홀 그리고 모든 생명체는 바리온 물질로 이루어져 있다.

간단히 말해서 우리가 보고, 듣고, 느끼고, 맛보고, 만질 수 있는 것은 모두 바리온 물질이다. 그런데 바리온 물질은 우주에 존재하는 모든 질량과 에너지의 5퍼센트에 불과하다. 당혹스럽겠지만 분명한 사실이다. 고대부터 현대까지 과학의 역사를 통틀어 인류가 연구해온 것은 이 5퍼센트에 한정되어 있다. 실망스러운가? 굳이 그럴 필요는 없다. 다른 건 몰라도 바리온 물질에 관한 한 꽤 많은 것을 알아냈기 때문이다. 적어도 우주의 5퍼센트는 이해하고 있는 셈이다.

암흑물질: 27퍼센트

앞에서도 말했지만 '암흑중력'이라 불러야 옳다. 암흑물질 자체가 곧 중력이기 때문이다. 하지만 '암흑물질'이 이미 정식 용어로 굳어졌으니 익숙해지는 수밖에 없다. 아무튼 암흑물질은 우주의 27퍼센트를 차지한다.

암흑물질의 정체는 아무도 모르지만 우리는 그것이 어떤 일을 하는지 그리고 (사실은 이게 더 중요한데) '어떤 일을 하지 않는지' 잘 알고 있다. 그렇다. 암흑물질의 제일 중요한 임무는 중력을 행사하는 것이다. 이들의 존재는 회전하는 은하와 은하단의 구조 그리고 아인슈타인이 예견했던 중력렌즈효과gravitational lensing(중력에 의해 빛이 휘어지는 현상)를 통해 간접적으로나마 확인할 수 있다.

암흑물질은 전자기파(빛)와 상호 작용 하지 않는다. 이론물리학자들은 암흑물질의 구성 성분으로 몇 가지 입자를 제안했지만(뉴트리노, 액시온axion 등) 아직 실험으로 확인된 바는 없다.

암흑에너지: 68퍼센트

암흑에너지는 우주의 가장 많은 부분을 차지하면서도 알려진 바가 거의 없는 신비의 에너지다. 이론물리학자들의 설명에 의하면 암흑에너지는 일종의 반중력(밀어내는 중력)을 발휘하여 은하를 서로 밀어내고, 우주의 팽창 속도를 점점 빠르게 가속시킨다. 그리고 감질나게도 이게 전부다. 현재 이론물리학계는 암흑에너지의 정체를 놓고 두 진영으로 양분되어 있다.

가장 널리 알려진 가설은 암흑에너지가 '빈 공간에 저장된 에너지'라는 것이다. 아인슈타인은 일반상대성이론의 초기 버전에서 이 가능성을 고려하기 위해 자신이 이미 유도한 장방정식field equation에 우주상수cosmological

한 기술자가 캐나다 온타리오주 니켈 광산의 지하 1.6킬로미터 아래에서 작동 중인 초고감도 암흑물질 검출기 DEAP-3600을 점검하고 있다.

constant를 뒤늦게 끼워 넣었다. 그 후 물리학자들은 양자역학을 이용하여 우주를 팽창시키는 에너지의 총량을 계산했는데, 황당하게도 원래 예상했던 값보다 무려 10^{120}(1 다음에 0이 120개 붙은 수)배나 큰 값이 얻어졌다. 이것은 물리학 아니, 과학 역사상 이론과 실험이 가장 크게 어긋난 사례다.

반대 진영의 물리학자들은 암흑에너지의 후보로 '퀸테센스quintessence'를 밀고 있다. 퀸테센스는 고대 그리스 철학에서 따온 용어로 원래는 '제5원소'라는 뜻이다. 고대 그리스의 철학자들은 "모든 만물은 우리에게 친숙한 네 가지 원소(물, 불, 흙, 공기)로 이루어져 있으며, 여기에 신의 영역에 존재하는 다섯 번째 원소 퀸테센스가 더해져서 완벽한 우주가 완성된다"고 생각했다. 물론 현대에 부활한 퀸테센스는 의미가 완전히 다르다. 이쪽 진영의 이론물리학자들은 암흑에너지가 "공간을 가득 채우고 있으면서 우주팽창을 가속화시키는 새로운 종류의 유체"라고 주장하고 있다.

암흑에너지의 정체가 무엇이건 이 미지의 에너지가 우주의 3분의 2를 차지한다.

아인슈타인의 실수

아인슈타인은 그 시대의 다른 사람들처럼 우주가 지금과 같은 상태를 영원히 유지한다고 굳게 믿었다. 그런데 자신이 유도한 방정식으로부터 '우주가 팽창하고 있다'는 결과가 얻어졌고, 그는 이 곤란한 사태를 수습하기 위해 팽창을 억제하는 우주상수를 방정식에 끼워 넣었다. 만일 그가 정적 우주라는 편견에 휘둘리지 않았다면 허블보다 먼저 우주팽창을 예견한 선구자로 역사에 남았을 것이다. 훗날 에드윈 허블이 관측을 통해 우주팽창설을 증명하자 아인슈타인은 재빨리 우주상수를 철회하면서 "인생 최대의 실수"임을 고백했다.

그러나 현대에 이르러 우주상수는 실재하는 양으로 되살아났다. 중력의 균형을 맞출 필요는 없어졌지만 가속팽창의 원인으로 꽤 그럴듯한 설명을 제공하기 때문이다. 혹시 아인슈타인의 가장 큰 실수는 우주상수가 아니라 '우주상수를 철회한 것'이 아닐까? 결국 아인슈타인은 틀렸을 때조차 옳았던 셈이다.

우주 종말 시나리오

우주 종말 시나리오는 공간의 구조에 따라 전개되는 방식이 다르다. 우주는 닫혀 있는가? 열려 있는가? 아니면 평평한가? 닫힌 우주라면 어느 시점에서 팽창을 멈추고 수축 모드로 전환되어 모든 물질이 한 점으로 모여들면서 상상을 초월할 정도로 밀도가 높았던 시작점으로 되돌아간다. 이 시나리오를 '빅 크런치 big crunch'라 하는데, 그 후에 새로 팽창을 시작하는 '빅 바운스 big bounce'로 이어질 수도 있다. 그렇다면 닫힌 우주는 동양의 윤회설처럼 순환하는 우주의 전조가 아닐까? 흥미로운 이야기이지만 지금까지 수집된 데이터에 의하면 우리 우주는 닫혀 있을 가능성이 거의 없다.

평평한 우주와 열린 우주의 경우, 종말 시나리오는 암흑에너지의 특성에 따라 달라진다. 우주 초기에는 일반물질과 암흑물질이 한데 섞여서 밀집되어 있었기 때문에 암흑에너지를 압도하고 우주의 지배적인 힘으로 군림했으며, 이로 인해 우주팽창에 브레이크가 걸리면서 팽창 속도가 점차 느려졌다. 그러나 빅뱅 후 50억 년쯤 지났을 무렵에는 공간이 팽창함에 따라 일반물질과 암흑물질의 밀도가 낮아졌고, 중력의 지배력도 많이 약해졌다. 바로 이 시기부터 암흑에너지가 주도권을 넘겨받아 팽창 속도가 빨라지기 시작했는데, 이 추세는 지금도 계속 이어지는 중이다. 즉, 우리는 암흑에너지가 지배하는 가속팽창 시대에 살고 있다.

▶ 10억×1조 개의 별 중 하나인 우리의 태양은 말년에 적색거성이 되었다가, 핵융합 연료가 완전히 바닥나면 백색왜성이 되면서 최후를 맞이할 것이다.

그렇다면 여기서 한 가지 의문이 떠오른다. "암흑에너지의 양은 한정되어 있는가?" 우주의 미래는 이 질문의 답에 달려 있다.

암흑에너지가 유한하다면 공간이 팽창할수록 위력은

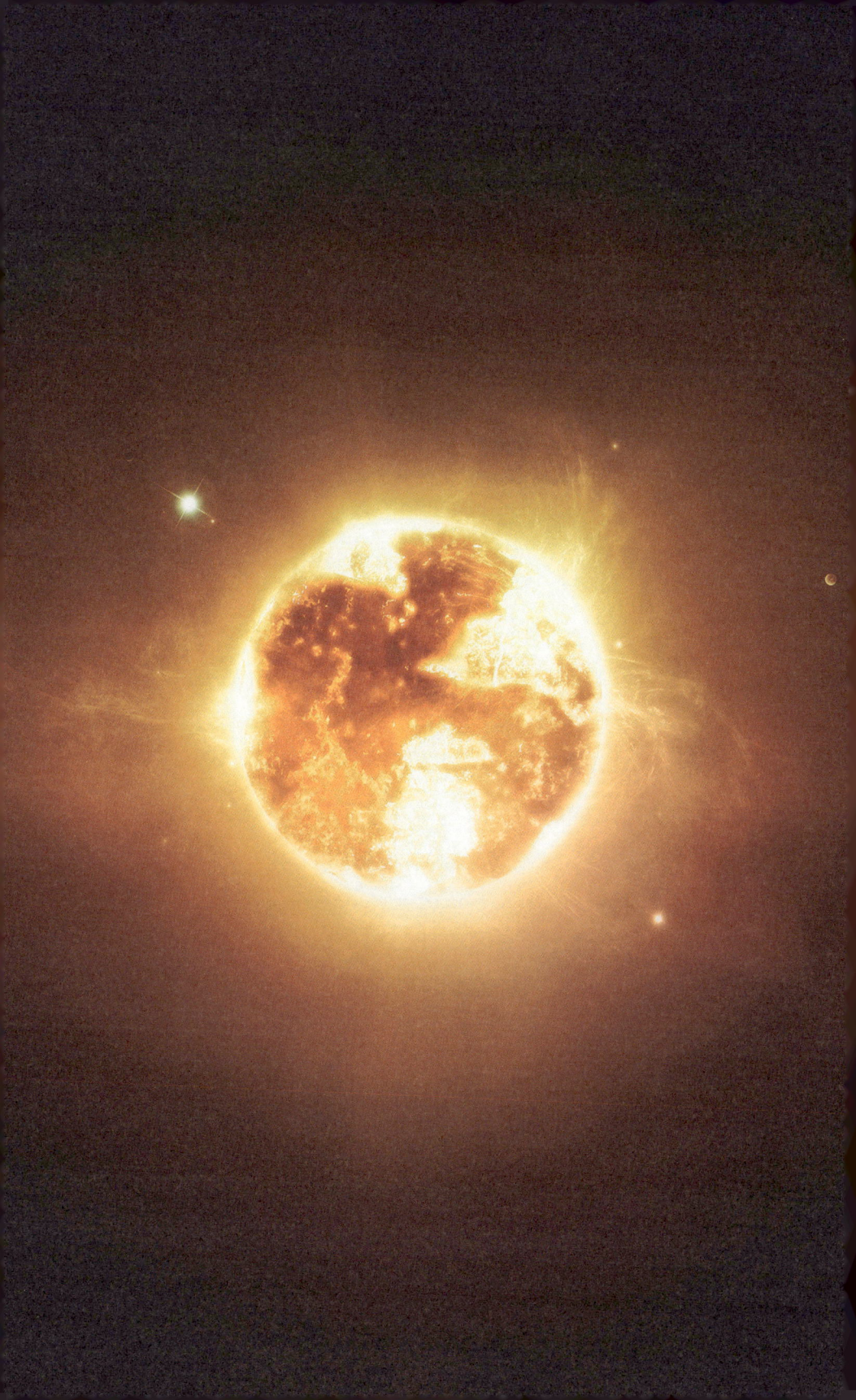

> **닐 디그래스 타이슨** ✓
> @neiltyson
>
> 질문의 답을 찾으면서 일생을 보내는 것은 별로 바람직하지 않다. 새로운 질문을 만들어서 제기하는 것도 답을 찾는 것 못지않게 즐겁지 않던가?
>
> 💬 423　↻ 8.8K　♡ 15.8K　　2016년 2월 24일 오후 8:39

약해질 것이다. 이런 경우에는 중력의 역할이 다시 부각되어 팽창 속도는 느려지겠지만, 평평한 우주에서 예견된 바와 같이 팽창 자체는 영원히 계속된다.

그러나 암흑에너지의 양은 팽창하는 공간과 함께 증가할 수도 있다. 어쩌면 이것이 진공의 고유한 특성일지도 모른다. 만일 그렇다면 우주가 팽창할수록 중력은 약해지는 반면, 진공 상태의 공간은 계속 넓어지고 있으므로 암흑에너지의 위력도 더욱 강해질 것이다. 그리고 이런 추세가 계속되면 우주는 팽창을 견디다 못해 공간이 찢어지는 '빅 립big rip'으로 최후를 맞이하게 된다. 일부 이론에 의하면 이런 끔찍한 사건은 대략 220억 년 후에 일어날 예정이다.

빅 립으로 가는 우주에서는 은하들 사이의 간격이 점차 멀어지다가 나중에는 은하 내부의 별들도 아득하게 분리된다. 그리하여 빅 립 3개월 전에는 태양계가 완전히 해체되고, 30분 전에는 물질(행성, 암석, 사람 등)을 구성하는 원자들 사이의 간격도 지나치게 멀어져서 모든 물질이 원자 단위로 산산이 분해된다. 그래도 반중력은 여기에 만족하지 않고 기어이 원자까지 분해하여 결국 우주에는 기본입자만 남게 될 것이다.

과연 우주는 영원히 팽창할 것인가? 아니면 급팽창을 견디지 못하고 공간이 찢어져서 끔찍한 종말을 맞이할 것인가? 아직은 암흑에너지의 정보가 턱없이 부족해서 둘 중 하나를 고르기가 쉽지 않다.

시간지도의 가장자리

이것으로 우리는 이론의 한계에 도달했다. 여기서 끝내야 할까? 발길을 돌리기 전에 우리와 비슷한 상황에 직면했던 선조들의 사례를 떠올려보자. 중세의 지도 제작자들은 섬세한 솜씨로 지도를 그려나가다가 그 시대에 알려진 영토의 끝에 도달하면 '여기에 용이 있다'고 적어놓곤 했다. 지식의 한계에서 새로운 무언가가 발견될 가능성을 열어놓은 것이다. 지금 우리는 우주의 시간지도를 그리다가 지식의 끝자락에 도달했으니 중세의 지도 제작자처럼 열린 마음을 가질 필요가 있다.

우주 종말 관람하기

"유럽 전역에서 등불이 꺼져가고 있다."
_영국 외교관 에드워드 그레이 경 Sir Edward Grey, 1914년

우주의 종말을 추상적인 전문 용어로 이해하는 것과 지구에서 바라본 종말의 풍경을 상상하는 것은 완전히 다른 이야기다. 우리의 논리를 계속 펼쳐나가기 위해 물리법칙의 영향을 받지 않으면서 우주의 종말을 느긋하게 지켜볼 수 있을 정도로 수명이 긴 관측자가 있다고 가정해보자. 그가 바라보는 하늘은 아주 드물게 터지는 폭죽을 연상케 하겠지만 전체적으로는 시간이 흐를수록 점점 더 어두워질 것이다. 유럽 전역에 제1차 세계대전의 암운이 드리웠을 때 에드워드 그레이 경이 했던 말은 황량해진 미래의 우주에도 딱 어울린다.

앞으로 수십억 년 동안은 태양이 점차 밝아지고 지구의 온도가 올라

닐 디그래스 타이슨 ✓
@neiltyson

사람들은 묻는다. "우주도 언젠가는 죽습니까?" 그렇다. 우주도 죽는다. 하지만 태어날 때처럼 폭발로 죽는 게 아니라 조용하게 사라진다. 그때가 되면 우주는 불 대신 얼음으로 그리고 빛 대신 어둠으로 가득 찰 것이다.

💬 ↻ 400 ♡ 132   2011년 4월 8일 오후 11:10

가는 것 외에는 특별한 변화가 느껴지지 않겠지만(우리의 관측자는 물리법칙의 영향을 받지 않는다고 했다) 그 후부터 하늘에 새로운 징조가 나타나기 시작한다. 그중에서도 가장 눈에 띄는 건 우리은하 쪽으로 빠르게 다가오면서 점점 더 크게 보이는 안드로메다은하일 것이다.* 충돌의 순간이 임박하면 두 은하는 상대방의 중력 때문에 모양이 점점 흐트러지다가 결국 중심부끼리 스쳐 지나간다. 그러나 앞서 말한 대로 두 은하의 충돌 사건은 우리 태양계에 별다른 피해를 주지 않는다. 은하의 별들이 워낙 듬성듬성하게 배열되어 있기 때문이다.

▶ 미국 앨버타주에 있는 에이브러햄호수의 겨울 풍경. 얼어붙은 물 위로 오로라(극광)가 은은하게 드리워진 것이 얼음과 어둠 속에서 최후를 맞이한 우주를 연상케 한다.

태양이 적색거성을 거쳐 백색왜성 단계로 접어들면 또 다른 변화가 나타난다. 멀쩡했던 별들이 하나둘씩 사라져 가는 것이다.

모든 별은 수소 핵융합으로 탄생했다가 연료가 고갈되면 백색왜성이나 초신성 또는 블랙홀로 생을 마감한다. 앞으로 50억 년이 지나면 우리의 태양은 무자비한 중력을 전자의 축퇴압** 縮退壓, degenerate pressure으로 간신히 버텨내면서 차가운 잿더미가 될 것이다. 배타원리

• 접근 속도는 초속 100킬로미터가 넘는다. 시속이 아니라 초속이다!
•• 배타원리에 의해 발생하는 압력.

에 충실한 전자는 중력 붕괴를 끝까지 막아주겠지만, 태양은 우주 공간의 온도(-270도 이하)까지 식어서 복사를 멈추고 어둠 속으로 완전히 사라질 것이다. 모든 별은 체급을 불문하고 이와 같은 최후를 맞이하게 된다.

하늘에 보이던 별이 사라진다는 것은 멀리 있는 은하들도 똑같이 사라진다는 뜻이다. 암흑에너지는 우주팽창을 전반적으로 가속시키고, 은하들 사이의 거리도 점점 멀어지게 한다. 그러다가 지구 관측자와 은하 사이의 거리가 어느 한계를 넘으면 은하에서 방출된 빛이 지구에 도달할 수 없게 된다.* 별뿐만 아니라 은하도 하나둘씩 자취를 감추는 것이다.

결국 지구에 홀로 남은 불멸의 관측자는 차갑고 어두운 우주에 에워싸인 채 붕괴되는 블랙홀과 소립자의 묽은 수프 속에서 조용히 외칠 것이다. "제발, 나도 그들과 함께 사라지게 해주세요!"

머나먼 미래

지금까지 알려진 물리법칙을 적용하면 향후 수십억 년 동안 우주가 겪게 될 변화를 단계적으로 예측할 수 있다. 물론 이 예측은 암흑에너지와 기본입자의 가정에 따라 달라질 수 있으며 달라지는 정도는 먼 미래로 갈수록 커진다. 이 점을 염두에 두고 앞으로 우주가 어떤 산전수전을 겪게 될지 미리 짐작해보자.

- **10억 년 후** | 지구에서 바다가 사라진다.
- **45억 년 후** | 태양이 적색거성으로 변하면서 수성과 금성 그리고 지구까지

---

* 멀어서 도달하지 못하는 게 아니라 우주의 팽창 속도가 계속 빨라지다 보면 광속을 초과하는 시점이 찾아오기 때문이다. 팽창 속도가 빛보다 빠르면 빛의 파동선단(광파의 제일 앞부분)은 지구를 향해 전진하지 못하고 오히려 후퇴한다.

삼켜버린다.

- **50억 년 후** ㅣ 안드로메다은하가 우리은하(은하수)와 충돌한다.
- **60억 년 후** ㅣ 태양이 백색왜성 단계로 진입한다.
- **220억 년 후** ㅣ 빅 립이 시작되고 우주는 종말을 맞이한다.

만일 빅 립이 일어나지 않는다면,

- **1000억~1500억 년 후** ㅣ 국부은하군 너머의 모든 은하가 관측 가능한 영역을 벗어난다.
- **4500억 년 후** ㅣ 국부은하군의 모든 은하가 단일은하로 합쳐진다.
- **1000억~1조 년 사이** ㅣ 우주에 존재하게 될 마지막 별들이 생성된다.
- **1조 년 후** ㅣ 우주에서 가장 수명이 긴 별들이 죽기 시작한다. 태어날 수 있는 별은 이미 다 태어났고, 우주는 어둠 속으로 빠져든다.

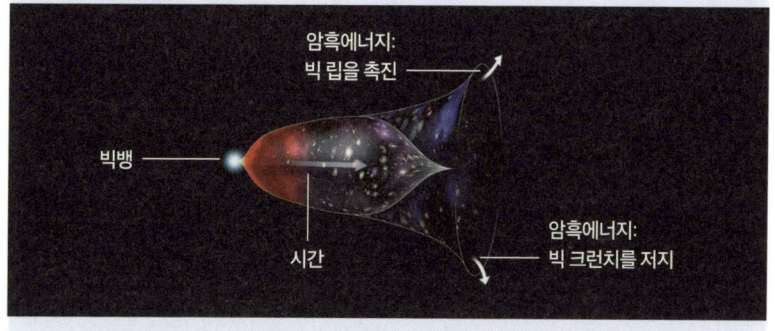

시간에 따른 우주의 변화를 담은 그림. 우주는 빅뱅에서 태어나 급팽창(인플레이션)을 겪은 후 팽창 속도가 한동안 진정되었다가 다시 빨라지기 시작하여 현재에 이르렀다. 팽창하는 공간과 함께 암흑에너지도 증가한다면 우주는 바깥쪽으로 크게 휘어지면서 빅 립을 맞이할 것이고, 반대로 암흑에너지가 감소하면 공간이 안쪽으로 휘어지면서 모든 것이 하나의 점으로 압축되는 빅 크런치를 맞이할 것이다.

제 10 장

모든 것과 무(無)는 어떤 관계일까?

남십자자리 Southern Cross, Crux 주변에 있는
보석상자성단 Jewel Box Cluster의 모습.

- 달라진 무의 개념
- 우주 전체가 양자요동 아닐까
- 우주 기원설
- 빅뱅 이전
- 다중우주
- 미세조정문제
- 다중우주의 종류
- 이게 정말 과학일까

이 책을 처음 집어 든 후로 지금까지 당신은 우주의 구성 성분과 작동 원리를 이해하기 위해 꽤 많은 페이지를 넘겨왔다. 그러나 이 책에 인쇄된 검은색 활자처럼 글자와 단어는 빛이 있는 곳에서만 볼 수 있다. 우리는 그것을 잉크라고 부른다. 광학적 관점에서 보면 이 페이지에서 실제로 당신의 눈에 보이는 부분은 흰 종이며, 검은 글자는 보이지 않는 부분에 해당한다. 즉, 무無가 책의 전부인 셈이다. 우주론도 크게 다르지 않다. 무를 언급하지 않고 무언가의 존재를 설명하기란 거의 불가능하다. 이들은 음과 양처럼 상호보완적 관계에 있다.

아리스토텔레스는 무를 '공기의 부재'와 비슷한 개념으로 이해했다. 자연은 진공 상태를 싫어하기 때문에 공기가 어디에나 존재한다는 것이다. 그의 논리는 아주 간단하다. 공간의 한 지역이 진공 상태가 되면 이것을 끔찍하게 싫어하는 주변 공기가 득달같이 모여들어서 순식간에 진공을 없애버린다. 이것이 바로 자연이 진공을 싫어한다는 증거다.

중세 시대의 성직자들은 진공을 '신의 부재'의 상징처럼 여기면서 아리스토텔레스의 논리에 종교적 의미까지 부여했다. 진공은 라틴어로 'horror vacui(빈 것을 혐오함)'인데, 그 의미는 굳이 번역이 필요 없을 정도로 명쾌하다. 1227년 파리 대주교였던 에티엔 탕피에르Étienne Tempier는 단죄˚condemnation에서 진공에 대한 믿음을 219가지 오류 중 하나로 지적했다. 진공을

◀ 우리가 아는 모든 것은 우주의 5퍼센트에 불과하다. 이것이 병에 든 컬러 젤리빈이라면, 나머지는 대체 무엇일까?

제10장 모든 것과 무(無)는 어떤 관계일까?　**317**

점술이나 심령술과 동급으로 취급한 것이다.

진공이 실제로 존재한다는 것을 처음으로 증명한 사람은 독일의 외교관이자 과학자였던 오토 폰 게리케Otto von Guericke였다. 그는 1654년 금속으로 만든 두 개의 커다란 반구를 맞붙여서 그 안의 공기를 펌프로 뽑아낸 후 다시 분리하는 실험을 공개된 자리에서 실행했는데, 한쪽에 15마리씩 총 30마리의 말이 매달려 잡아끌어도 두 반구는 떨어지지 않았다고 한다. 그 후로 무의 개념은 근본적 변화를 겪었고, 진공은 실험과학의 표준으로 자리 잡았다.

현재 세계에서 가장 큰 진공 시스템은 유럽입자물리연구소의 강입자충돌기 속에 있는 거대한 고리를 따라 설치되어 있다. 이 장치는 세 개의 하위 시스템으로 구성되어 있는데, 두 개는 보온병처럼 단열 기능을 제공하고, 나머지 하나는 고리 속에서 입자가 자유롭게 통과할 수 있도록 공기분자를 비롯한 이물질을 제거하는 역할을 한다. 강입자충돌기를 한 번 가동하려면 내부 공기를 빼내서 압력을 10^{-13}기압 이하로 낮춰야 한다.

이 작업에만 거의 2주가 소요되는데, 목표치에 도달하면 고리 안에 돌아다니는 분자의 개수가 10조 분의 1로 줄어든다. 이 정도면 태양계에서 가장 썰렁한 공간보다 더 썰렁하다. 그래야 충돌기 안에서 가속된 입자가 불의의 충돌 사고로 에너지를 잃지 않고 최고 출력으로 표적(맞은 편에서 달려오는 입자)을 맞출 수 있기 때문이다.

• 파리대학교에서 가르치던 219개의 철학 및 신학적 명제를 이단으로 선언한 사건.

달라진 무의 개념

1920년대에 비약적으로 발전한 양자역학은 기존의 과학 개념을 송두리째 갈아엎었다. 뉴턴의 고전물리학을 포함하여 원자물리학과 핵물리학, 화학, 생물학 등 거의 모든 과학 교과서가 양자역학에 기초하여 새로 집필되어야 했고, 상당수의 개념이 폐기되거나 대대적인 수정이 가해졌다. 물론 여기에는 진공도 예외가 아니었다.

아리스토텔레스 시대부터 20세기 초까지 진공의 개념은 (그것을 믿건 믿지 않건 간에) 달라진 것이 거의 없었다. '진공이란 아무것도 없는 공간이다. 이것이 전부다.' 직관적으로 생각하면 너무도 당연한 이야기다. 아무것도 없다는데 무슨 설명이 더 필요할까? 사람들은 진공을 무와 같은 개념으로 받아들이면서 더 이상 의문을 제기하지 않았다.

그러나 하이젠베르크의 불확정성 원리가 등장하면서 판도가 완전히 뒤집혔다. 입자는 무로부터 생겨날 수 있다. 단, 충분히 짧은 시간 안에 사라져야 한다. 이 약속만 잘 지키면 어떤 마술도 가능하다. 자정까지 돌아온다는 조건 아래 무도회의 공주가 되었던 신데렐라처럼 입자는 '불확정성 원리에서 정해준 시간 내에 사라진다'는 약속 아래 가상 입자로 나타나 힘을 매개하고 재빨리 무로 되돌아간다. 이것이 바로 앞에서 말한 가상입자(기본 힘을 매개하는 입자)이며, 진공에서 입자가 나타났다가 사라지는 현상을 '양자요동quantum fluctuation'이라 한다(주의! 자연은 사람과 달라서 약속을 어기는 법이 없다).

양자역학을 통해 수정된 진공의 개념에는 매우 심오한 의미가 담겨 있다. 과거의 진공은 완벽하게 정적靜的이면서 아무것도 생겨나지 않는 최상급의 불모지였지만, 양자역학적 진공은 불확정성 원리로 정해진 짧은 시간 안에 온갖 입자들이 팝콘처럼 튀어나왔다가 사라지기를 반복하

닐 디그래스 타이슨 ✓
@neiltyson

'자연은 진공을 싫어한다'는 것은 우주를 모르는 사람들이 하는 말이다. 실제로 자연은 진공을 끔찍하게 사랑한다. 우주의 대부분이 진공인데 그걸 싫어하면 어떻게 견딜 수 있겠는가?

💬 339   🔁 1K   ♡ 1.8K   2013년 6월 17일 오전 11:54

는 역동적인 공간이다.

팝콘 이야기가 나온 김에 아주 특별한 팝콘을 상상해보자. 이 팝콘의 낱알을 마이크로 오븐(전자레인지)에 넣으면 평범한 팝콘처럼 튀고, 한번 튄 팝콘이 다시 원래의 낱알로 되돌아가기도 한다. 그렇다면 오븐 안에는 어떤 광경이 펼쳐질까?

처음에는 옥수수 낱알이 무작위로 튀어 오르지만, 조금 있으면 이미 튀겨진 팝콘이 하나둘씩 원래의 낱알로 되돌아갔다가 다시 튀어 오르기를 반복한다. 이런 유령 같은 팝콘들이 난리를 치는 오븐 속이 바로 양자진공quantum vacuum의 팝콘 버전이다. 평균적으로 볼 때 계의 에너지는 증가하지도 감소하지도 않지만* 속사정은 그야말로 난장판이다. 아리스토텔레스가 말했던 무와는 비슷한 구석이 하나도 없다.

이런 것은 이상한 나라의 앨

1800년경, 진공 실험을 위해 제작된 공기 펌프.

---

* 수명이 너무 짧아서 측정이 불가능하기 때문이다.

리스나 겪을 법한 일 같지만 환상이 아닌 엄연한 현실이다. 양자요동(또는 진공요동)은 지난 수십 년 동안 수많은 실험을 통해 사실로 확인되었다.

우주 전체가 양자요동 아닐까

이것은 1973년 미국의 물리학자 에드워드 트라이언Edward Tryon이 제기했던 질문이다. 우주의 기원과 양자법칙 사이의 관계를 최초로 연구했던 그는 우주 전체가 양자진공에서 극히 드물게 일어나는 요동의 산물일 수도 있다고 주장했다.

이것은 정말로 파격적인 주장이었다. 양자요동으로 생성된 한 쌍의 가상입자에서 우리의 우주가 탄생했다니, 아무리 상상력으로 먹고사는 물리학자라 해도 이 정도면 선을 넘은 것 같다. 앞에서 여러 번 강조한 바와 같이 가상입자의 수명은 불확정성 원리에 의해 제한된다. 좀 더 구체적으로 말하면 질량이 클수록 수명이 짧다. 진공에서 전자-양전자 쌍이 생성된 경우, 이들의 수명은 약 10^{-21}초(1조 분의 1나노초)밖에 안 된다. 그렇다면 질량이 은하 1000억 개와 맞먹는 우주의 수명은 얼마나 될까? 계산이고 뭐고 138억 년보다는 당연히 짧다.

더욱 심각한 것은 트라이언의 주장이 자연의 가장 근본적인 법칙인 '에너지보존법칙law of conservation of energy'에 위배되는 것처럼 보인다는 점이다. 그토록 막대한 질량이 어떻게 무에서 창조될 수 있다는 말인가? 이런 반론의 기원은 기원전 1세기에 활동했던 로마의 철학자 루크레티우스Lucretius까지 거슬러 올라간다. 그는 "무에서는 아무것도 창조될 수 없다Nil posse creari de nihilo"며 유물론적 세계관을 거침없이 설파했다가 500년 후, 유럽을 점령한 기독교인들에게 맹렬한 비난을 받고 역사에서

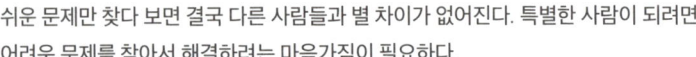

 닐 디그래스 타이슨 ✓
@neiltyson

쉬운 문제만 찾다 보면 결국 다른 사람들과 별 차이가 없어진다. 특별한 사람이 되려면 어려운 문제를 찾아서 해결하려는 마음가짐이 필요하다.

💬 61   ↻ 2.1K   ♥ 764   2012년 6월 27일 오후 3:40

거의 사라졌다.

역설적이게도 '무에서 창조된 유'라는 수수께끼는 우주의 기원을 이해하는 데 큰 도움이 된다.

에너지를 분류하는 방법은 여러 가지가 있는데, 정량적 관점에서 보면 '양(+)의 에너지'와 '음(-)의 에너지'로 나눌 수 있다. 입자의 질량에 들어

21세기 최첨단 진공실험 현장. 한 엔지니어가 자전거를 타고 대형강입자충돌기를 따라 지하 터널을 순찰하고 있다. 이 거대한 실험 장비가 제대로 작동하려면 내부 압력을 대기압의 '10억 분의 1' 이하로 유지해야 한다.

> **불확정성 원리 따라잡기**
>
> 하이젠베르크의 불확정성 원리는 무에서 유를 만들어내는 도깨비 방망이가 아니다. 이것은 측정measurement이라는 행위에 내재된 근본적 한계를 보여주는 원리로서 계의 규모가 작을수록 더욱 극명하게 드러난다.
>
> 불확정성 원리에 의하면 우리는 입자의 위치와 속도를 동시에 정확하게 측정할 수 없다. 둘 중 하나를 정확하게 측정할수록 다른 하나의 정확도가 떨어지기 때문이다. 예를 들어 자동차 운전석 시트의 틈새에 동전이 끼었다고 가정해보자(운전자라면 누구나 겪는 일이다). 이때 동전을 집으려고 엄지와 검지를 밀어 넣으면, 틈새가 벌어지면서 동전은 더 깊이 숨어버린다. 동전을 잡으려는 행위 자체가 동전 수거를 더욱 어렵게 만든 셈이다.
>
> 양자역학이 우리에게 남긴 또 하나의 교훈은 '측정할 수 없는 것은 알 수 있는 대상이 아니다'라는 것이다. 하이젠베르크는 어려운 양자역학을 더 어렵게 만든 원수가 아니라 실질적인 사실을 우주의 원리로 끌어 올린 일등 공신이었다.

있는 것은 양의 에너지이고, 중력이 보유한 에너지는 음의 에너지에 속한다.

뭐라고? 에너지가 음수라고?

그렇다. 에너지는 얼마든지 0보다 작을 수 있다. 지표면에서 위를 향해 던져진 물체를 예로 들어보자. 이 물체가 우주로 나가려면 지구의 중력우물에서 빠져나올 정도로 충분한 에너지를 공급해주어야 한다. NASA의 로켓이 이륙할 때 달고 가는 연료탱크의 크기를 보면 우주로 나가는 데 얼마나 많은 에너지가 소모되는지 짐작할 수 있을 것이다. 화물을 잔뜩 실은 우주선은 중력 위치에너지가 음수(-)인 상태에서 이륙하

> ### 포기를 모르는 트라이언
>
> 에드워드 트라이언은 한 대학에서 개최한 초청 강연회의 연사로 등장하여 최신 연구 결과를 발표하던 중 갑자기 뜬금없는 질문을 던졌다. "그런데 말이죠, 혹시 우주는 양자요동의 산물이 아닐까요?" 청중들은 그가 농담을 하는 줄 알고 박장대소했지만, 그의 논문은 지금도 물리학자들 사이에서 꼭 한 번은 읽어야 할 논문으로 평가되고 있다.

여, 위치에너지가 0인 지점에 도달했을 때 연료가 바닥나도록 설계되어 있다(물론 우주에서 임무를 수행하려면 추가 연료가 필요하지만, 지구를 벗어날 때 소비한 연료에 비하면 새 발의 피도 안 된다).

또 다른 예로, 당신이 평평한 들판을 거닐다가 누군가가 열심히 삽질하는 모습을 목격했다고 가정해보자. 맨 처음 눈에 띈 것이 흙더미뿐이었다면 당신은 깜짝 놀랄 것이다. "아니, 아무것도 없는 평지에 웬 흙더미가 쌓여 있지?" 그런데 가까이 가서 보니 흙더미 옆에 구멍이 파여 있다. "그러면 그렇지. 여기서 나온 흙이었구먼." 그렇다. 삽을 든 사람이 지면 아래에 있던 흙을 위로 옮겨놓은 것이다(간단하게 땅을 팠다고 표현하기도 한다). 그러나 그가 삽질을 하기 전에는 흙더미도 구덩이도 존재하지 않았다. 이제 구덩이를 흙더미로 채우면 처음 상태로 되돌아갈 것이다. 이와 마찬가지로 당신은 총에너지가 0인 우주를 창조할 수 있다. 그러나 곳곳에 구덩이를 파고 그 주변에 흙더미를 쌓으면 총에너지는 변하지

▶ NASA에서 제작한 화성 탐사용 로버 퍼서비어런스Perseverance rover를 싣고 이륙하는 아틀라스 5호Atlas v. 중력 위치에너지가 음수인 지상에서 출발한 우주로켓은 연료를 태우면서 에너지를 꾸준히 투입하여 위치에너지가 0인 지점(지구의 중력에서 벗어나는 지점)에 도달한다.

않은 채 훨씬 흥미로운 우주가 된다.

트라이언은 매우 인상적인 글로 자신의 논문을 마무리했다. "아마도 우리 우주는 가끔씩 일어나는 사건 중 하나였을 것이다."

우주 기원설

대부분의 우주론학자가 인정하는 우주 기원 시나리오에 대해 알아보자.

이 시나리오는 양자진공에서 시작된다. 빅뱅 이전의 우주를 시각화하는 가장 좋은 방법은 언덕 아래로 굴러 내려가는 공을 상상하는 것이다. 공이 구르기 전에 갖고 있던 위치에너지는 출발점의 고도가 높을수록 크다. 언덕 아래의 제일 낮은 바닥을 '진짜 진공true vacuum'이라 하자. 그런데 공이 굴러 내려오던 도중 움푹 파인 구덩이를 만나면 바닥까지 내려오지 못하고 그곳에서 멈출 것이다. 이곳을 '가짜 진공false vacuum'이라 하자. 가짜 진공에 갇힌 공은 아직도 위치에너지를 갖고 있으므로 누군가가 살짝 밀어주기만 하면 진짜 진공을 향해 굴러떨어지면서 위치에너지를 방출할 것이다. 뉴턴이 구축한 고전물리학의 세계에서 공이 가짜 진공에서 빠져나오려면 누군가가 공을 구덩이의 가장자리로 밀어 올려야 한다. 그러나 양자 세계에서는 남의 도움을 받지 않고 구덩이에서 탈출하는 방법이 몇 가지 있는데, 그중 하나가 바로 '양자터널quantum tunneling'이다. 구덩이(예를 들어 하나의 우주)에 놓인 물체는 갑자기 사라졌다가 곧바로 구덩이 밖에서 나타날 수 있다. 이런 식으로 탈출에 성공하면 진짜 진공을 향해 계속 굴러갈 것이다.

양자터널 외에 다른 방법도 있다. 여기에는 반중력의 압력에서 발생하는 강한 척력이 등장하는데, 그 정체가 바로 가짜 진공에서 작동하는 암흑에너지다. 우주 초창기에 급팽창(인플레이션)을 일으킨 것도 암흑에너지였다. 물리계가 진짜 진공에 도달하면 가짜 진공에 저장되어 있던 중력에너지가 어딘가로 이동해야 하는데, 인플레이션 시나리오에 의하면 이로부터 촉발된 사건이 바로 입자와 복사의 불덩어리인 빅뱅이었다.

이와 비슷한 사건을 당신도 겪은 적이 있을 것이다. 놀이공원에서 한참을 기다렸다가 롤러코스터에 앉으면 덜컹대는 소리와 함께 제일 높은 곳으로 천천히 올라간다. 그곳은 레일의 모든 지점을 통틀어서 위치에너지가 가장 큰 곳이다. 잠시 후 비명 소리와 함께 내리막길로 접어들면 위치에너지가 운동에너지로 바뀌면서 속도가 빨라지는데, 우주에서는 이것이 인플레이션으로 나타난다. 얼마 후 롤러코스터가 가장 낮은 지점에 도달해도 속도는 0으로 줄어들지 않고, 그 지점부터 일정한 높이로 추가 레일이 있어야 안전하게 정지할 수 있다. 롤러코스터가 바닥에 도달했는

죽음의 진공 붕괴

우주론학자들이 제시한 우주 종말 시나리오 중에는 진공과 관련된 버전도 있다. 만일 우리 우주가 가짜 진공에 있다면 어떻게 될까? 이런 상태에서 다량의 에너지가 수반되는 대형 사건이 발생하면 우주는 구덩이를 뛰어넘어 진짜 바닥(진짜 진공)으로 추락할 것이다. 이 정도 충격이면 우주를 끝장내고도 남는다. 고에너지 사건이 일어나지 않는다 해도 양자터널효과가 실제로 일어나서 진짜 진공으로 떨어질 수도 있다. 이렇게 되면 우리를 포함한 우주 만물이 끔찍한 불구덩이 속에서 최후를 맞이할 것이다.

다행히도 가짜 진공에 놓인 우주의 수명은 현재 우주의 나이보다 길다. 그러니 오늘 밤은 마음 편하게 자도 된다.

데 추가 레일이 있어야 할 곳에 벽돌담이 서 있다면 어떻게 될까? 코스터가 벽에 닿는 순간, 모든 에너지가 폭발로 변환되면서 대형 참사가 일어날 것이다.

가짜 진공의 에너지를 계산해보면 상상을 초월하는 값이 얻어진다. 대충 말하자면 1세제곱센티미터에 담긴 에너지가 관측 가능한 우주의 에너지를 모두 합한 것보다 크다. 이 정도면 우주를 한 개가 아니라 여러 개 만들 수 있다.

이상하게 들리겠지만 인플레이션이론이 처음 등장했던 무렵에는 인플레이션의 시작보다 그것이 어떻게 끝났는지를 알아내기가 더 어려웠다. 우주론학자들은 이것을 '우아한 탈출 문제graceful exit problem'라는 점잖은 이름으로 불렀는데, 결국 이 문제는 가짜 진공을 도입함으로써 해결되었다. 나지막한 언덕 위에서 바닥(진짜 진공)을 향해 천천히 굴러 내려오던 공이 도중에 구덩이(가짜 진공)를 만났고, 이곳을 양자터널링으로 우아하게 빠져나와 바닥에 안착했다는 것이다.

빅뱅 이전

빅뱅 이전에는 무엇이 존재했을까? 정말 궁금하면서도 난이도의 선을 넘는 질문이다. 그러나 앞에서 다뤘던 내용을 잘 짜맞추면 답을 알아낼 수 있을 것 같기도 하다.

과학자들 중에는 이런 질문에 부정적인 반응을 보이거나, 아예 무시하는 사람도 있다. 여기서 잠시 4세기 로마제국의 신학자 성 아우구스티누스St. Augustine Hipponensis의 말을 들어보자. "세상은 흐르는 시간 속에서 창조된 것이 아니라 시간과 함께 창조되었다. 세상이 창조되기 전에는

초기 우주는 팽창과 진동을 동시에 겪었다. 상상하기가 쉽지 않지만 차원을 줄여서 그림으로 표현하면 아마 이런 모습이었을 것이다.

시간이라는 것 자체가 존재하지 않았다." 다시 말해서, 빅뱅의 순간부터 비로소 시간이 흐르기 시작했다면 빅뱅 이전의 시간을 논하는 것은 아무런 의미가 없다는 뜻이다. 이런 질문은 "북극의 북쪽은 어디인가?"라고 묻는 것과 같다. 북극점에서는 어느 방향으로 발을 내디뎌도 무조건 남쪽이므로 북쪽으로 가는 것이 원리적으로 불가능하다. 여기서 헬기를 타고 위로 올라가도 고도만 높아질 뿐 북극점의 북쪽으로 올라갈 수는 없다. 북극의 북쪽에 아무것도 없어서 그런 것이 아니라 북극의 북쪽이라는 것 자체가 존재하지 않기 때문이다. 즉, 이 질문은 전제부터 잘못되었으므로 옳은 답이 주어질 수 없다.

모든 사람의 코에 거짓말 탐지기가 달려 있는 피노키오의 우주에서 정직하게 살겠다고 아무리 굳게 결심해도 소용없다. 누군가가 잘못된 질문을 해오면 논리적으로 타당하지 않은 답을 줄 수밖에 없기 때문이다.

그러나 우리는 가짜 진공 우주 시나리오를 접하면서 허용되지 않는 질문을 제기하는 약간의 기술을 터득했다. 그런 식으로 밀고 나가면 빅뱅 이전에 존재할 수 있는 것은 '양자진공'뿐이다. 아마도 이것은 가짜 진공이 붕괴되기 전에 존재했을 것이다.

이런 주장을 어떻게 검증할 수 있을까? 한 가지 방법은 빅뱅 이전의 상태에 따라 달라지는 무언가를 현재 우주에서 찾는 것이다. 물론 측정

땅에 붙어사는 우리에게 지구는 평평하게 보이지만 우주(국제우주정거장)에서 바라보면 둥근 외곽선이 명백하게 드러난다.

> **닐 디그래스 타이슨**
> @neiltyson
>
> 만일 피노키오가 "이제 곧 내 코가 길어질 거야!"라고 선언했다면, 과연 그의 코가 길어질까? 정말 궁금하다.
>
> 💬 2.5K   🔁 5.7K   ♡ 47.3K   2020년 4월 20일 오후 3:43

도 가능해야 한다. 이것은 총에서 나오는 연기를 찾는 것과 비슷한데(물론 총은 찾을 수 없다. 빅뱅 이전의 총이니까!), 안타깝게도 인플레이션이론 자체가 연기 탐색을 방해하고 있다. 왜 그럴까?

여기, 바람이 빠져서 쭈글쭈글한 풍선이 있다. 바람을 다시 불어넣어서 풍선을 부풀리면 표면에 붙어 있는 작은 생명체는 풍선이 매끄럽고 평평하다고 생각할 것이다. 지표면에 붙어사는 우리는 우주에서 찍은 사진 등 다양한 자료를 통해 지구가 둥글다는 것을 알고 있지만, 우리의 오감으로는 어느 모로 봐도 평평한 것 같다(미국 노스다코타주의 작은 도시 파고에서 자동차를 타고 아무 방향으로나 달리면 지구가 평평하다는 황당한 주장이 사실처럼 느껴진다). 처음에 풍선이 아무리 쭈글쭈글했어도 바람을 불어넣으면 주름이 말끔하게 사라지거나 희미한 흔적만 남는다. 이와 마찬가지로 우주가 인플레이션을 겪고 나면 이전의 상태와 관련된 모든 정보가 말끔하게 사라져서 우주가 어떻게 시작되었는지 알 수 없게 된다.

우주가 진공에너지에서 시작되었다는 주장을 받아들인다 해도 또 다른 질문이 떠오른다. 가짜 진공은 왜 붕괴되었는가? 진공 상태가 무한한 과거부터 존재했다면, 왜 하필 138억 년 전에 붕괴되어 지금과 같은 우주를 탄생시켰는가? 이것은 과학과 철학을 한계까지 밀어붙이는 궁극의 질문이다. 결국 "빅뱅 이전의 우주는 어떤 모습이었는가?"라는 질문은 질문 자체의 타당성과 관계없이 영원히 답을 구할 수 없을지도 모른다.

다중우주

인플레이션이론은 1970년대 말에 등장한 후 수많은 수정과 업그레이드를 거치면서 우주론의 정설로 거의 굳어졌다. 그리고 1900년대 초에 등장한 양자역학은 직관적으로 이해하기가 쉽지 않지만 엄밀한 검증을 통과하면서 과학 역사상 가장 큰 성공을 거둔 이론으로 꼽힌다. 그러므로 우주의 기원은 이 두 개의 이론으로 설명되거나 앞으로 설명된다고 봐도 큰 무리가 없을 것 같다. 그런데 인플레이션이론과 양자역학을 결합하면 입이 딱 벌어질 정도로 놀라운 결과가 거의 공짜로 얻어진다. 바로 우리의 우주 외에 다른 우주가 존재한다는 '다중우주가설multiverse hypothesis'이다.

언덕 아래로 구르는 공으로 다시 돌아가 보자. 뉴턴의 물리학에서 공의 상태는 위치와 속도로 표현되며, 두 값 모두 무한히 정확하게 동시에 알아낼 수 있다. 그러나 불확정성 원리가 지배하는 양자 세계에서는 이런 식의 설명이 불가능하다. 그 결과 양자적 공의 상태는 확률적으로 서술된다. 즉, 공의 위치가 측정되기 전까지 공은 모든 가능한 위치에 동시에 존재할 수 있으며, 각 위치에서 발견될 확률은 슈뢰딩거 방정식을 통해 결정된다.

그렇다면 가짜 진공에서 진짜 진공으로 떨어지는 '양자적 공'은 어떤 모습일까? 공이 아래로 굴러떨어질 확률은 꽤 높지만, 도중에 만난 구덩이에서 빠져나올 확률도 그리 작지 않다.

헷갈리는가? 걱정할 것 없다. 여기서는 누구나 헷갈린다. 양자 세계는 우리가 사는 세계와 근본적으로 다르고, 우주는 인간이 이해할 수 있는 방식으로 거동해야 할 이유가 전혀 없다.

우주의 수가 무한히 많다면 제아무리 희한한 우주도 어딘가에 반드시 존재할 것이다. 나올 수 있는 결과가 단 두 가지뿐인 이 단순한 우주모형

다중우주(모든 가능한 우주들이 끝없이 늘어선 배열로 이들 중 우리 우주는 단 하나다)는 동시에 존재하면서 절대로 접촉하지 않는 거품과 비슷하다.

에서는 빅뱅의 불덩어리가 생성된 양자진공 우주와 가짜 진공 상태가 유지되는 우주가 전부이지만, 경우의 수를 확장하면 무수히 많은 우주가 공존하는 다중우주로 귀결된다. 개개의 우주는 각기 다른 시간에 태어났고, 개중에는 우리 우주처럼 관측 가능한 우주도 있으며, 가짜 진공이 너무 빠르게 팽창해서 혼자 떨어져 나온 우주도 있다. 즉, 인플레이션은 어

> **빅 바운스**
>
> 가짜 진공 시나리오 덕분에 빅뱅 이전에 대한 질문을 제기할 수 있었던 것처럼 빅 바운스는 그 질문을 깊이 생각할 수 있도록 만들어주는 또 하나의 '빅뱅 이전' 가설이다. 이 가설에 의하면 우주는 최대 팽창 지점에 도달한 후 중력에 의해 수축되어 무한히 작고 뜨거운 '점 질량point mass'이 되었다가 또 다시 인플레이션을 겪는다. 우주는 무한히 먼 옛날부터 이런 과정을 수없이 거쳐왔고, 이는 앞으로도 무한히 계속될 것이다. 시작도 끝도 없이 삶과 죽음을 반복하는 우주라니······. 왠지 동양의 윤회설을 닮은 것 같다.

던가에서 항상 일어나고 있다. 이것을 '영구적 인플레이션eternal inflation'이라 한다.

이것이 바로 양자역학과 인플레이션의 합작으로 탄생한 '다중우주'다. 거대한 거품 여러 개가 떠다니는 초공간을 상상해보라. 거품 사이의 공간이 인플레이션으로 크게 팽창하여 거품끼리는 결코 닿을 수 없다. 그리고 하나의 거품 안에 형성된 우주의 특성(물리법칙, 빛의 속도, 전자의 전하량 등 기본 상수의 값)은 이웃한 우주와 얼마든지 다를 수 있다. 또한 다중우주는 우주론의 또 다른 난제인 '미세조정문제fine-tuning problem'에 대하여 그럴듯한 답을 제시해준다.

미세조정문제

중력의 세기가 지금과 달랐다면 인간은 어떤 모습으로 진화했을까? 다른 행성 이야기를 하는 게 아니다. 뉴턴의 중력법칙에서 힘의 세기를 결정하는 중력상수(G)gravitational constant가 지금과 다른 값이었다면 무엇이 어떻게 달라졌을지 상상해보자는 것이다. 만일 중력이 지금보다 강했다면 빅뱅 후 서로 멀어지던 물질이 중력으로 다시 뭉쳐서 한 점으로 붕괴되었을 것이고(빅 바운스!), 물질이 존재했던 기간이 너무 짧아서 별과 행성이 미처 생성되지 못했을 것이다. 물론 이런 우주에는 생명체도 태어날 수 없다. 반대로 중력이 지금보다 약했다 해도 물질이 한 곳에 모여들지 못해 별과 행성은 역시 생성될 수 없었을 것이다.

전자의 전하는 어떠한가? 만일 이 값이 지금보다 작았다면 원자가 형성될 수 없었을 것이고, 지금보다 강했다면 원자끼리 전자를 교환하지 못하여 분자가 형성되지 못했을 것이다. 분자가 없으면 화학 작용이 일어날 수 없으므로 이 경우에도 생명체는 존재할 수 없다. 중력이건 전하건 어느 하나라도 지금과 값이 다르면 생명체는 태어나지 않았을 것이다.

참으로 다행이다. 그런데 지금과 다르다는 게 얼마나 다르다는 말인가? 생명체의 탄생을 허용하는 중력과 전자 전하량의 범위는 어디에서 어디까지인가? 실제로 과학계에는 바로 이 생존 가능 범위를 집중적으로 연구하는 소규모 집단이 있다. 이들의 목적은 다양한 변수를 고려하여 '생명의 탄생과 진화를 허용하는 물리상수의 범위'를 계산하는 것인데, 지금까지 알려진 바에 의하면 그 범위라는 것이 경악스러울 정도로 좁다. 그 많은 상수가 그 좁은 범위 안에 들어오려면 말도 안 되는 기적이 말도 안 될 정도로 자주 일어나야 한다.

하지만 어쨌거나 우리 우주에는 생명체가 존재한다. 그렇지 않고서야 당신이 어떻게 이 책을 읽을 수 있겠는가? 얼마 전까지만 해도 과학은 여기에 '미세조정문제'라는 제목만 붙여놓고 마땅한 답을 제시하지 못했다. 과학과 별 관계없는 성직자들만 여유 있는 미소를 지었을 뿐이다.

"그것 봐, 그게 바로 신이 인간을 각별하게 아낀다는 증거라고. 그 외에 무슨 설명을 할 수 있겠어?"

코너에 몰린 과학(특히 물리학과 천문학)을 구한 주인공은 바로 다중우주였다.

우주가 무한히 많고, 개개의 우주마다 각기 다른 법칙과 상수로 운영

적도기니공화국의 열대우림에 서식하는 붉은 귀 원숭이의 모습. 우리 우주는 물리법칙과 상수가 적절한 값으로 세팅되어 복잡한 분자가 만들어질 수 있었으며, 이로부터 다양한 화학 반응이 가능해져서 생명체가 탄생하고 진화할 수 있었다.

되고 있다면, 그들 중 일부는 우리 우주처럼 생명체에게 적절한 값으로 세팅되어 있을 것이다. 물론 이것은 기적이 아니라 우주가 무한히 많은 덕분에 나타난 결과일 뿐이다. 그런데 막상 그런 우주에 살고 있는 우리는 이런 생각을 떨치기 어렵다. "어쨌거나 엄청나게 작은 확률에도 불구하고 우리가 적절한 우주에 살도록 선택되었잖아. 그러니까 우리는 엄청나게 귀한 존재인 거야!" 글쎄……. 과연 그럴까?

이런 식의 논리는 텍사스 명사수의 논리texas sharpshooter fallacy와 비슷하다. 텍사스의 한 총잡이가 총을 빼 들고 넓은 벽을 향해 냅다 갈기기 시작했다. 조준? 그런 거 없다. 그냥 마구잡이로 손끝 가는 대로 난사를 해댔다. 총격이 끝난 후, 그 총잡이가 벽을 향해 걸어가서는 펜을 꺼내 들고 무언가를 그리기 시작한다. 자세히 보니 가까운 간격으로 탄착점이 형성된 곳을 몇 군데 찾아 그곳을 중심으로 동그란 과녁을 그려 넣고 있다. 잠시 후 벽에는 과녁 몇 개가 나타났고, 대부분의 총알이 과녁의 중심에 집중되어 있다. 이런 경우에 당신은 그를 명사수라며 칭찬할 것인가? 다중우주도 마찬가지다. 우리 우주가 생명체의 존재를 허용하는 극소수의 우주 중 하나라고 해서 선민의식을 가지는 것은 이미 만들어진 다중우주에서 자신이 속한 우주에 과녁의 중심을 그려넣고 우쭐대는 것과 다를 게 없기 때문이다.

다중우주의 종류

무한히 많은 다중우주 중 생명체가 살 수 있는 우주에서는 언젠가 지적 생명체가 등장하여 우주를 탐구하다가, 우주가 여러 개라는 점을 간파하고 다중우주를 체계적으로 분류하는 날이 찾아올 것이다. 우리 우주에서 이 일을 맡은 지적 생명체는 스웨덴 출신의 미국 천체물리학자 맥스 태그마크Max Tagmark였다. 그는 다중우주를 네 가지로 분류했는데, 구체적인 내용은 다음과 같다.

1단계 다중우주

관측할 수 있는 우리 우주와 이것을 완전히 에워싼 단일 거품우주bubble universe 사이에는 우리 우주와 크게 다르지 않은 다른 우주가 여러 개 존재한다. 물론 우리는 그들을 볼 수 없고, 그들도 우리를 볼 수 없다 (관측 가능한 영역의 바깥에 있기 때문이다). 즉, 이들은 각자 상대방의 영역 바깥에 존재한다. 1단계 다중우주는 바다에 흩어져 있는 배들과 비슷하다. 단, 모두가 (다른 배에서 바라본) 수평선 너머에 떠 있을 뿐이다. 이들 모두는 어디를 둘러봐도 수평선밖에 보이지 않으므로 다른 배를 볼 수 없다.*

1단계 다중우주는 하나의 바다를 공유하고 있으므로 물리적 기반도 비슷하다. 물리학 방정식이 이 사실을 말해준다. 그러나 초기 조건은 각기 다를 수도 있다. 예를 들어 물질과 에너지가 각 우주마다 다른 비율로 존재하는 식이다. 또 어떤 우주는 중력이 팽창을 압도할 정도로 물질이 많아서 빅 바운스로 끝나거나 이미 끝났을 수도 있다. 이런 우주가 무한히 많다면, 물질과 운동 그리고 에너지의 모든 가능한 조합이 어느 우주엔가 반드시 존재한다. 실감 나는 예를 들자면, 당신이 머리카락을 보라색으로 염색한 채 히틀러의 자서전을 읽고 있는 우주가 어딘가에 반드시 존재한다는 뜻이다. 심지어 당신과 똑같은 기억을 갖고 있으면서 당신이 하지 못했던 결정을 과감하게 내리는 수많은 버전의 당신도 어딘

---

* 하나의 우주에서 관측 가능한 한계를 그 우주의 수평선이 아닌 지평선이라 한다.

가에 존재한다.

가능성에는 아무런 제한이 없다. 제아무리 기발한 모습을 상상해도 그런 당신이 어느 우주엔가 반드시 존재한다. 이것이 바로 공상과학 애호가들에게 친숙한 다중우주며, 광활한 초공간의 바다에 끝없이 늘어서 있는 평행우주 parallel universe다.

이 정도만 해도 꽤 황당하지만 사실 이것은 4단계 다중우주 중 첫 번째 단계일 뿐이다.

2단계 다중우주

2단계 다중우주는 여러 개의 거품우주로 이루어져 있다. 이것은 영구적 인플레이션이 낳은 또 다른 종류의 다중우주다. 여기서 개개의 거품우주 안에는 앞에서 말한 1단계 다중우주가 존재하며, 거품우주들끼리는 시공간의 차원이나 물리상수의 값이 달라서 물질과 에너지의 구조 및 거동 방식도 완전히 다르다.

그러나 2단계 우주는 우리 우주와 동일한 법칙과 방정식을 따른다. 여기에는 모든 가능한 기본상수 값들이 종합 메뉴판처럼 나열되어 있으므로 미세조정문제도 자연스럽게 해결된다. 기본상수의 값이 생명체 허용범위 안에 있는 거품우주를 골라낸 후, 그중에서 초기 조건이 별과 행성에 알맞게 세팅된 우주를 찾으면 된다. 열심히 찾고 보니 그게 우리 우주였다고? 게다가 그런 우주가 우리 우주 하나밖에 없다고? 얼마든지 그럴 수 있다. 그게 뭐 그리 신기한가? 하나면 어떻고 여러 개면 어떠한가? 메뉴판에 올라와 있는 우주를 찾았으니 그것으로 된 거 아닌가?

타임 랩스로 촬영한 카메라에 포착된 개기일식 장면. 과학자들은 자연 현상을 통해 자신의 이론을 검증해왔다. 영국의 물리학자 아서 에딩턴Arthur Eddington은 1919년 개기일식을 촬영하며 '별빛은 태양의 중력 때문에 휘어진다'는 일반상대성이론의 예측이 사실임을 확인할 수 있었다.

3단계 다중우주

3단계 다중우주는 다중세계가설many worlds hypothesis에 등장하는 다중우주다. 즉, 여기에는 2단계에 속하는 모든 다중우주가 나란히 존재하고 있으며, 모든 양자 상태는 시간의 분기점을 만날 때마다 여러 갈래로 갈라지면서 실현된다. 즉, 하나의 우주 안에서 누군가(또는 무언가)가 결정을 내릴 때마다, 모든 가능성이 나뭇가지처럼 분열되어 각기 다른 우주를 낳는다. 우리 우주에서는 단 하나의 두뇌 뉴런 활성화 여부에 따라 향후 삶이 완전히 달라질 수 있다. 당신이 이 문장을 읽고 어떤 기억을 떠올렸건 간에 아주아주 멀리 떨어져 있는 3단계 다중우주에는 또 다른 당신이 존재한다. 그는 다른 뉴런이 활성화되어 당신과 다른 결정을 내렸고, 앞으로 펼쳐질 미래도 이곳에 있는 당신과 완전히 다를 것이다.

4단계 다중우주

4단계 다중우주에는 모든 가능한 수학적 구조가 종합 메뉴판에 올라와 있다. 4단계에서 하나의 우주에 적용되는 뉴턴의 법칙은 다른 우주의 뉴턴의 법칙과 완전히 딴판이다.

예를 들어 어떤 우주에서는 중력이 질량과 무관할 수도 있고, 시간이 흐름에 따라 물리계가 점점 질서 정연해지는 우주도 있을 수 있다. 정말로 이상한 곳이다. 이런 우주에서는 모든 사건이 거꾸로 재생한 동영상처럼 진행된다. 오믈렛이 저절로 분해되어 달걀과 치즈 덩어리로 변하고, 바닥에 흩어진 유리 조각들이 스스로 테이블 위로 튀어 올라와서 말끔한 유리잔으로 조립된다.

우리는 지금까지 할 만큼 했다. 그러나 4단계 다중우주에 담긴 온갖 비밀과 미스터리는 물리학뿐만 아니라 철학의 한계까지 넘어서 있기에 이해는커녕 비슷한 비유조차 들 수 없다. 그러니 이쯤에서 우리의 여정에 마침표를 찍기로 하자.

이게 정말 과학일까

우주의 비밀을 풀기에 인간의 두뇌는 너무 작고, 수명은 찰나에 불과하다. 이런 악조건 속에서 우주를 이해하려다 보니 이론물리학으로는 힘에 부쳐서 가끔은 철학자에게 바통을 넘길 때도 있다. 놀랍게도 다중우주의 역사는 14세기까지 거슬러 올라간다. 당시 영국의 철학자이자 신학자였던 윌리엄 오컴 William of Ockham은 후대에 길이 전해질 명언을 남겼다. "다중성은 확실한 근거가 있을 때만 도입해야 한다." 물론 이 말은 영어가 아닌 라틴어로 기록되었는데, 원문은 "Pluralitas non est ponenda sine necessitate"이다. 오컴이 현대에 살았다면 그는 분명히 'KISS 원리'의 창시자가 되었을 것이다. "Keep It Simple, Stupid!(단순한 게 답인 거야, 이 멍청아!)" 흔히 오컴의 면도날 Ockham's razor로 알려진 그의 주장은 복잡한 논리의 진위 여부를 판단할 때 중요한 가이드라인을 제공해준다.

우리가 너무 멀리 온 것일까? 가정을 지나치게 남발했을까? 우리가 너무 현학적인 사고에 빠진 건 아닐까? 앞에서 언급한 네 가지 다중우주는 이론과 상상의 산물일 뿐, 직접 소통은 원리적으로 불가능하다. 모름지기 과학이란 실험과 관찰을 통해 검증 가능해야 하는데, 절대로 검증할 수 없는 다중우주를 과연 과학이라 할 수 있을까?

솔직히 말해서 사실이 그렇다. 다중우주의 단계가 높아질수록 우리의 지식은 점점 더 빈약해진다.

다중우주를 비판하는 사람들의 논리도 이와 비슷하다. 최신 버전의 입자물리학을 동원해도 다른 우주에 대해 내린 예측을 검증할 길이 없으니 태생적으로 과학이 될 수 없다는 것이다. 반면에 지지자들은 이미 검증된 양자역학과 인플레이션이론이 다중우주를 뒷받침한다며 간접적

▶ 완벽한 침묵 속에서 장엄하게 펼쳐지는 하늘의 축제. 숨 막히게 바쁜 일상에서 잠시라도 벗어나 가끔은 고개를 들어 하늘을 바라보자.

> **새들을 위하여**
>
> "과학철학이 과학에 유용한 정도는 조류학이 새들에게 유용한 정도와 비슷하다."
>
> _미국의 물리학자 리처드 파인먼의 어록 중에서

타당성을 주장하고 있다.

여기서 한 가지 짚고 넘어갈 것은 이론이 수용되기 전에 모든 예측이 검증될 필요는 없다는 점이다. 1920년대에 물리학자들은 아인슈타인의 일반상대성이론을 사실로 받아들였지만, 실험(또는 관측)으로 검증된 사례는 단 두 건뿐이었다(수성의 근일점이 이동하는 현상과 태양의 중력 때문에 별빛이 휘어지는 정도가 일반상대성이론의 예측과 정확하게 일치했다). 또한 블랙홀이 존재한다는 것과 중력에 의한 적색편이 등 오늘날 정설로 자리 잡은 여러 이론도 처음 제기된 후로 수십 년 동안 정식 이론으로 인정받지 못했다.

역시 이론물리학자는 똑똑한 사람들이다. 그들은 관측 가능한 우주에서 다른 우주의 존재를 입증하는 방법을 하나둘씩 찾아내기 시작했다. 예를 들어 우리 우주가 머나먼 과거에 다른 우주와 충돌 사고를 겪었다면 그 흔적이 우주마이크로파 배경복사에 남아 있을지도 모른다. 참으로 대담하면서도 황당한 가설이지만, 그들은 지금도 천문학자들을 닦달하면서 열심히 하늘을 뒤지고 있다.

다른 우주는 고사하고, 우리 우주에도 아직 풀리지 않은 문제가 사방에 널려 있다. 친애하는 독자들이 우주에 계속 관심을 갖고, 질문을 던져주기를 간절히 바란다. 100년도 안 되는 짧은 삶에서 우리에게 어울리는 목표란 답을 찾는 것이 아니라 과거에 상상조차 할 수 없었던 질문을 찾아서 체계화하는 것이다. 이 과정에서 자신만의 우주관을 확립하는 것도 중요하지만, 나는 당신에게 진심으로 권하고 싶다.

"틈날 때마다 하늘을 바라보라고……."

눈부시게 빛나는 우리은하 중심부의 모습

감사의 글

내셔널지오그래픽북스National Geographic Books의 편집자 및 디자이너들과 함께 일하게 된 것을 진심으로 기쁘게 생각한다.

나를 포함하여 책을 쓰는 사람들은 자신이 어렵게 구상한 도서 기획안에 출판사가 칼을 들이대는 것을 별로 좋아하지 않는다. 겉으로 내색하진 않지만, 혹여 이런 일이 벌어질까 봐 글을 쓰는 내내 마음이 편치 않다. 그러나 내셔널지오그래픽 사람들은 굳이 내가 투덜대지 않아도 자신이 무슨 일을 해야 할지 정확하게 알고 있었다. 그들은 작가의 의도를 언어로 바꾸고, 작가가 하는 말의 의미를 파악하는 데 완전 도사들이었다. 더욱 중요한 것은 그들의 창의력과 빼어난 디자인 덕분에 책의 완성도가 상상을 초월할 정도로 높아졌다는 점이다. 바로 이것이 협동의 위력이자 내셔널지오그래픽의 전통이다.

특히 총괄 편집자 힐러리 블랙Hilary Black과 수석 편집자 수전 히치콕Susan Hitchcock 그리고 부편집자 모리아 페티Moriah Petty는 전 과정에 걸쳐 우리의 집필을 지원하면서 책의 방향이 '스타 토크' 브랜드 콘텐츠와 조화를 이루도록 이끌어주었다. 또한 교열 담당자 헤더 맥엘웨인Heather McElwain과 선임 프로덕션 편집자 주디스 클라인Judith Klein, 매니징 편집자 제니퍼 손턴Jennifer Thornton은 대화체 스타일의 글이 문학적 기준에서 크게 벗어나지 않도록 세심하게 다듬어주었다. 그리고 책의 홍보를 담당한 멜리사 패리스Melissa Farris, 아트 디렉터인 사나 아카크Sanaa Akkach, 촬영을 담당한 수전 블레어Susan Blair, 사진 편집을 맡은 에이드리언 코클리Adrian Coakley는 내셔널지오그래픽의 전통을 충실하게 이어받아 우주를 지구로 가져오는 대업을 훌륭하게 완수했다. 이들 모두에게 진심으로 깊은 감사를 전한다.

역자 후기

눈에서 멀어지면 마음에서도 멀어진다. 영어로는 'Out of sight, out of mind'이고 '거자일소去者日疎'라는 한자 성어도 있다. 사람에게만 적용되는 말이 아니다. 제아무리 소중하고 친밀했던 대상도 눈에 자주 띄지 않으면 잊히기 마련이다. 사실 이것은 마음이 변해서가 아니라 상실감을 극복하거나 주어진 상황에 적응하기 위해 자동으로 발현되는 심리적 방어기제 중 하나다. 가만히 있어도 이 원리에 따라 잊힐 텐데 우리는 그 기간을 줄이기 위해 대체물을 찾는다. 가까운 친구와 헤어지면 새 친구를 찾고, 커피포트가 망가지면 커피머신을 들여놓는 식이다. 그래도 마땅한 대체물이 없으면 서서히 잊고, 세월이 흐르면 그것을 잊었다는 사실조차 잊어버린다.

대체할 만한 대상을 적극적으로 찾지 않았다는 것은 그것이 없어도 사는 데 별 지장이 없다는 뜻이다. 나는 그 대표적 사례가 '하늘'이 아닐까 생각한다. 뭉게구름이 두둥실 떠가는 대낮의 하늘이 아니라, 촘촘하게 박힌 별들이 금방이라도 쏟아져 내릴 것 같은 밤하늘을 말하는 거다. 태곳적 이야기를 꺼내서 미안하지만, 나는 어렸을 때 서울에서 살았음에도 불구하고 매일 밤 집 앞 평상에 누워서 하늘을 올려다보며 학교에서 배운 별자리를 찾아보곤 했다. 감수성? 그런 거랑 상관없다. 그 많은 별이 매일 밤마다 자기 좀 봐달라고, 오리온자리가 어디 숨었는지 찾아보라고 그토록 들이대고 있으니 외면하는 게 더 어려울 지경이었다. 그러나 흐르는 세월과 함께 대기 품질이 떨어지고 조명 사용량이 폭증하면서 별들이 하나둘씩 자취를 감추더니, 어느새 밤하늘에는 달과 천랑성(시리우스) 그리고 가까운 행성 몇 개만 남았다. 눈에 보이지 않으니 생각할 일도 없고, 머릿속에 떠올리지 않으니 '감성 유발 목록'에서도 삭제된 지 오래다. 이렇게 별은 우리 삶에서 사라졌다.

그러나 아이러니하게도 하늘의 불이 하나둘씩 꺼져가는 동안, 하늘을 관측하는 '눈'의 시력은 비약적으로 높아졌다. 소수의 과학자들이 망원경을 대기권 바깥으로 띄우거나 다른 행성으로 탐사선을 보내서 정보를 수집해온 덕분이다. 게다가 가시광선에만 의존해왔던 관측이 적외선과 중력파 영역으로 확장되면서 '알고 싶었던 것known unknown'뿐만 아니라 '내가 모르는지조차 몰랐던 것unknown unknown'까지 알게 되었다. 일반 대중이 별에서 멀어지는 사이에 상아탑 속의 천문학은 천체물리학과 우주론으로 업그레이드되어 최고의 전성기를 구가하는 중이다. 물리학의 대세가 눈에 보이는 것만 연구해왔던 고전물리학에서 보이지 않는 영역을 주무르는 양자물리학으로 옮겨간 것처럼, 이제는 천문학의 연구 대상도 보이는 것에서 보이지 않는 것으로 옮겨간 듯한 느낌이 든다.

1970년대에 칼 세이건Carl Sagan이라는 슈퍼스타 덕분에 한때 천문학이 핫 이슈로 떠오른 적이 있다. 그 무렵에 출간된《코스모스》는 지금도 천문학뿐만 아니라 과학 전체를 통틀어 최고의 베스트셀러 반열에 올라 있다. 그러나 지금은 관련 정보가 인터넷을 통해 훨씬 많이 배포되었음에도 불구하고 천문학의 인기가 예전 같지 않다. 그래도 대중매체에서 천문학 관련 콘텐츠를 심심치 않게 접할 수 있는 것은 이 책의 저자인 닐 디그래스 타이슨과 제임스 트레필처럼 대중화에 힘쓰는 천문학자들이 있기 때문이다.

천문학은 '왜Why?'가 아닌 '어떻게How?'를 연구하는 과학이다. '우주는 왜 존재하게 되었는가?' '생명은 왜 태어났는가?'라는 질문을 파고들다 보면 결국 철학자나 신학자를 찾아가야 하지만, 단어 하나만 바꿔서 "우주는 어떻게 존재하게 되었는가?" "생명은 어떻게 태어났는가?"라고 물으면 천문학만으로 꽤 그럴듯한 답을 구할 수 있다. 우주는 빅뱅에서 출발하여 아주 짧은 시간 동안 엄청난 규모로 팽창하는 인플레이션을 겪었고, 온도가 어느 정도 식었을 때 원자가 형성되어 우리가 아는 물질이 등장했으며, 이들이 중력으로 뭉쳐서 별과 은하, 행성이 만들어졌다. 그리고 (우리가 아는) 생명체의 씨앗은 성공할 확률이 거의 0에 가까운 화학 반응이 무한에 가깝게 반복되는 와중에 탄생한 후, 운석에 실려 지구로 배달되었다. 확률이 낮은 대신 시행 횟수가 충분히 많았으니 생명체가 탄생한 것은 기적이나 운명이 아니라 주어진 법칙에 따라 가장 자연스러운 길을 따라간 결과일 뿐이다.

오랜만에 타이슨의 담백하고 위트 넘치는 글을 접하니 오랜 친구와 재회한 듯 반갑기 그지없다. 그의 설명을 듣다 보면 평소 잊고 살았던 별과 은하가 주마등처럼 떠오르면서 우주에서 '나'의 위치가 분명하게 그려진다. 우리는 우주의 중심도 아니고 태초부터 자리를 지켜온 터줏대감도 아니지만, 우주가 낳은 삼라만상 중 자신의 근원을 궁금하게 여기면서 우주의 역사를 추적하는 유일한 존재다. 아직은 여러모로 미숙하고 서툴지만 이 정도면 우주의 일원이 될 자격은 충분하다고 본다.

사족: TV 토크쇼에서 타이슨이 했던 말 중 특히 기억에 남는 것이 있다.

"외계인을 봤다고요? 그들에게 납치돼서 생체 실험을 당했다고요? 다 좋습니다. 그런데요. 제발 부탁 하나만 합시다. 다음에 외계인을 만나면 그들과 헤어질 때 그들이 사용하는 물건 아무거나 하나만 슬쩍 훔쳐 오세요. 연필이나 종이도 좋고, 쓰레기통을 뒤져도 좋습니다. 이게 뭐 그리 어려운 일이라고 매번 빈손으로 오는 겁니까?"

함께 읽으면 좋을 이야기

제1장. 우주에서 우리의 위치는 어디일까?

Koestler, Arthur. *The Sleepwalkers: A History of Man's Changing Vision of the Universe*. Penguin, 1990.

Sobel, Dava. *Glass Universe: How the Ladies of the Harvard Observatory Took the Measure of the Stars*. Viking, 2016.

Tyson, Neil deGrasse. "Stick-in-the-Mud Science." *Natural History* 112, no. 2 (2003): 32+.

Webb, Stephen. *Measuring the Universe: The Cosmological Distance Ladder*. Springer-Praxis, 1999.

제2장. 지금 알려진 사실들은 어떻게 발견되었을까?

Hawkins, Gerald, and John B. White. *Stonehenge Decoded*. Hippocrene Books, 1988.

Levin, Janna. *Black Hole Blues and Other Songs from Outer Space*. Knopf, 2016.

Magli, Giulio. *Archaeoastronomy: Introduction to the Science of Stars and Stones*. Springer, 2016.

Selin, Helaine, ed. *Astronomy Across Cultures: The History of Non-Western Astronomy*. Springer, 2000.

제3장. 우주는 왜 지금처럼 진화했을까?

Randall, Lisa. *Dark Matter and the Dinosaurs: The Astounding Interconnectedness of the Universe*. HarperCollins, 2015. 리사 랜들, 김명남 옮김, 《암흑 물질과 공룡》(사이언스북스, 2016).

Rubin, Vera. *Bright Galaxies, Dark Matters*. Springer-Verlag, 1996.

Stern, Alan, and David Grinspoon. *Chasing New Horizons: Inside the Epic First Mission to Pluto*. Picador, 2018. 앨런 스턴·데이비드 그린스푼, 김승욱 옮김, 《뉴호라이즌스, 새로운 지평을 향한 여정》(푸른숲, 2020).

Stern, S. A., et al. "Overview of Initial Results from the Reconnaissance Flyby of a

Kuiper Belt Planetesimal: 2014 MU₆₉." Available online at arxiv.org/pdf/1901.02578.pdf.

Tyson, Neil deGrasse, and Donald Goldsmith. *Origins: Fourteen Billion Years of Cosmic Evolution*. W. W. Norton, 2004. 닐 디그래스 타이슨·도널드 골드스미스, 곽영직 옮김, 《오리진》(사이언스북스, 2018)

Williams, Jonathan P., and Lucas A. Cieza. "Protoplanetary Disks and their Evolution." *Annual Review of Astronomy and Astrophysics* 49, no. 1 (2011): 67–117.

제4장. 우주의 나이는 몇 살일까?

Balbi, Amedeo. *The Music of the Big Bang: The Cosmic Microwave Background and the New Cosmology*. Springer, 2008.

Guth, Alan. *The Inflationary Universe: The Quest for a New Theory of Cosmic Origins*. Basic Books, 1988.

Riess, Adam G., et al. "Observational Evidence from Supernovae for an Accelerating Universe and a Cosmological Constant." Available online at iopscience.iop.org/article/10.1086/300499/pdf.

제5장. 우주는 무엇으로 이루어져 있을까?

Bartusiak, Marcia. *Einstein's Unfinished Symphony: Listening to the Sounds of Space-Time*. Joseph Henry Press, 2000.

Feynman, Richard P., and Steven Weinberg. *Elementary Particles and the Laws of Physics: The 1986 Dirac Memorial Lectures*. Cambridge University Press, 1987.

Greene, Brian. *The Elegant Universe: Superstrings, Hidden Dimensions, and the Quest for the Ultimate Theory*. W. W. Norton, 2003. 브라이언 그린, 박병철 옮김, 《엘러건트 유니버스》(승산, 2002)

Riordan, Michael. *The Hunting of the Quark: A True Story of Modern Physics*. Simon & Schuster, 1987.

Tegmark, Max, and John Archibald Wheeler. "100 Years of Quantum Mysteries." Available online at space.mit.edu/home/tegmark/PDF/quantum.pdf.

제6장. 생명이란 무엇일까?

Bostrom, Nick. "Ethical Issues in Advanced Artificial Intelligence." Available online at www.fhi.ox.ac.uk/wp-content/uploads/ethical-issues-in-advanced-ai.pdf.

Dodd, Matthew S., et al. "Evidence for Early Life in Earth's Oldest Hydrothermal Vent Precipitates." *Nature* 543 (2017): 60–64.

Koshland, Daniel E., Jr. "The Seven Pillars of Life." *Science* 295, no. 5563 (2002): 2215–16. Available online at science.sciencemag.org/content/295/5563/2215/tab-pdf.

Kurzweil, Ray. *The Singularity Is Near: When Humans Transcend Biology*. Viking, 2005. 레이 커즈와일, 김명남·장시형 옮김, 《특이점이 온다》(김영사, 2007)

제7장. 우리는 우주에서 유일한 생명체일까?

Hand, Kevin Peter. *Alien Oceans: The Search for Life in the Depths of Space*. Princeton University Press, 2020. 케빈 피터 핸드, 조은영 옮김, 《우주의 바다로 간다면》(해나무, 2022)

McKay, Chris P. "What Is Life—and How Do We Search for It in Other Worlds?" *PLoS Biology* 2, no. 9 (2004): 260–63. Available online at www.ncbi.nlm.nih.gov/pmc/articles/PMC516796/pdf/pbio.0020302.pdf.

Scoles, Sarah. *Making Contact: Jill Tarter and the Search for Extraterrestrial Intelligence*. Pegasus Books, 2000.

Trefil, James, and Michael Summers. *Imagined Life: A Speculative Scientific Journey among the Exoplanets in Search of Intelligent Aliens, Ice Creatures, and Supergravity Animals*. Smithsonian Books, 2019.

제8장. 우주는 어떻게 시작되었을까?

Borissov, Guennadi. *The Story of Antimatter: Matter's Vanished Twin*. World Scientific Publishing, 2018.

Feynman, Richard. *QED: The Strange Theory of Light and Matter*. Princeton University Press, 1986.

Greenstein, George, and Arthur Zajonc. *The Quantum Challenge: Modern Research on the Foundations of Quantum Mechanics*. Jones & Bartlett Learning, 2005.

제9장. 우주는 어떻게 종말할까?

Levin, Janna, Evan Scannapieco, and Joseph Silk. "The Topology of the Universe: The Biggest Manifold of Them All." *Classical and Quantum Gravity* 15 (1998): 2689–98.

Oppenheimer, Clive. "Climatic, Environmental And Human Consequences of the Largest Known Historic Eruption: Tambora Volcano (Indonesia) 1815." *Progress in Physical Geography: Earth and Environment* 27, no. 2 (2003): 230–59.

Schmidt, Nikola, ed. *Planetary Defense: Global Collaboration for Defending Earth from*

Asteroids and Comets. Springer, 2019.

제10장. 모든 것과 무(無)는 어떤 관계일까?

Bojowald, Martin. "What Happened Before the Big Bang?" *Nature Physics* 3 (2007): 523–25. Available online at www.nature.com/articles/nphys654.pdf.

Tegmark, Max. "Parallel Universes." *Scientific American* (March 2003): 40–51. Available online at space.mit.edu/home/tegmark/PDF/multiverse_sciam.pdf.

Tegmark, Max, and Nick Bostrom. "Is a Doomsday Catastrophe Likely?" *Nature* 438 (2005): 754. Available online at www.nature.com/ articles/438754a.

그림 출처

2-3쪽	The SXS (Simulating eXtreme Spacetimes) Project
6쪽	Adam Woodworth/Cavan Images
10쪽	Steve Gschmeissner/Science Source
12쪽	Mary Evans Picture Library/Science Source
18-19쪽	NASA image optimized and enhanced by J Marshall—Tribaleye Images/Alamy Stock Photo
20쪽	Private Collection/Bridgeman Images
25쪽	J. B. Spector/Museum of Science and Industry, Chicago/Getty Images
26쪽	Private Collection/Bridgeman Images
28쪽	NASA/Bill Anders
30쪽	New York Public Library/Science Source
31쪽	Babak Tafreshi/National Geographic Image Collection
33쪽	Encyclopaedia Britannica/Universal Images Group via Getty Images
35쪽	NASA/JPL-Caltech/R. Hurt (IPAC)
39쪽	ESO/S. Brunier
41쪽	Schlesinger Library, Radcliffe Institute, Harvard University
43쪽	Image courtesy of the Observatories of the Carnegie Institution for Science Collection at the Huntington Library, San Marino, California
46쪽	NASA/JPL-Caltech/R. Hurt (SSC/Caltech)
49쪽	NASA, ESA, and S. Beckwith (STScI) and the HUDF Team
50-51쪽	Babak Tafreshi/National Geographic Image Collection
52쪽	akg-images/North Wind Picture Archives
54쪽	Richard T. Nowitz/National Geographic Image Collection
57쪽	NASA/JPL-Caltech/UCLA
58쪽	Smithsonian Libraries, Washington DC, USA/Bridgeman Images
60쪽	Charles Walker Collection/Alamy Stock Photo
61쪽	Biblioteca Nazionale Centrale, Florence, Italy/De Agostini Picture Library/Bridgeman Images
62쪽	Jean-Leon Huens/National Geographic Image Collection
65쪽	NASA/JPL/University of Arizona

67쪽	Craig P. Burrows
71쪽	New York Public Library/Science Source
73쪽	Liu Xu/Xinhua via Getty Images
79쪽	NASA/JPL-Caltech
81쪽	Christian Offenberg/Alamy Stock Photo
82쪽	NSF/LIGO/Sonoma State University/A. Simonnet
85쪽	Dave Yoder/National Geographic Image Collection
87쪽	NASA/MSFC/David Higginbotham/Emmett Given
89쪽	ESO/L. Calçada
90-91쪽	Moonrunner Design/National Geographic Image Collection
92쪽	SPL/Science Source
98쪽	Henning Dalhoff/Bonnier Publications/Science Source
100쪽	William Turner/Getty Images
104쪽	Courtesy Carnegie Institution for Science Department of Terrestrial Magnetism Archives
107쪽	NASA, ESA and M. Livio and the Hubble 20th Anniversary Team (STScI)
111쪽	NASA, ESA, J. Debes (STScI), H. Jang-Condell (University of Wyoming), A. Weinberger (Carnegie Institution of Washington), A. Roberge (Goddard Space Flight Center), G. Schneider (University of Arizona/Steward Observatory), and A. Feild (STScI/AURA)
114쪽	Lynette Cook/Science Source
118쪽	NASA/Johns Hopkins University Applied Physics Laboratory/Southwest Research Institute
120쪽	Detlev van Ravenswaay/Science Source
122-123쪽	Adolf Schaller for STScI
124쪽	Courtesy KIPAC. Simulation: John Wise, Tom Abel; Visualization: Ralf Kaehler
129쪽	NASA
131쪽	ESA and the Planck Collaboration
135쪽	David Parker/Science Source
137쪽	ESA-D. Ducros, 2013
138쪽	ESA/Gaia/DPAC
140쪽	David A. Hardy/Science Source
142쪽	NASA's Goddard Space Flight Center
147쪽	Maximilien Brice, CERN/Science Source
151쪽	Ken Eward
154-155쪽	Pasieka/Science Source
156쪽	NASA, ESA and H. Bond (STScI)
160쪽	aluxum/Getty Images
168쪽	David Parker/Science Source
170쪽	Jose Antonio Penas/Science Source
173쪽	Science & Society Picture Library/Getty Images

175쪽	NYPL/Science Source
176쪽	David Parker/Science Source
180쪽	Science & Society Picture Library/Getty Images
182쪽	Courtesy of Particle Fever
186-187쪽	IKELOS GmbH/Dr. Christopher B. Jackson/Science Source
188쪽	The Picture Art Collection/Alamy Stock Photo
192쪽	Roger Ressmeyer/Corbis/VCG via Getty Images
194쪽	Lynette Cook/Science Source
197쪽	NASA Photo/Alamy Stock Photo
198쪽	Keith Chambers/Science Source
201쪽	Steve Gschmeissner/Science Source
204쪽	Greg Lecoeur/National Geographic Image Collection
208쪽	Philippe Psaila/Science Source
211쪽	Mark Garlick/Science Source
213쪽	Eye of Science/Science Source
215쪽	NOAA Okeanos Explorer Program/Science Source
216-217쪽	Babak Tafreshi/National Geographic Image Collection
218쪽	NASA/JPL-Caltech
222쪽	NASA/JPL-Caltech
224쪽	Moviestore Collection Ltd/Alamy Stock Photo
225쪽	Lowell Observatory Archives
227쪽	ESA/DLR/FU Berlin
228쪽	Dr. Seth Shostak/Science Source
230쪽	Zoediak/Getty Images
231쪽	NASA/JPL-Caltech/MSSS
232쪽	Chris Butler/Science Source
234쪽	Frans Lanting/MINT Images/Science Source
238쪽	Courtesy of Lucasfilm Ltd. STAR WARS© &™ Lucasfilm Ltd.
241쪽	Courtesy of the Ohio History Connection, #AL07146
243쪽	NASA/JPL-Caltech
247쪽	Bettmann/Getty Images
250쪽	Mark Garlick/Science Source
252쪽	Lynette Cook/Science Source
254-255쪽	agsandrew/Shutterstock
256쪽	Illustris Collaboration via ESO
258쪽	Henning Dalhoff/Bonnier Publications/Science Source
260쪽	Keystone-France Gamma-Rapho via Getty Images
267쪽	Richard Kail/ Science Source
271쪽	CERN, Maximilien Brice and Julien Marius Ordan/ Science Source
273쪽	AIP Emilio Segrè Visual Archives, Margrethe Bohr Collection/Science Source

276쪽	Carol and Mike Werner/Science Source
280쪽	NASA, ESA, N. Smith (University of California, Berkeley), and The Hubble Heritage Team (STScI/AURA)
282-283쪽	Mark Stevenson/Stocktrek Images/Science Source
284쪽	Detlev van Ravenswaay/Science Source
289쪽	Charles Preppernau; C. R. Scotese PALEOMAP Project
291쪽	Neil deGrasse Tyson
292쪽	Michael Nichols/National Geographic Image Collection
296쪽	Alan Copson/Jon Arnold Images Ltd/Alamy Stock Photo
301쪽	Spencer Sutton/Science Source
304쪽	Robert Clark/National Geographic Image Collection
307쪽	Tomasz Dabrowski/Stocktrek Images/National Geographic Image Collection
311쪽	Paul Zizka/Cavan Images
313쪽	Mikkel Juul Jensen/Science Source
314-315쪽	Dr. Dieter Willasch (astro-cabinet.com)
316쪽	Fermilab
320쪽	Private Collection/ Bridgeman Images
322쪽	James King-Holmes/Science Source
325쪽	AP Photo/John Raoux
329쪽	Jen Stark/"Abyss" (detail), 2011, acid-free hand-cut paper, wood, acid-free foam-core, glue, light, 20 x 20 x 33 in
330쪽	NASA photo edited by Stuart Rankin
333쪽	Detlev van Ravenswaay/ Science Source
336쪽	Tim Laman/NPL/Minden Pictures
340쪽	Philip Hart/Stocktrek Images/National Geographic Image Collection
343쪽	Paranyu Pithayarungsarit/Getty Images
346-347쪽	NASA, ESA, and T. Brown (STScI), W. Clarkson (University of Michigan-Dearborn), and A. Calamida and K. Sahu (STScI)

찾아보기

ㄱ

가상입자 263~266, 280, 319, 321
가시광선 66~70, 76, 84, 86, 93, 103, 126, 351
가이아 위성 137, 138, 298
가짜 진공 326~328, 332~334
가짜 진공의 에너지 328
간섭계 25
갈릴레오 우주선 78
갈릴레이, 갈릴레오 38, 61~66
감마선 72, 172, 261, 275, 276
강력(강한 핵력) 260, 261, 264, 265, 271, 272, 278~280
개기일식 340
거대 관측 프로젝트 85
거대 화성암 지역 293
거대얼음행성 112, 117
거스, 앨런 132, 133
거품우주 338, 339
겔만, 머리 178
고대 그리스 23, 25, 27, 305
고리양자중력 185
고천문학 53~55
고해상도 전파관측망원경배열(ALMA) 84, 85
골디락스 존 245
광역 자외선 탐사 위성 56
광자 97, 182, 264, 301
국부은하군 151, 152, 313
국제선형충돌기(ILC) 174
국제우주정거장(ISS) 19, 174, 330

국제천문연맹(IAU) 117
균질성 문제 131
그랜드택가설 116
극한 미생물 212, 213
글루온 182, 183, 264, 269
금성 27, 63, 67, 68, 112, 115, 224, 244, 285, 286, 288, 289, 312
기묘도 183
기묘쿼크 178, 183
기상학 165
기하학 33, 35, 36, 300, 301
기화 99, 112, 113, 288
꼭대기쿼크 183
끈이론 183~185

ㄴ

나선성운 43, 44, 47
나폴레옹 1세 109, 110
노이만, 요한 폰 209
뉴턴, 아이작 21~24, 48, 77, 262, 319, 326, 332, 335, 341
뉴턴의 법칙 77, 335, 341
뉴트리노 79, 80, 181, 259, 303

ㄷ

다윈, 찰스 48, 200
다이슨 구 250, 252, 253
다이슨, 프리먼 250
다중세계가설 340

다중우주가설 332
달 22, 23, 27~29, 36, 53, 58, 59, 61~63,
  67, 77, 86, 88, 118, 144, 145, 194, 200,
  224, 225, 230, 285
대통일이론 266
대형강입자충돌기(LHC) 146, 174, 176,
  272, 322
데카르트, 르네 24
데칸 트랩 293
도플러 효과 96
도플러, 크리스티안 96
돌연변이 199, 200
돌턴, 존 164, 165, 167, 169, 178, 180
동결선 112, 113, 116
동물원 가설 248
드레이크 방정식 235~237, 242
드레이크, 프랭크 235, 242, 247
딕, 토머스 224, 225
떠돌이행성 45, 115, 118, 230

ㄹ

라그랑주 점 76, 77, 87
라그랑주, 조제프 루이 161
라부아지에, 마리안 159
라부아지에, 앙투안 159, 161
라비, 이지도어 171
라플라스, 피에르 시몽 마르키스 드 109,
  110
러더퍼드, 어니스트 167, 169, 170
럭스 실험 150
레버, 그로트 70
레빗, 헨리에타 40~42, 44, 46, 93, 138
레이저간섭계우주안테나(LISA) 88
레이저간섭계중력파관측소(LIGO) 81~83,
  88
렙톤(경입자) 181, 259, 261, 271, 273, 261
로런스, 어니스트 173, 175, 176
로봇 207~209
로스앨러모스국립연구소 246

로웰, 퍼시벌 225
로제타 미션 195
루빈, 베라 103, 104, 148, 149
루크레티우스 321
리빙스턴, 밀턴 스탠리 175
리스, 애덤 141, 146
리퍼세이, 한스 62

ㅁ

마우나케아천문대 84, 119
마이컬슨, 앨버트 24
마이크로파 84, 127~130, 242
마케마케 119, 120
만물의 이론 185
맥동성 71
맥스웰, 제임스 68, 69
맵시쿼크 178, 183, 259, 269, 270
메디신 휠 56
메디치 위성 64
메손 172, 180, 181
메테오르 크레이터 294, 297
멘델레예프, 드미트리 164, 166
명왕성 78, 117~119
모조 생명체 205, 212
목성 27, 63~65, 78, 112, 113, 115, 116,
  118, 219, 225, 229, 245, 294
목성 탐사 프로젝트 갈릴레오 계획 65
목성형행성 112, 113, 115, 118
몰리, 에드워드 24
무어, 고든 205
무어의 법칙 205, 206
물질의 최소 단위 165, 170
미세조정문제 334, 335, 339
미스틱 마운틴 106
미토콘드리아 205
밀러, 스탠리 191, 192, 196
밀코메다 298

ㅂ

바닥쿼크 179, 183
바리온 181, 259, 269
바리온 물질 302
바이스코프, 빅터 264
반물질 171, 275, 276, 278
반물질 문제 275
방사성 붕괴 169, 261
방패자리-센타우루스자리 팔 46
배수비례법칙 160
백색왜성 108, 139, 140, 287, 290, 306, 310, 313
밸러드, 로버트 214
뱀주인자리 140
벨전화연구소 70, 127
별 23, 30, 34, 36~38, 40~46, 48, 51, 53, 56, 58~60, 66, 67, 73~76, 88, 96, 98, 100~103, 105, 106, 108~112, 115, 123, 137~139, 148, 152, 162~164, 181, 223, 229, 230, 236, 237, 240, 245, 250, 251, 252, 258, 276, 279~281, 285, 286, 297~299, 302, 306, 308, 310, 312, 313, 335, 339
별의 밝기 41, 137
별의 수명 109, 163
별의 시차 36, 138
보손 177
보스트롬, 닉 207
보어, 닐스 273
복사에너지(복사선) 102, 126, 278
분광기 75
분젠, 로베르트 74, 75
불확정성 원리 206, 262, 263, 319, 321, 323, 332
브라헤, 튀코 56, 58~60
블랙홀 2, 83, 109, 207, 302, 310, 312, 344
빅 립 308, 313
빅 바운스 306, 334, 335, 338
빅 크런치 306, 313
빅뱅 94~101, 105, 106, 108, 128~131, 133, 141, 162, 257, 258, 261, 265, 266, 268, 270~274, 277~279, 281, 287, 306, 313, 326~331, 333~335, 352
빅뱅이론 95, 101, 129
빅이어전파망원경 240, 241

ㅅ

사이클로트론 173, 175, 176, 247
상전이 96, 97, 99, 100, 133
생명의 진화 193, 205
생물의 다양성 200
섀플리, 할로 42, 44
성 아우구스티누스 328
성운 43, 112
성운가설 109, 110
세페이드 변광성 41, 42, 44, 47, 138
세포소기관 205
소립자 177, 257, 265, 312
소행성 78, 116, 120, 193, 196, 204, 237, 240, 283, 294, 295, 297~299, 302
수성 27, 29, 36, 112, 114, 115, 285, 286, 289, 312, 344
슈밋, 브라이언 141
스타더스트 미션 194
스톤헨지 54, 55
스트로마톨라이트 234
스펜서, 허버트 200
스피처, 라이먼 85
스피처우주망원경 46, 85
슬론 디지털 스카이 서베이(SDSS) 47, 151
승화 99
시간과 에너지 사이의 불확정성 262
시베리아 트랩 293
시차 34~38, 40, 42, 138
싱크로사이클로트론 175, 247
싱크로트론 173, 174
쌍둥이 보이저호 78

ㅇ

아래쿼크 178, 181, 182
아로코스 78, 119
아리스타르코스 58
아리스토텔레스 21~24, 27, 63, 317, 319, 320
아미노산 191, 193~195
아원자입자 91, 260
아이스큐브(뉴트리노 검출기) 80
아인슈타인, 알베르트 25, 81, 82, 108, 144, 272, 280, 303, 305, 344
아인슈타인의 실수 305
아인슈타인의 실패한 연구 272
아폴로 8호 28
안드로메다성운 44
안드로메다은하 44, 298, 310
암흑물질 80, 93, 103~106, 134, 141, 142, 148~150, 258, 278, 279, 298~300, 302~304, 306
암흑물질의 3차원 분포도 93
암흑물질의 구성 성분 303
암흑물질의 밀도 306
암흑물질의 양 300
암흑물질의 정체 105, 149, 303
암흑물질의 중력 298
암흑물질의 증거 149
암흑물질입자 150
암흑에너지 42, 80, 134, 139, 141, 142, 146, 149, 300, 303~306, 308, 312, 313, 326, 327
암흑에너지의 발견 141
암흑에너지의 양 300, 308
암흑에너지의 정체 303, 305
암흑에너지의 후보 304
암흑중력 149, 303
액화 99, 210, 290
앨런망원경 228
약력(약한 핵력) 259, 261, 264, 265, 271, 272, 278, 280
약전자기력 271, 274, 278, 279

양의 에너지 322, 323
양자역학 262, 264, 265, 273, 274, 280, 287, 304, 319, 323, 332, 334, 342
양자적 얽힘 206
양자진공 320, 321, 326, 330, 333
양자컴퓨터 206
에너지 41, 42, 67, 72, 76, 94, 99, 102, 108, 149, 162, 163, 171, 173, 174, 179, 185, 190, 205, 230, 250~252, 261~263, 269, 270, 273, 275, 285~287, 297, 302~305, 318, 320, 322~324, 327, 338, 339
에너지 스펙트럼 275
에너지보존법칙 321
에너지의 흐름 190
에라토스테네스 32~34
에리스 119, 120
에먼, 제리 240, 241
에테르 24, 25, 146
엔켈라두스 118
역행 29, 271
연금술 159
연성계 139
열수분출공 213, 215
열에너지 127, 191, 295
열역학 제2법칙 190
열핵반응 139
열핵융합 106
옐로스톤국립공원 212, 291, 292
오가네손 163, 164
오가네시언, 유리 164
오르트 구름 120, 195
오컴, 윌리엄 342
오컴의 면도날 342
온도 67, 68, 74, 95~100, 106, 109, 112, 113, 126~128, 130, 131, 133, 136, 145, 162, 190, 210, 212, 215, 221, 257, 265, 275, 278, 285, 289, 309, 312, 352
올트먼, 시드니 196
와우 시그널 240, 241
완보동물 213, 214

외계 생명 탐사 232
외계 생명체 27, 49, 78, 213, 214, 221, 223, 227~229, 233, 235, 242, 245, 249, 288
외계 지성 탐사 232, 241, 242, 249
외계사회학 236, 238
외계인 54, 55, 71, 72, 74, 201, 219, 220, 224, 225, 229, 233, 235~237, 241, 246, 248, 249
외계행성 27, 49, 75, 86, 88, 189, 209, 219, 222, 239, 245, 286
요한 바오로 2세 64
용골자리성운 280
우아한 탈출 문제 328
우주 거리 사다리 34, 40, 42, 46, 136~139, 141, 142, 298
우주 천문대 83, 85
우주마이크로파 배경복사 102, 126, 129~131, 133, 134, 136, 141, 142, 144, 146, 258, 278, 279, 301, 344
우주망원경 40
우주배경복사와 은하의 분포지도 134, 136
우주배경복사의 온도 차이 133
우주배경복사의 온도 분포 130
우주상수 303, 305
우주선 171, 173
우주에서 은하수의 위치 45
우주에서 지구의 위치 45
우주의 구성 성분(구성 요소) 157, 158, 161, 170, 185, 317
우주의 구조 137, 153, 185
우주의 기원 130, 257, 321, 322, 332
우주의 기하학적 구조 299
우주의 나이 48, 95, 125~127, 132, 134, 136, 137, 139, 142, 145, 146, 258, 265, 327
우주의 미래 300, 306
우주의 섬(은하) 44, 47
우주의 성분 비율 302
우주의 수명 321, 327
우주의 시간지도 309

우주의 역사 93, 96, 98, 106, 233, 257, 265, 277, 287, 352
우주의 온도 98, 257
우주의 종말 285, 301, 309
우주의 중심 21, 23, 27, 29, 42, 45, 48, 63, 94
우주의 진화 113, 116
우주의 총 질량 302
우주의 최소 단위 259
우주의 크기 95, 127, 131, 133, 148~150
우주의 팽창 과정 95
우주의 팽창 속도 140, 303, 312
우주의 형성 과정 150
우주팽창 42, 297, 305, 306, 312
우주팽창설 93, 95, 305
운동에너지 97, 127, 295, 327
운석 193, 194, 196, 232, 295, 297, 352
운석공 294, 295, 297
원소 21, 45, 75, 98, 108, 159, 160, 162~166, 180, 182, 193, 221, 229, 242, 305
원시 지구의 화학반응 191
원시행성원반 88, 110, 112, 114, 116
원자 68, 80, 98, 100~104, 106, 127, 130, 131, 134, 148, 163~167, 169~172, 178, 179, 207, 220, 227, 246, 257, 258, 262, 265, 269~271, 278, 279, 281, 286, 308, 335
원자의 속도 102
원자의 질량 169, 170
원자의 크기 167
웰스, 허버트 조지 224
위성 63~65, 76, 78, 88, 118, 120, 210, 219, 221, 226, 229, 237, 245, 252, 299
위쿼크 178, 181, 182
윌슨, 로버트 127~130, 144
윌슨산천문대 43, 44
유럽우주국(ESA) 77, 86~88, 136~138, 195, 214, 298
유럽입자물리연구소(CERN) 144, 146, 177,

271, 318
유로파 64, 78, 219, 225, 245
유리, 해럴드 191, 192, 196
유카와 히데키 263
융해 99
은하 36, 40, 42~49, 72, 86, 93, 94,
　　100~103, 105, 106, 115, 125, 134, 136,
　　138~140, 148~152, 209, 223, 236~238,
　　247, 251, 252, 258, 276, 279, 286,
　　297~300, 303, 308, 310, 312, 313, 321
은하 충돌 시나리오 298
은하 평면 138
은하단 148, 276, 303
은하수 40, 42~46, 70, 93, 112, 113, 138,
　　148, 150~152, 287, 298, 313
은하수와 안드로메다의 충돌 사건 298
은하수의 폭 42
은하의 3차원 지도 47
은하의 나이 236
은하의 속도 94, 298
은하의 적색편이 47, 93, 151
은하의 중력장 115
은하의 중심 42
음의 에너지 322, 323
음파 24, 134
음향진동 134
인플레이션 132~134, 136, 270, 278, 313,
　　327, 328, 331, 333, 334, 339
인플레이션 시나리오 327
인플레이션 우주 132
인플레이션이론 132, 133, 328, 331, 332,
　　342
일반상대성이론 81, 274, 281, 303, 340,
　　344
일식 26, 28, 29
입자가속기 172~174, 184, 247, 259, 272
입자물리학 133, 177, 179, 257, 259, 342

ㅈ

자연선택 189, 199~201
잰스키, 카를 70, 71
적색거성 140, 285, 286, 289, 306, 310, 312
적색왜성 111
적색편이 47, 86, 93, 150~152, 344
적외선 67, 68, 86, 126, 127, 261
전기에너지 190
전자기력 259, 264, 265, 269, 271, 272,
　　274, 278, 280
전자기파 67~69, 72, 79, 103, 126~128,
　　130, 134, 234, 257, 261, 303
전자기파 스펙트럼 66, 72, 85
전천탐사 243
전파 68~72, 76, 84, 85, 235, 238, 243, 261
전파망원경 70~72, 85, 104, 235, 240, 242
절대온도 0K 126, 127
제임스웹우주망원경 77, 86, 87
조석고정행성 200
종말 시나리오 249, 306, 327
주기율표 162, 164, 166, 182, 220, 221
주전원 26, 29, 30
중력 21, 22, 27, 76, 77, 100, 102~109,
　　113, 116, 117, 134, 139, 140, 148~150,
　　162, 163, 245, 258, 259, 265, 269, 271,
　　272, 274, 278~280, 285~287, 289, 294,
　　297~300, 303, 305, 306, 308, 310, 323,
　　324, 334, 335, 338, 340, 341, 344
중력 위치에너지 323
중력렌즈효과 303
중력의 근원 24
중력의 세기 105, 334
중력자 265
중력파 79, 81~83
중성자별 82, 108
증착 99, 100
지구 11, 13, 21~30, 32~34, 36~40,
　　42~45, 47, 48, 56, 58, 63, 66, 69~71,
　　76, 77, 79, 80, 82~84, 86~88, 93, 94,
　　99, 102, 108, 111, 112, 116, 118, 120,

125, 140, 144, 150, 152, 153, 171,
    189~196, 198~201, 204, 209, 210, 212,
    214, 219~223, 226, 227, 230, 232~237,
    239, 240, 242~246, 248~252, 268,
    285~291, 293~295, 297~302, 309, 312,
    323, 324, 330, 331
지구 근접 천체(NEOs) 297
지구 생명체 11, 194, 214, 219, 226, 239,
    245, 248, 250, 288, 290, 293, 295
지구돋이 28
지구의 공전궤도 289
지구의 대기 69, 76, 79, 171, 191
지구의 대기압 99
지구의 둘레 32, 33
지구의 반지름 33, 36
지구의 종말 285
지구의 중력 21, 22, 324
지구의 총에너지 생산량 251
지구중심설 23, 64
지동설 63, 66
지속적 서식 가능 영역(CHZ) 244~246
지평선 문제 131, 133
진공 173, 214, 300, 308, 317~321, 327,
    331
진짜 진공 326~328, 332
질량-에너지 환산 공식(E=mc2) 108, 179,
    263, 270, 275

ㅊ

찬드라세카르 한계 139, 140
찬드라세카르, 수브라마니안 85, 139
찬드라엑스선천문대 85
채드윅, 제임스 169
처녀자리 초은하단 152
천동설 66
천문단위 39
천문대 39~41, 43, 44, 59, 83~85, 88, 104,
    119
천왕성 112, 115, 116

천체물리학의 태동기 74
체크, 토머스 196
초끈이론 155
초대형망원경(ELT) 87, 88
초신성 56, 59, 60, 71, 108, 139~141, 146,
    163, 164, 310
초은하단 151~153, 257
초화산 291~293
축퇴압 310
충돌에너지 272
츠바이크, 조지 178
츠비키, 프리츠 103

ㅋ

카르다셰프 등급 249, 251
카르다셰프, 니콜라이 249
카시니호 78, 210
카시오페이아 60
카이퍼 벨트 천체(KBO) 78, 117, 119, 120,
    195
커즈와일, 레이 206
케플러, 요하네스 39
코페르니쿠스, 니콜라스 38, 42, 64, 66, 164
콜럼버스, 크리스토퍼 28
콤프턴, 아서 85
콤프턴감마선천문대 85
콩트, 오귀스트 73, 74
쿠자누스, 니콜라우스 94
쿼크 177~183, 185, 259, 261, 268~271,
    276, 278
쿼크속박이론 179
쿼크의 색전하 181, 182
쿼크의 전하 178
쿼크의 종류 182
쿼크의 향 182
퀴리, 마리 170, 260, 261
퀸테센스 304, 305
큐리오시티 로버 230
키르히호프, 구스타프 74, 75

키르히호프의 법칙 74

ㅌ

타이탄 210, 221
탐사선 뉴호라이즌스 78, 118, 119
탕피에르, 에티엔 317
태그마크, 맥스 338
태비의 별 250
태양 23, 24, 27, 29, 30, 32, 33, 36, 39, 42, 45, 54, 56, 63, 67, 77, 78, 83, 87, 88, 99, 108, 109, 112, 113, 115~117, 119, 125, 126, 137, 139, 144, 163, 163, 171, 191, 195, 223, 230, 234, 242, 244, 268, 285~290, 299, 309, 310, 312, 313, 340, 344
태양계 38, 42, 45, 46, 58, 76~78, 109, 110, 112~121, 151, 152, 162, 193, 195, 221, 226, 228, 237, 245, 285, 287, 308, 310, 318
태양계에서 지구의 위치 45
태양계의 끝 119
태양계의 위치 45
태양계의 형성 과정 110
태양에너지 233, 250
태양의 밝기 287
태양의 수명 288
태양의 열에너지 191
태양의 이동 54
태양의 일생 285
태양의 죽음 285
태양의 중력 344
태양의 흑점 63, 223
태양풍 112, 163, 286, 289
터너, 마이클 141
테라포밍 209
토성 27, 78, 79, 112, 115, 116, 210, 221, 224, 225, 229
톰슨, 조지프 167
트라이언, 에드워드 321, 324, 326

트라피스트-1 243
특이점 207

ㅍ

파섹 36, 152
파인먼, 리처드 171, 264, 344
판게아 288, 289, 290
판게아 프록시마 289
판스타스 시스템(Pan-STARRS) 295, 297
펄머터, 솔 141
페르미 역설 246, 248
페르미, 엔리코 178, 246~248
페르미온 177
페르세우스 팔 46
펜지어스, 아르노 127~130, 144
평행우주 339
폰 게리케, 오토 318
폰 노이만 탐사선 209
표준모형 273
표준촛불기법 42, 44, 46
프랑스과학아카데미 38, 39
프로이트, 지그문트 48
프톨레마이오스, 클라우디오스 25, 32, 58, 63
플라스마 99, 100, 101, 103, 106, 130, 134, 257, 265, 278, 286, 288
플랑크 시간 274, 277, 279
플랑크 위성 136
플랑크, 막스 273, 274
피르호, 루돌프 190
피커링, 에드워드 41

ㅎ

하드론(강입자) 180, 181, 183, 271
하위헌스 탐사선 210
하이젠베르크, 베르너 262, 263, 323
하이퍼론 172
항성 KIC 8462852 250

해왕성 78, 112, 115, 116, 119
핵융합에너지 108
행성 15, 23, 24, 26, 27, 36, 38, 45, 48, 53,
　58, 59, 78, 88, 105, 106, 109~118, 120,
　200, 201, 204, 209, 221, 223, 226, 229,
　230, 233, 235~237, 239, 242~247, 249,
　251, 252, 276, 294, 302, 308, 335, 339
허블, 에드윈 43~45, 47, 93, 297, 305
허블상수 94
허블우주망원경 44, 49, 68, 84~88, 106,
　141, 280
허블의 법칙 150
헤르츠, 하인리히 68, 69
혜성 193, 232, 241, 302
호모 하빌리스 235, 240, 251
호킨스, 제럴드 55, 56
화산 232, 289, 290, 292~294
화성 27, 38, 114~116, 224, 225, 227, 230,
　235, 294
화성 탐사용 로버 퍼서비어런스 324
화성 정찰 위성 227
희귀지구 가설 249
히파르코스 36, 53, 58

기타

500미터 구면전파망원경(FAST) 70, 73
BOSS 만리장성 153
DEAP-3600(암흑물질 검출기) 304
DNA(디옥시리보핵산) 193, 196, 198, 199,
　201, 205, 214, 219, 220, 226
RNA(리보핵산) 195, 196, 198, 199
RS 오피우키 연성계 140

COSMIC
QUERIES

코스믹 쿼리
우주와 인간 그리고 모든 탄생의 역사를 이해하기 위한 유쾌한 문답

1판 1쇄 발행 2025년 11월 6일
1판 2쇄 발행 2025년 12월 10일

지은이 닐 디그래스 타이슨, 제임스 트레필
옮긴이 박병철

발행인 정동훈
편집인 여영아
편집국장 최유성
책임편집 김지용
편집 양정희 김혜정 조은별
디자인 스튜디오 글리

발행처 (주)학산문화사
등록 1995년 7월 1일
등록번호 제3-632호
주소 서울특별시 동작구 상도로 282
전화 02-828-8833
인스타그램 @allez_pub

ISBN 979-11-411-7456-9 (03440)

값은 뒤표지에 있습니다.
알레는 (주)학산문화사의 단행본 임프린트 브랜드입니다.

알레는 독자 여러분의 소중한 아이디어와 원고를 기다리고 있습니다. 도서 출간을 원하실 경우
allez@haksanpub.co.kr로 간단한 개요와 취지, 연락처 등을 보내주세요.